Vereinigung der
Technischen Überwachungs-Vereine e. V.
(Hrsg.)

Der Gefahrguttransport

Schulung von Tankwagenfahrern

Hans Werner Vogt und Hans-Joachim Weigt
unter Mitarbeit von
Cornelius Giefer und Horst Stiller

Verlag TÜV Rheinland GmbH, Köln

Dieses TÜV-Lehrbuch wurde im Rahmen des VdTÜV-Entwicklungsvorhabens Nr. 244 erstellt.

Herausgeber:
Vereinigung der Technischen Überwachungs-Vereine e. V. (VdTÜV)
Kurfürstenstr. 56, 4300 Essen

Konzept und Erstellung:
Hans Werner Vogt und Hans-Joachim Weigt, TÜV Rheinland e. V.

Mitarbeit:
Cornelius Giefer, TÜV Rheinland e. V. und Horst Stiller, TÜV Berlin e. V.

TÜV Rheinland e. V., Konstantin-Wille-Str. 1, 5000 Köln 91

CIP-Kurztitelaufnahme der Deutschen Bibliothek

Vogt, Hans-Werner:
Der Gefahrguttransport: Schulung von Tankwagenfahrern / Hans
Werner Vogt u. Hans-Joachim Weigt. Unter Mitarb. von Cornelius
Giefer u. Horst Stiller. Vereinigung d. Techn. Überwachungs-Vereine
e. V. (Hrsg.). — Köln: Verlag TÜV Rheinland, 1987.

   ISBN 3-88585-353-1

NE: Weigt, Hans-Joachim:

ISBN 3-88585-353-1
© by Verlag TÜV Rheinland GmbH, Köln 1987
Gesamtherstellung: Verlag TÜV Rheinland GmbH, Köln 1987
Printed in Germany 1987

Vorwort

Berichte in Presse, Rundfunk und Fernsehen über Unfälle, in die Tankfahrzeuge verwickelt waren, lassen uns immer wieder das Ausmaß der Gefahren erahnen, die mit einem Transport gefährlicher Güter verbunden sind.

Zu Recht stellt daher der Gesetzgeber besondere Anforderungen an die Fahrer von Fahrzeugen, mit denen gefährliche Güter in Tanks befördert werden.

So dürfen nach der Gefahrgutverordnung Straße (GGVS) derartige Fahrzeuge nur von solchen Personen geführt werden, die an einer Schulung über die besonderen Anforderungen bei Gefahrguttransporten erfolgreich teilgenommen haben.

Darüber hinaus muß jeder Tankwagenfahrer nach Ablauf von 5 Jahren einen sogenannten Fortbildungslehrgang zur Wiederholung bzw. Auffrischung seines Kenntnisstandes sowie zur Unterweisung über inzwischen erfolgte gesetzliche Änderungen für den Transport gefährlicher Güter absolvieren.

Das hier vorliegende Buch haben wir als Unterstützung für die Schulung von Tankwagenfahrern geschrieben. Es kann sowohl für die Erstausbildung (Grundlehrgang) als auch für die nach jeweils 5 Jahren erforderliche Fortbildung (Fortbildungslehrgang) verwendet werden.

Das Lehrbuch besteht aus insgesamt vier Teilen, die farblich unterschiedlich gekennzeichnet sind:

- **Teil I** : Grundkurs
  für alle Gefahrgutklassen

- **Teil II** : Aufbaukurs Klasse 2
  „Verdichtete, verflüssigte oder unter Druck gelöste Gase"

- **Teil III** : Aufbaukurs Klasse 3
  „Entzündbare flüssige Stoffe"

- **Teil IV** : Aufbaukurs
  Klasse 5.1: Entzündend wirkende Stoffe
  Klasse 6.1: Giftige Stoffe
  Klasse 8:   Ätzende Stoffe

Alle vier Teile des Lehrbuches sind wiederum nach der gleichen Struktur gegliedert und folgen den vom „Deutschen Industrie- und Handelstag" (DIHT) herausgegebenen Ausbildungsrahmenplänen:

- **1 Allgemeine Vorschriften**

- **2 Verantwortung beim Gefahrguttransport**

- 3 Gefahreneigenschaften

- 4 Gefahrenkennzeichnung und -information

- 5 Ausrüstung und Fahrverhalten sowie
  Durchführung der Beförderung

- 6 Unfallverhütung und -bekämpfung

Am Ende eines jeden Kapitels findet der Lehrgangsteilnehmer zur Kontrolle seines Lernerfolges Aufgabenblätter mit einer Reihe von Fragen, die sich auf den zuvor behandelten Lehrstoff beziehen.

Diese Aufgaben werden zum größten Teil im Unterricht mit dem Ausbilder gemeinsam gelöst, können aber auch alleine bearbeitet werden, indem die eigenen Lösungen anhand des vorstehenden Lehrtextes überprüft werden.

In der Randspalte — neben dem Lehrtext — befinden sich Stichwörter zu dem nebenstehenden Inhalt, diese erleichtern auch das spätere Auffinden von Textstellen.

Inhalt

Grundkurs

Aufbaukurs Klasse 2
Verdichtete, verflüssigte oder unter Druck gelöste Gase

Aufbaukurs Klasse 3
Entzündbare flüssige Stoffe

Aufbaukurs Klassen 5.1, 6.1 und 8

Teil I

Grundkurs

1 Allgemeine Vorschriften

Jährlich sterben im Straßenverkehr zehntausende Menschen, und hunderttausende werden verletzt; viele von ihnen so schwer, daß sie ein ganzes weiteres Leben unter den Folgen zu leiden haben. Allein auf deutschen Straßen erfolgte Verkehrsunfälle bewirken Sachschäden, die mit ihren Folgekosten in die Milliarden DM gehen.

Mit Recht kann man also sagen: wer sich im Straßenverkehr bewegt bzw. ein Fahrzeug führt, lebt in einer permanenten Gefahr und stellt ebenso eine Gefahr für die anderen Verkehrsteilnehmer dar. Diese Gefahr darf nicht noch dadurch vergrößert werden, daß Stoffe, die durch ihre speziellen Eigenschaften gefährlich sind, ohne ein Mindestmaß an Fahr-, Fach- und Sachkenntnis in Fahrzeugen transportiert werden.

1.1 Sind gesetzliche Maßnahmen notwendig?

Aus den oben genannten Gründen mußte der Transport von gefährlichen Gütern gesetzlich geregelt werden, und diese Gesetze sind so gesehen Schutzmaßnahmen zur Gefahrenminderung. Sie gelten für alle Verkehrsträger und alle Verkehrsräume.

Sondervorschriften für Transport gefährlicher Güter

Es handelt sich hierbei also um Sondervorschriften für den Transport gefährlicher Güter

- zu Lande (Straße, Schiene)
- zu Wasser (See oder Binnen-Wasserstraßen)
und
- in der Luft.

Im einzelnen wird der Gefahrgütertransport durch folgende gesetzliche Bestimmungen geregelt:

- Gefahrgutverordnung Eisenbahn für Gefahrguttransport auf der Schiene und dem Weg zur Schiene

- GGVE

- Gefahrgutverordnung Straße für Gefahrguttransport mit Straßenfahrzeugen auf öffentlichen Straßen

- GGVS

- Gefahrengutverordnung See für Gefahrguttransport auf offener See

- GGV See

● GGV Binnsch

● Gefahrgutverordnung Binnenschiffahrt für Gefahrgut-transport auf Binnengewässern und -wasserstraßen (mit Ausnahme der Donau)

● IATA

● Internationale Lufttransportbestimmungen für den Gefahrguttransport in der Luft

Neben diesen überwiegend nationalen Gesetzen gibt es noch eine Reihe internationaler Vorschriften, die auch im Gefahrgütertransport der Bundesrepublik gelten. Die nachstehende Aufstellung vermittelt einen Überblick über die gültigen nationalen und internationalen Bestimmungen.

nationale und internationale Vorschriften

Nationale Vorschriften	Internationale Vorschriften
GGVE	RID
GGVS*	ADR*
GGV See	IMDG-Code
GGV Binnsch.	ADN und ADNR
	IATA-RAR

* In die GGVS und den ADR sind die Empfehlungen der IAEO (Internationale Atom- und Energieorganisation) eingearbeitet

Schutzziel der Vorschriften

Allen genannten Vorschriften ist gemeinsam, daß sie ein Schutzziel enthalten und anstreben. Sie wollen

● **die Menschen**
● **die Umwelt und**
● **Verkehrsträger**

vor den spezifischen Gefahren schützen, mit denen der Transport gefährlicher Güter verbunden ist. Betrachtet man unter diesem Schutzaspekt z. B. die GGVS, so zeichnen sich die Bestimmungen für die drei Schutzgruppen deutlich ab.

● Schutz für Fahrer

a) Das Fahrpersonal eines mit gefährlichen Gütern beladenen Fahrzeuges ist natürlich in besonderem Maße gefährdet, so daß für ihn auch die striktesten Sicherheitsbestimmungen gelten. Die GGVS enthält deshalb viele

Einzelvorschriften zu seinem Schutz wie z. B. über Schutzvorrichtungen, Schutzausrüstung, Verhalten und Schulung.

b) Jegliche Verunreinigung von Luft, Wasser und Boden soll durch besondere Vorschriften für den Umgang mit gefährlichen Stoffen vermieden werden. Durch spezielle Vorschriften, z. B. über Unfallmerkblätter will der Gesetzgeber auch im Gefahrenfall das Risiko einer Umweltgefährdung so gering wie möglich halten.

● Schutz für Umwelt

c) Durch weitere Einzelvorschriften sollen alle Verkehrsteilnehmer geschützt werden, die sich zufällig in der Nähe eines Gefahrguttransportes aufhalten. Hierzu hat der Gesetzgeber z. B. sehr genaue und strenge Bau- und Prüfvorschriften für die Tanks von Gefahrgutfahrzeugen erlassen, spezielle Kennzeichnungen vorgeschrieben und die Bedingungen zum Parken solcher Fahrzeuge festgelegt.

● Schutz für Straßenverkehr

1.2 Gefahrgutvorschriften

Alle für den Transport von gefährlichen Gütern geltenden Vorschriften sind im Gefahrgutgesetz und den daraus abgeleiteten und erlassenen Verordnungen festgeschrieben.

Das Gefahrgutgesetz von 1975 enthält nur globale und allgemein gehaltene Vorschriften, was im ersten Moment wie eine Verunsicherung für den vom Gesetz Betroffenen erscheint, da er nichts Greifbares vor sich hat. Aber indem es nur Rahmenvorschriften aufzeigt, ist es praktikabel; denn in § 3 ist festgelegt, daß der Bundesverkehrsminister mit Zustimmung des Bundesrates (Ländervertretung) Einzelverordnungen erlassen kann und soll. So kann auf jede Änderung und Entwicklung, z. B. in der chemischen Industrie, reagiert werden, ohne daß das zeitaufwendige Verfahren einer kompletten Gesetzesänderung erforderlich wird. Die gleiche Regelung gilt übrigens auch für das Straßenverkehrsrecht.

<table>
<tr><td colspan="2">Gesetz</td><td colspan="2">Verordnungen</td></tr>
<tr><td rowspan="11">Gesetz

über

die

Beförderung

gefährlicher

Güter

Gefahr-

gut-

Gesetz</td><td></td><td>G efahr
G ut
V erordnung
E isenbahn</td></tr>
<tr><td></td><td>G efahr
G ut
V erordnung
S traße</td></tr>
<tr><td></td><td>G efahr
G ut
V erordnung
S ee</td></tr>
<tr><td></td><td>G efahr
G ut
V erordnung
B innsch.</td></tr>
</table>

GGVS   Die Gefahrgutverordnung Straße (GGVS) ist der besseren Handhabung wegen auch kein fortlaufendes Verordnungswerk, sondern geht von Rahmenbestimmungen zu ganz konkreten Einzelvorschriften über.

Die GGVS ist in drei Teile gegliedert.

Teile der GGVS

- die Rahmenverordnung
- die Anlage A mit Anhängen und
- die Anlage B mit Anhängen

Sie stehen untereinander in folgender Beziehung:

Aufbau der GGVS

Verordnungstext	
Anlage A	**Anlage B**
Anhang A.1—A.9	Anhang B.1a—B.8

Anlage A

Die Anlage A ist in drei Hauptteile gegliedert: Anlage A

— Teil I : Begriffsbestimmungen und allgemeine Vorschrif-
           ten;

— Teil II : Stoffaufzählung und besondere Vorschriften für
            einzelne Klassen;

— Teil III: Anhänge der Anlage A

In den allgemeinen Vorschriften werden die Begriffe erläutert   ● Teil I
und bestimmt, sowie die Regelungen festgehalten, die für alle
Gefahrguttransporte gleich sind (z. B. Beförderungspapier
Rn 2002 Abs. 3).

Im Teil II sind die einzelnen Gefahrgüter gemäß ihrer Eigen-   ● Teil II
schaften in 9 Klassen unterteilt. Einzelne Klassen mußten
noch weiter gegliedert werden, so daß sich insgesamt 15
Klassen ergeben.

— Klasse 1a	Explosive Stoffe und Gegenstände	N	— Einteilung der Stoff-klassen
— Klasse 1b	Mit explosiven Stoffen geladene Gegenstände	N	
— Klasse 1c	Zündwaren, Feuerwerkskörper und ähnliche Güter	N	
— Klasse 2	verdichtete, verflüssigte oder unter Druck gelöste Gase	N	
— Klasse 3	Entzündbare flüssige Stoffe	F	
— Klasse 4.1	Entzündbare feste Stoffe	F	
— Klasse 4.2	Selbstentzündliche Stoffe	N	
— Klasse 4.3	Stoffe, die in Berührung mit Wasser entzündliche Gase entwickeln	N	
— Klasse 5.1	Entzündend (oxidierend) wirkende Stoffe	F	
— Klasse 5.2	Organische Peroxide	N	
— Klasse 6.1	Giftige Stoffe	F	
— Klasse 6.2	Ekelerregende oder ansteckungsgefährliche Stoffe	N	
— Klasse 7	Radioaktive Stoffe	N	
— Klasse 8	Ätzende Stoffe	N	
— Klasse 9	Sonstige gefährliche Stoffe und Gegenstände	F	— nur für innerstaatl. Verkehr

— Hauptgruppen

Aus der Bezeichnung der einzelnen Klassen geht schon hervor, daß die Stoffe nach den von ihnen ausgehenden Gefahren gegliedert worden sind. Die sehr weit gefaßte Klasseneinteilung wird in verschiedenen Klassen durch Zusammenfassung in Hauptgruppen, die durch große Buchstaben gekennzeichnet sind, eingeengt.

— Ziffern

Um einen Stoff genau zu beschreiben, ohne schwierige chemische Bezeichnungen verwenden zu müssen oder Gefahr der Verwechslung mit Handelsnamen zu laufen, sind alle Stoffe einer Klasse mit laufenden Nummern (Ziffern) versehen.

Beispiel:
Handelsname: Superbenzin oder Normalbenzin.
Chemische Bezeichnung: Kohlenwasserstoff mit einem Flammpunkt von ca. —35°C.
Bezeichnung nach GGVS: Benzin Kl. 3 Ziff. 3 b.

Die Bezeichnung **N** oder **F** steht für Nur-Klasse und Freie-Klasse und hat folgende Bedeutung:

— N, Nur-Klasse

Gefahrgüter sind „Nur" unter den genau vorgeschriebenen Bedingungen für den Transport zugelassen. Gefahrgüter die in der Nur-Klasse nicht aufgeführt sind, sind vom Transport auf der Straße ausgeschlossen.

— F, Freie-Klasse

Die in den Freien-Klassen aufgeführten Gefahrgüter sind zum Transport auf der Straße gemäß der genannten Bestimmungen zugelassen.

Ist ein Gefahrgut in der Stoffaufzählung nicht genannt, und der Stoff kann einer genannten Sammelbezeichnung zugeordnet werden, so darf das Gefahrgut entsprechend den Bestimmungen für die genannte Sammelbezeichnung auf der Straße transportiert werden.

● Teil III Anhänge

Die Anhänge der Anlage A enthalten zum Teil Vorschriften, die nicht nur auf eine Klasse zutreffen, sondern auf mehrere und somit öfter wiederholt werden müßten. Dazu gehören z. B. die Vorschriften für Verpackung (Anhang A.5) oder Vorschriften für Gefahrzettel (Anhang A.9).

Anlage B

Anlage B

Die Anlage B ist ebenso wie die Anlage A in drei Teile gegliedert:

— Teil I   Allgemeine Vorschriften für die Beförderung ge-
             fährlicher Güter aller Klassen
— Teil II   Sondervorschriften für die Beförderung gefährli-
             cher Güter der Klassen 1—9 für innerstaatlichen,
             1—8 für grenzüberschreitenden Verkehr
— Teil III   Anhänge zur Anlage B

Die in Teil I aufgeführten allgemeinen Vorschriften werden in   ● Teil I
einzelne Abschnitte unterteilt. Sie nennen die allgemeinen
Vorschriften, die bei der Beförderung gefährlicher Güter
einzuhalten sind.

Teil II des Anhanges B enthält die Sondervorschriften für   ● Teil II
gefährliche Güter der einzelnen Klassen, die über die Vorschriften im Teil I hinausgehen oder sie eingrenzen.

Beispiel:
Sie wollen Kohlensäure in einem Tankfahrzeug befördern.
Kohlensäure ist ein Stoff der Klasse 2. Im Teil I des Anhang
B ist vorgeschrieben:

„Jede Beförderungseinheit zum Transport gefährlicher
Güter muß ausgerüstet sein mit:
1 Feuerlöscher zum Löschen des Fahrzeugbrandes
1 Feuerlöscher zum Löschen des Ladungsbrandes"

Im Teil II des Anhangs B Sondervorschriften steht jedoch:

„Die Bestimmungen des Teil I gelten nur für den Transport
von brennbaren oder chemisch instabilen Gasen".

Da Kohlensäure weder brennbar noch chemisch instabil
ist, wird nur ein Feuerlöscher zum Löschen des Fahrzeug-
brandes benötigt.

In den Anhängen zu Anlage B sind spezielle Sicherheitsvor-   ● Teil III Anhänge zu
schriften zusammengefaßt, z. B.   Anlage B

— Vorschriften über Tanks, Tankfahrzeuge, Tankcontainer
  (Anhang B.1a, B.1b)
— Vorschriften für die elektrische Ausrüstung (Anhang B.2)
— Muster der Prüfbescheinigungen (Anhang B.3a, B.3b)
— Verzeichnis der Kennzeichnungsnummern für Warnta-
  feln (Anhang B.5)
— Liste I und II für Güter, deren Transport erlaubnispflichtig
  ist (Anhang B.8).

1.2.1 Anwendungsbereiche

Die Gefahrgutverodnung Straße ist eine nationale Vorschrift.
Aufgrund von bestehenden internationalen Verträgen ist die

Bundesrepublik verpflichtet, die Bestimmungen des internationalen ADR im grenzüberschreitenden Verkehr anzuerkennen.

Geltungsbereich

Um die Summe der Vorschriften im Bereich der Gefahrguttransporte Straße so klein wie möglich zu halten, hat der Gesetzgeber mit der Änderung der GGVS am 22. 7. 85 einen Schritt in Richtung Vereinheitlichung auf internationaler Ebene getan. Die GGVS wurde so gestaltet, daß sie sowohl für den

innerstaatlichen Verkehr als auch für den

grenzüberschreitenden Verkehr

gültig ist.

Eine solche Regelung bedeutet natürlich, daß die Bestimmungen des internationalen ADR in der GGVS vollständig enthalten sind. Dies ist in der Tat der Fall. Für den grenzüberschreitenden Verkehr hat der Gesetzgeber sogar einige Einzelvorschriften, die bisher nur im innerstaatlichen Verkehr gültig waren, als verbindlich mit vorgeschrieben (§ 1 Abs. 4 GGVS). Ob die Bestimmungen für den innerstaatlichen oder grenzüberschreitenden Verkehr beachtet werden müssen, richtet sich wie bisher danach, ob das Fahrzeug beim Transport das Hoheitsgebiet der Bundesrepublik Deutschland bzw. Berlin-West verläßt oder nicht.

Beispiele:
1. Ein Gefahrgut soll von München nach Köln im Straßentransport befördert werden.
   Der Transport unterliegt den Bestimmungen für den innerstaatlichen Verkehr der GGVS.

2. Ein Gefahrgut soll von Hamburg nach Berlin im Straßentransport befördert werden (DDR ist ADR-Vertragsstaat).
   Der Transport unterliegt von Anfang bis zum Ende den Bestimmungen für den grenzüberschreitenden Verkehr der GGVS.

3. Ein Gefahrgut soll von Rotterdam nach Zürich (durch die Bundesrepublik Deutschland) im Straßentransport befördert werden.
   Der Transport unterliegt von Anfang bis zum Ende den Bestimmungen des ADR (gleichlautend denen des grenzüberschreitenden Verkehrs der GGVS).

4. *Ein Gefahrgut soll von Stuttgart nach Prag befördert werden (die CSSR ist kein ADR-Vertragsstaat).*
   Der Transport unterliegt von Stuttgart an den Bestimmungen über den grenzüberschreitenden Verkehr bis zur Landesgrenze, dann den nationalen Vorschriften über Gefahrguttransporte in der CSSR.

5. *Ein Gefahrgut soll von München nach Wien befördert werden.*
   Der Transport unterliegt von München an den Bestimmungen über den grenzüberschreitenden Verkehr der GGVS.

Die Liste der ADR-Vertragsstaaten finden Sie im Anhang.

Alle Bestimmungen der GGVS gelten für die gesamte Beförderung gefährlicher Güter mit Straßenfahrzeugen. Die Beförderung geht über den Transport auf der Straße hinaus. Durch Definition ist festgelegt, daß die Beförderung mit der Übernahme des Gutes beginnt und mit der Ablieferung endet: so sind die Vorbereitung, das Einpacken, wie auch die Nachbereitung, das Auspacken, in den Beförderungsvorgang eingeschlossen.

Wie andere Gesetze mit großem und sich schnell änderndem Aufgabenbereich erhebt auch die GGVS keinen Anspruch auf Vollständigkeit.

So hat der Gesetzgeber schon selbst in § 5 GGVS die Möglichkeit geschaffen, Ausnahmen von seinen Gesetzesbestimmungen zuzulassen, wenn dies sicherheitstechnisch vertretbar und technisch oder wirtschaftlich sinnvoll ist. Ausnahmen im grenzüberschreitenden Verkehr müssen jedoch zwischen den einzelnen Vertragsstaaten beschlossen werden. In der Bundesrepublik ist dafür der Bundesverkehrsminister zuständig.

Alle in Deutschland erteilten bzw. zwischenstaatlich vereinbarten Ausnahmen von den Vorschriften der GGVS werden im Bundesgesetzblatt als GGVS-Ausnahmeverordnung bzw. als „ADR-Ausnahmeverordnung" mit laufender Nummer bekanntgegeben.

Umfang der Beförderung

Ausnahmen von der GGVS

Veröffentlichung

1.3 Weitere Gesetze

Über die Bestimmungen der GGVS hinaus tangieren noch weitere Gesetze Handhabung und Transport gefährlicher Güter. Diese Gesetze erscheinen im vorliegenden Zusammenhang vordergründig als periphere oder Randgesetze, sind aber wegen der großen Tragweite ihrer Schutzfunktion von besonderer Bedeutung.

Eine Betrachtung aus dem Alltag mag dies verdeutlichen: Trinkwasser gehört — speziell in industriereichen Gebieten — zu den knappsten Stoffen, die für den Menschen lebensnotwendig sind. Seine Gewinnung wird immer kostspieliger, wie Preisvergleiche der letzten Jahre zeigen. Mehr und mehr Städte sind gezwungen, zur Trinkwasseraufbereitung auf Flüsse und Seen zurückzugreifen, da das Grundwasser nicht ausreicht und in seiner Qualität auch ständig stärker beeinträchtigt wird. Es muß daher selbstverständlich und gesetzlich gesichert sein, daß Trinkwasserspender sauber gehalten werden.

WHG

Im Wasserhaushaltsgesetz (WHG) wurde deshalb eine besondere Sorgfaltspflicht beim Be- und Entladen von Fahrzeugen mit wassergefährdenden Stoffen verankert.

Es heißt dort:
„Wer eine Anlage zum Lagern wassergefährdender Stoffe befüllt oder entleert, hat diesen Vorgang zu überwachen und sich vor Beginn der Arbeiten vom ordnungsgemäßen Zustand der dafür erforderlichen Sicherheitseinrichtungen zu überzeugen. Die zulässigen Belastungsgrenzen der Anlagen und der Sicherheitseinrichtungen sind beim Befüllen oder Entleeren einzuhalten."

In besonderer Weise sind die Fahrer gefährlicher Güter von den Vorschriften des Wasserhaushaltsgesetzes betroffen. Zu ihren ständigen Pflichten zählen:

● Pflichten der Fahrer

> — Überwachungspflicht
> — Kontrolle des ordnungsgemäßen Zustandes der Sicherheitseinrichtungen
> — Einhaltung der Belastungsgrenzen (Betriebsdruck, Füllstand)

Nicht alle wassergefährdenden Stoffe sind auch Gefahrgüter nach der GGVS. So genügen schon einige Liter schweren Heizöls oder Rohöls, um tausende Kubikmeter Wasser zu verunreinigen. Da beide Produkte jedoch einen hohen Flammpunkt haben, unterliegen sie nicht der GGVS. Sie sind aber wassergefährdende Stoffe nach dem WHG.

Gefahrstoffverordnung

Die **Gefahrstoffverordnung** dient als Schutz aller, die mit gefährlichen Stoffen jeder Art in Berührung kommen.

Unser Themengebiet, der Transport gefährlicher Stoffe, wird stark von den Bestimmungen der Gefahrstoffverordnung betroffen. Sie enthält Verpflichtungen sowohl für den Arbeitgeber wie auch den Arbeitnehmer, also auch den Fahrer.

Die Pflichten des Arbeitgebers sind:

● Pflichten des Arbeitgebers

> — Kontrolle und Gewährleistung, daß die vorgeschriebenen Schutzmaßnahmen eingehalten werden;
> — Schulung der Arbeitnehmer mindestens einmal pro Jahr.
> — Die Arbeitnehmer müssen über die Gefahren aufgeklärt werden, die von dem Transportgut ausgehen, und sie müssen darüber unterwiesen werden, welche Maßnahmen im Gefahrenfall zu ergreifen sind.

Die Pflicht des Arbeitnehmers ist:

● Pflicht des Arbeitnehmers

> — Die vom Arbeitgeber zur Verfügung gestellte persönliche Schutzkleidung anzulegen.
> Es handelt sich um spezielle für den Umgang mit Gefahrstoffen vorgeschriebenen Schutzmaßnahmen.

Die Gefahrstoffverodnung hat auch Gefahrzettel für die einzelnen gefährlichen Eigenschaften von Arbeitsstoffen festgelegt, die aber nicht mit den Gefahrzetteln der GGVS übereinstimmen.

● Gefahrzettel

1.4 Besondere Verkehrszeichen nach der Straßenverkehrsordnung

Mal nennt man sie die „magna carta", mal die „Bibel" des Straßenverkehrs. Etwas Erhabenes muß die Straßenverkehrsordnung schon an sich haben, denn ihr obliegt es, den gesamten, immer dichter und damit gefährlicher werdenden Verkehr auf den Straßen zu regulieren. In Gebotsform enthält sie die Rechte und Pfichten aller Autofahrer im fließenden und ruhenden Verkehr. Darüber hinaus gehen dann die Vorschriften für Fahrer von speziellen Fahrzeugen mit bestimmten Eigenschaften wie z. B. besonderer Höhe, Länge, Achslast, Bauweise, Geschwindigkeit oder Ladung.

StVO

So treffen wir also auch auf exakte Vorschriften, die nur diese Fahrer ansprechen:

● Vorschriften für Gefahrguttransporte

a) Verbot für kennzeichnungspflichtige Kraftfahrzeuge mit gefährlichen Gütern

— Zeichen 261

Dieses Verkehrszeichen verbietet die Durchfahrt und die Einfahrt für alle Fahrzeuge, die der Kennzeichnungspflicht der GGVS unterliegen. Es wird dort aufgestellt, wo zu befürchten ist, daß durch einen Unfall (undicht werdender Tank) Bauwerke so beschädigt werden, daß eine Katastrophe entstehen kann (z. B. im Elbtunnel in Hamburg).

b) Fahrzeuge mit einer Ladung von mehr als 3000 l wassergefährden Stoffe

— Zeichen 269

Hier wird Fahrzeugen die Durchfahrt oder Einfahrt verboten, die als Ladung mehr als 3000 l eines wassergefährdendes Stoffes geladen haben.

Die wassergefährdenden Stoffe sind wie folgt definiert:

Wassergefährdende Stoffe sind feste, flüssige und gasförmige Stoffe, insbesondere

— Säuren, Laugen
— Alkalimetalle, Siliciumlegierungen mit über 30 % Silicium, metallorganische Verbindungen, Halogene, Säurehalogenide, Metallcarbonyle und Beizsalze,
— Mineral- und Teeröle sowie deren Produkte,

— flüssige sowie wasserlösliche Kohlenwasserstoffe, Alkohole, Aldehyde, Ketone, Ester, halogen-, stickstoff- und
  schwefelhaltige organische Verbindungen,
— Gifte,

die geeignet sind, nachhaltig die physikalische, chemische
oder biologische Beschaffenheit des Wassers nachteilig zu
verändern.

Nicht alle wassergefährdenden Stoffe gelten auch im Simme
der GGVS als Gefahrgüter. So ist das schon in einem
früheren Beispiel zitierte schwere Heizöl mit einem Flammpunkt über 100° kein Gefahrgut nach der GGVS. Dennoch ist
es ein wassergefährdender Stoff, der schon bei Freiwerden
kleiner Mengen großen Umweltschaden anrichten kann.
Sein Transport unterliegt also dem StVO-Zeichen 269.

c) Das Zusatzschild

— Zusatzschild „explo-
  sive und entzündli-
  che Güter"

ist ein Sinnbild und wird als Zusatzschild bei anderen Ge-
oder Verbotszeichen eingesetzt.

Es signalisiert, daß das Hauptschild nur von Fahrern von
kennzeichnungspflichtigen Kraftfahrzeugen mit explosionsgefährlichen oder leicht entzündlichen Stoffen zu beachten
ist. Dieses Zeichen findet sich z. B. neben „Geschwindig-
keitsbegrenzung" oder „Durchfahrtverbot", und diese Gebo-
te gelten dann nur für eben diese Fahrzeuge.

Dieselbe Bedeutung hat das Sinnbild

— Sinnbild „explosive
  und entzündliche
  Güter"

Es wird allerdings nicht als Zusatzschild angebracht, sondern das Symbol findet sich dann in einem Hauptverkehrszeichen wie „Durchfahrverbot".

Das Hauptzeichen gilt wiederum nur für Fahrzeuge mit explosionsgefährlichen und/oder leicht entzündlichen Stoffen.

Demnach wird davon der Transport von Stoffen folgender Klassen der GGVS betroffen:

- Klasse 1 a alle Stoffe
- Klasse 1 b alle Stoffe
- Klasse 1 c Gegenstände der Ziff. 16 und 21 bis 23, die in Rn 220 002 genannten Stoffe und Gegenstände
- Klasse 3   Stoffe der GGVS, die bis 31. 7. 1985 in die Ziff. 1, 2 und 5 eingeordnet wurden
- Klasse 4.1 alle Stoffe
- Klasse 4.2 alle Stoffe
- Klasse 5.1 alle Stoffe
- Klasse 5.2 alle Stoffe
- Klasse 6.1 Stoffe der GGVS bis 31. 7. 85, die in der Ziff. 1 bis 7 und Tetramethylblei Ziff. 14 eingeordnet wurden.

d) Risikovermeidung in Wasserschutzgebieten beim Transport wassergefährdender Stoffe

— Zeichen 354

Dieses Zeichen findet der Fahrer an den Grenzen der Trinkwassergewinnungsgebiete und dort, wo Heilquellen im Boden liegen. Es gebietet Fahrern von Fahrzeugen mit wassergefährdenden Stoffen besonders vorsichtiges Fahr- und Verkehrsverhalten. Ein erhöht behutsamer Umgang mit Fahrzeug und Ladung soll jegliches Risiko einer Wassergefährdung vermeiden.
(Wassergefährdende Stoffe: siehe zu Zeichen 269)

(1) Welche gesetzlichen Vorschriften regeln den Transport gefährlicher Güter?

a) zu Lande
b) zu Wasser und
c) in der Luft

eigene Lösung	korrekte Lösung

(2) In welche fünf Hauptteile gliedert sich die Gefahrgutverordnung Straße (GGVS)?

eigene Lösung	korrekte Lösung

(3) Welche Vorschriften enthält die Anlage A der GGVS?

eigene Lösung	korrekte Lösung

(4) Ein mit Gefahrgut beladener Tankwagen soll von Münster nach Saarbrücken gefahren werden. Welchen Vorschriften unterliegt der Transport?

eigene Lösung	korrekte Lösung

(5) Welches Verkehrszeichen ist für alle kennzeichnungspflichtigen Fahrzeuge mit Gefahrgut gültig?

eigene Lösung	korrekte Lösung

2 Verantwortung beim Gefahrguttransport

Für Gefahrguttransporte sind vom Beladen bis zum Entladen der Fahrzeuge eine ganze Reihe von Personen verantwortlich. Jeder einzelne muß seinen Verantwortungsbereich und die ihm obliegenden und gesetzlich überantworteten Pflichten kennen. Daß dies im heutigen Wirtschaftsleben nicht selbstverständlich ist, wird deutlich, wenn man die für Nichtbeachtung und Zuwiderhandlungen angedrohten Sanktionen näher betrachtet.

2.1 Pflichten und Verantwortlichkeiten

Allen am Transport gefährlicher Güter beteiligten Personen kommt eine erhöhte Verantwortung und damit auch eine Reihe besonderer Pflichten zu. Den entsprechenden Verpflichtungen aus den gesetzlichen Vorschriften unterliegt folgender Personenkreis:

— Absender   Personenkreis
— Verlader
— Beförderer
— Fahrzeugführer
— Beifahrer
— Halter
— Empfänger

Absender

Der Absender bestimmt, welche Güter er wohin befördern lassen will bzw. wird er von einem Besteller aufgefordert, Güter an einen bestimmten Zielort zu schicken. In jedem Fall beginnt bei ihm der Transport, und hierfür schließt er mit dem Beförderer einen Beförderungsvertrag.   Absender

Bei Speditionsverträgen wird der Spediteur zum Absender, und durch Unterverträge kann ein weiterer Beförderer verantwortlicher Partner des Spediteurs werden.

Ohne Transportvertrag obliegen dem Beförderer alle Pflichten des Absenders.

Der Absender ist nach der GGVS § 4, Abs. 2 verpflichtet: ● Pflichten

— den Beförderer mit genauer Benennung unter Angabe der Klasse und Ziffer auf die Gefährlichkeit des Transportgutes hinweisen;

— auf eine eventuell bestehende Erlaubnispflicht für den Transport aufmerksam machen;
— die notwendigen Beförderungspapiere für den innerstaatlichen oder grenzüberschreitenden Verkehr ausgefüllt bereitzustellen
— im grenzüberschreitenden Verkehr die vorgeschriebenen Gefahrzettel anzubringen

Verlader

Verlader

Dem Verlader kommt im Verlaufe des Transportes eines gefährlichen Gutes eine besondere Bedeutung zu. Er ist als der unmittelbare Besitzer des Gefahrgutes in der Lage, durch entsprechende Sorgfalt und genaue Anwendung der Sicherheitsvorschriften Gefährdungen und Unfälle, und damit eventuelle Umweltschäden, zu vermeiden.

Seine Pflichten umfassen:

● Pflichten

— Prüfung, ob das Gefahrgut auf der Straße transportiert werden darf;
— Überprüfung, daß die Vorschriften der Anlagen A und B der GGVS eingehalten werden;
— Unterrichtung des Fahrers über Benennung, Klasse und Ziffer des Gefahrgutes;
— er trägt die Verantwortung für die Unversehrtheit der Verpackung des zu verladenden Gutes;
— er muß dem Fahrzeugführer die entsprechenden und notwendigen schriftlichen Weisungen (Unfallmerkblätter) zur Verfügung stellen, soweit letzterer sie nicht schon besitzt
— das Anbringen und Abdecken der Gefahrzettel und Warntafeln bei Tankcontainern und Gefäßbatterien
— die Angabe des höchstzulässigen Füllstandes bzw. der höchstzulässigen Masse der Füllung
— die Kontrolle der Prüfbescheinigung, ob das Fahrzeug zum Transport des zu verladenen Gefahrgutes zugelassen ist.

Beförderer

Beförderer

Beförderer ist, wer das Transportfahrzeug für die Ortsveränderung des Gutes verwendet. Beförderer ist demnach derjenige, der die Beförderung in eigener Verantwortung ausführt, also in aller Regel der Chef des Fahrzeugführers.

● Pflichten

Seine Pflichten beim Gefahrguttransport bestehen darin, daß er prüft, ob

— die zu befördernden Gefahrgüter zum Transport auf der
  Straße zugelassen sind (GGVS);
— eine Beförderungserlaubnis nach der GGVS vorliegt;
— alle Vorschriften und Auflagen eingehalten werden;
— dem Fahrzeugführer die persönliche Schutzausrüstung
  übergeben wurde;
— geschulte Fahrzeugführer eingesetzt sind;
— der Fahrzeugführer das Beförderungspapier erhalten hat.

Fahrzeugführer

Fahrzeugführer

Der Fahrzeugführer ist im Sinne der GGVS derjenige, der das
Fahrzeug lenkt. Ihm kommt beim Gefahrguttransport eine
Schlüsselrolle zu, indem er während dieser Zeit die Verant-
wortung für Fahrzeug und Ladung trägt.

Der Fahrer eines Gefahrguttransportes ist zur ordnungsgemäßen Durchführung der Beförderung verpflichtet. Dazu
gehören unter anderem:

— Beachtung von Auflagen beim Transport von Listengütern nach der GGVS;

● Pflichten

— Überwachungspflicht beim Parken;
— Fahren mit gültiger ADR-Bescheinigung;
— Mitführen von Begleitpapieren;
— Mitführen bestimmter Ausrüstungsgegenstände;
— Einhaltung der Vorschriften über den Umgang mit offe-
  nem Feuer, Beleuchtungsgeräten usw.;
— richtige Kennzeichnung der Fahrzeuge mit Warntafeln
  und Nummern;
— Anbringen, Verdecken oder Entfernen von Gefahrzetteln
  (nicht bei Tankcontainern)
— Benachrichtigung der zuständigen Behörde bei drohen-
  der Gefahr des Freiwerdens von Ladegut;
— Verbot der Mitnahme fremder Personen (die nicht zur
  Fahrzeugbesatzung gehören)
— Nichtbeförderung von beschädigten Versandstücken
— Mitführen der persönlichen Schutzausrüstung
— Mitführen der richtigen Unfallmerkblätter
— Ergreifen der richtigen Maßnahmen bei einem Unfall.

Schon in dieser Fülle von Pflichten zeigt sich, daß gerade der
Fahrer eines Gefahrguttransportes besonders geschult sein
muß.

Er wird zudem bei der Ausübung seines Berufes häufiger
kontrolliert werden. Bei diesen Kontrollen ist er zur Mitwir-
kung verpflichtet: Auf Verlangen muß er den zuständigen

Personen alle Papiere und Ausrüstungsgegenstände vorzeigen bzw. aushändigen.

Beifahrer

Beifahrer

Eine Beförderung von Personen ist während eines Gefahrguttransportes grundsätzlich verboten.

Die Mitnahme eines Beifahrers als Bestandteil der Fahrzeugbesatzung ist jedoch gestattet. Der Beifahrer muß das Fahrzeug selbst nicht fahren können, er muß jedoch mit den Gefahren des Ladegutes in ausreichendem Maße vertraut sein. Auf diesem Hintergrund kommen ihm nach der GGVS auch Pflichten zu:

● Pflichten

— er ist mit verantwortlich für die sonstige Ausrüstung, die Feuerlöscher und Schutzausrüstung.
— Wie der Fahrer muß er auf Verlangen zuständiger Behörden und Personen die Ausrüstungsgegenstände vorzeigen bzw. aushändigen.
— er muß die im Unfallmerkblatt genannten Notmaßnahmen kennen und anwenden können.

Halter

Halter

Halter eines Fahrzeuges ist die Person, auf die das Fahrzeug zugelassen ist. Oft werden Fahrzeuge aber auf Firmen zugelassen. Dann wird die Halterverantwortung auf eine bestimmte Person in dieser Firma übertragen. Dies kann der Leiter des Fuhrparkes, der Disponent oder der Firmeninhaber selbst sein.

● Pflichten

Nach der GGVS ist der Halter eines Gefahrguttransporters verpflichtet:

— die Einhaltung der Bau- und Ausrüstungsvorschriften für das Fahrzeug sicherzustellen;
— die regelmäßigen und außerordentlichen Untersuchungen am Tank durchführen zu lassen.

Empfänger

Empfänger

Der Empfänger ist Ziel und Endpunkt eines jeden Gefahrguttransportes. Deshalb trifft auch ihn eine gewisse Verantwortung.

Wird das Gefahrgut mit einem Tankwagen angeliefert, trägt der Empfänger nach dem Entladen keine Verantwortung für die richtige und vorgeschriebene Behandlung des Tankwagens.

In immer größerem Umfang werden jedoch für den Gefahrguttransport Tankcontainer eingesetzt. Diese werden bei der Anlieferung nicht direkt entleert, sondern mit Inhalt beim Empfänger abgeladen und belassen. Von diesem Moment an trägt der Empfänger die volle Verantwortung für die sicherheitstechnische Behandlung des Containers und das eventuell notwendige Abdecken oder Entfernen der vorgeschriebenen Gefahrenzettel.

2.2 Besondere Pflichten

Dem Transport von Listengütern nach Anhang B.8 der GGVS gilt ein besonderes Interesse. Der Transport dieser Gefahrgüter in größeren Mengen (als im Anhang B.8 angegeben) auf der Straße ist nur dann zulässig, wenn die ausdrückliche Genehmigung der zuständigen Straßenverkehrsbehörde vorliegt.

Listengüter nach Anhang B.8 der Anlage B

Genehmigung
Genehmigungspflicht

Der behördliche Erlaubnisbescheid enthält alle zusätzlichen Bestimmungen, die beim Transport einzuhalten sind.

Solche Auflagen können je nach Verkehrsregion und Art des Gefahrgutes lauten:

— der Transport darf nur zu bestimmten Tageszeiten durchgeführt werden;

Auflagen

— der Transport hat auf einer vorgegebenen Straßenstrecke zu erfolgen;
— der Transport muß bei schlechten Sichtverhältnissen unterbrochen werden;
— der Transport muß von zwei Personen durchgeführt werden, die beide zum Führen des Fahrzeuges befähigt sind.

Je nach Art der zusätzlichen Bestimmungen ist der Halter, Fahrer, Absender, Beförderer oder ein anderer am Transport Beteiligter für die Einhaltung der Vorschriften verantwortlich.

2.3 Pflichtvernachlässigung und Sanktionen

Den am Transport gefährlicher Güter beteiligten Personen (Absender, Verlader, Beförderer, Fahrzeugführer, Beifahrer, Halter und Empfänger) werden in der GGVS Strafen ange-

droht für den Fall, daß sie die Pflichten ihres Verantwor-
tungsbereiches vernachlässigen oder nicht erfüllen.

Einen Auszug aus dem entsprechenden Bußgeldkatalog
finden Sie im Anhang.

(1) Welche Pflichten hat der Fahrzeugführer bei der Kennzeichnung des Tankwagens?

eigene Lösung	korrekte Lösung

(2) Wie hat sich der Fahrzeugführer bei einer Kontrolle durch die Polizei zu verhalten?

eigene Lösung	korrekte Lösung

(3) Welche Pflichten hat der Beifahrer?

eigene Lösung	korrekte Lösung

(4) Welche Begleitpapiere muß der Verlader dem Fahrzeugführer aushändigen?

eigene Lösung	korrekte Lösung

(5) Welche Folgen können Verstöße gegen die Bestimmungen der GGVS für den Fahrzeugführer haben?

eigene Lösung	korrekte Lösung

3 Allgemeine Gefahreneigenschaften

Die Gefahrgüter der GGVS sind entsprechend ihrer Hauptgefahr, die von dem Stoff ausgeht, in 15 Gefahrenklassen
eingeteilt. Die Klasseneinteilung 1—9 der GGVS sagt folgendes über die gefährdenden Eigenschaften der in ihr aufgeli-
steten Stoffe aus:

● Klasse 1 a Explosive Stoffe und Gegenstände
● Klasse 1 b Mit explosiven Stoffen geladene Gegenstände
● Klasse 1 c Zündwaren, Feuerwerkskörper und ähnliche
              Güter

● Klasse 2   verdichtete, verflüssigte oder unter Druck
              gelöste Gase

● Klasse 3   Entzündbare flüssige Stoffe

● Klasse 4.1 Entzündbare feste Stoffe
● Klasse 4.2 Selbstentzündliche Stoffe
● Klasse 4.3 Stoffe, die in Berührung mit Wasser entzündli-
              che Gase entwickeln

● Klasse 5.1 Entzündend (oxydierend) wirkende Stoffe
● Klasse 5.2 Organische Peroxide

● Klasse 6.1 Giftige Stoffe
● Klasse 6.2 Ekelerregende oder ansteckungsgefährliche
              Stoffe

● Klasse 7   Radioaktive Stoffe

● Klasse 8   Ätzende Stoffe

● Klasse 9   Sonstige gefährliche Stoffe und Gegenstände

Einteilung der Klassen

Nur für innerstaatlichen Verkehr

Die am häufigsten in Tankwagen transportierten Gefahrgüter
sind Flüssigkeiten, Gase, pulverisierte Gefahrgüter und Gra-
nulate. Eins ist all diesen Transportgütern gemeinsam, daß
sie durch ihre chemischen und/oder physikalischen Eigenschaften eine latente Gefahr für Menschen und Umwelt
bedeuten. Die von ihnen ausgehende Gefahr kann man
begrenzen oder gar vermeiden, indem man die Stoffe entsprechend ihrer Gefährlichkeit handhabt.

Nach der GGVS sind die gefährlichen Stoffe mit festgelegten
Gefahrzetteln (Anhang A.9) gekennzeichnet.

Stoffeigenschaften   # Gefahrzettel

● **explosionsgefährlich**      **Nr. 1**

● **entzündbare feste Stoffe**      **Nr. 4.1**

● **Selbstentzündlich**      **Nr. 4.2**

● **Entzündlich
bei Berührung mit Wasser**      **Nr. 4.3**

● **Radioaktiver Stoff
in Versandstücken der Kategorie II**      **Nr. 7B**

Feuergefährlichkeit

Die größte Gefahr stellt generell die Eigenschaft der **Feuergefährlichkeit** dar.

Ein Feuer kann sich nur entzünden und brennen, wenn die drei hierzu nötigen Reaktionspartner zusammenkommen. Dies läßt sich am besten anhand eines sogenannten Gefahrendreiecks veranschaulichen.

● Gefahrendreieck

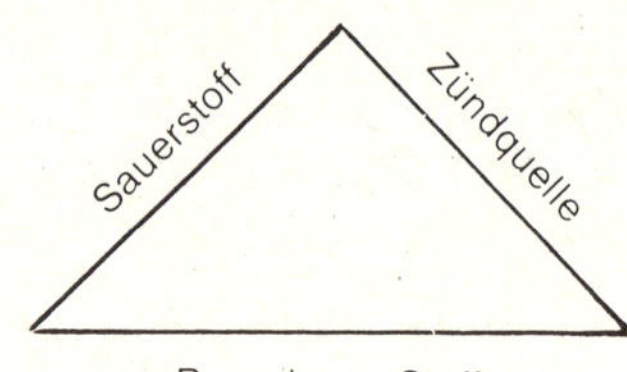

Fällt ein Reaktionspartner aus, entsteht kein Brennvorgang, bzw. ein bestehendes Feuer erlischt. Für die Entstehung eines Brandes ist neben dem Vorhandensein eines brennbaren Stoffes auch noch die Temperatur des brennbaren Stoffes mit entscheidend.

Bei Flüssigkeiten brennt nicht die Flüssigkeit selbst, sondern die aus ihr entweichenden Dämpfe entzünden sich und brennen. Die Stärke der Dampf- oder Gasentwicklung eines Stoffes hängt von dem Stoff selbst (seiner chemischen Zusammensetzung), der Stofftemperatur und der Verteilung des Stoffes ab.

● entzündliche Dämpfe

Als **Flammpunkt** eines Stoffes bezeichnet man die Temperatur, bei der sich Dämpfe oder Gase eines Stoffes bei Vorhandensein von Sauerstoff und einer Zündquelle erstmals entzünden.

● Flammpunkt

Daneben gibt es Stoffe, die sich ohne äußere Einwirkung von selbst erhitzen können, die sich ohne eine zusätzliche Zündquelle, beim Erreichen des Flammpunktes entzünden (z. B. gelber Phosphor, Klasse 4.2, Ziffer 1).

● Selbstentzündung

Stoffe, die aufgrund ihrer chemischen Zusammensetzung **explosionsgefährlich** sind, sind in vielen Fällen Listengüter nach Anhang B.8.

Explosionsgefährlichkeit

Beispiele: Dynamit (Kl. 1a, Ziff. 14a)
Nitroglyzerinpulver - porös (Kl. 1a, Ziff. 3b)

Eine große Gefahr geht von an sich ungefährlichen Stoffen aus, die erst dann **gefährlich** werden, wenn sie **mit anderen Stoffen** (z. B. Wasser) **in Berührung** kommen. So bilden Kalium und Natrium bei Berührung mit Wasser entzündliche Dämpfe.

Berührung mit Zweitstoffen

Entzündend wirkende Stoffe reagieren oft mit anderen Stoffen unter Wärmeentwicklung. Die **brandfördernde Wirkung** ergibt sich, weil bei bei der chemischen Reaktion der sonst gebundene Sauerstoff des Gefahrgutes frei wird und dann zusätzlich die Verbrennung fördert.

entzündende Eigenschaft

Beispiele: wäßrige Lösungen von Wasserstoffperoxid bei
mehr als 60 % Wasserstoffperoxidanteil (Klasse
5.1, Ziff. 1)
und
Natriumchlorit (Klasse 5.1, Ziff. 4c)

radioaktive Strahlung

Bei **radioaktiven Stoffen** geht die Hauptgefahr von der frei werdenden Strahlung aus. Die Strahlenbelastung kann für den menschlichen Körper direkt tödliche Auswirkung haben oder in geringen Mengen zu Langzeitschäden führen. Z. B. können solche Strahlen ein späteres Krebsleiden auslösen. Alle Transporte radioaktiver Stoffe bedürfen besonderer Sicherheitsmaßnahmen.

giftige oder ätzende Eigenschaften

Andere Gefahrstoffe verfügen über **giftige oder ätzende** Eigenschaften. Durch Hautkontakt, Einatmen oder Verschlucken werden starke gesundheitliche Beeinträchtigungen hervorgerufen, die letztlich auch zum Tode führen können.

Die Ätzwirkung greift auch bestimmte Metalle an, so daß die in den Metallbehältern enthaltenen Stoffe freigesetzt werden können. Zudem können allein schon durch die Metallzersetzung als chemische Reaktion gefährliche Gase entstehen.

Gesamtschadstoff-Wirkung

So groß die einzelnen besprochenen Gefahren auch sein mögen, liegt doch die Hauptgefahr für Mensch und Umwelt in der Vielzahl kleiner Gefährdungen, die ihnen im Laufe der Zeit begegnen.

Die einzelnen nicht direkt schädlichen Wirkungen verstärken sich zu einer späteren Schädigung, die dann keinem bestimmten Gefährdungsereignis mehr zugeordnet werden kann.

Als simples Beispiel möge der Unfall eines mit Benzin beladenen Tankwagens dienen. Die Hauptgefahr besteht zweifellos in der Entzündungs- und Feuergefahr. Daneben entweichen Dämpfe, die auf Mensch, Tier und Vegetation einwirken.
Versickert noch, wie es sehr häufig geschieht, Benzin im Erdreich, wird der Boden verseucht, die Vegetation zerstört und oft noch das Grundwasser beeinträchtigt. Über die Nahrungsaufnahme (Gemüse, Fleisch, Wasser) wirken solche Umweltschäden auch auf solche Menschen ein, die selbst nicht am Unfallgeschehen beteiligt waren. Man spricht heute schon von einem Kreislauf der Schadstoffe.

Eine von vielen Schadstoffquellen sind die Gefahrguttransporte. Nur wenn alle daran beteiligten Personen ihrer Sorg-

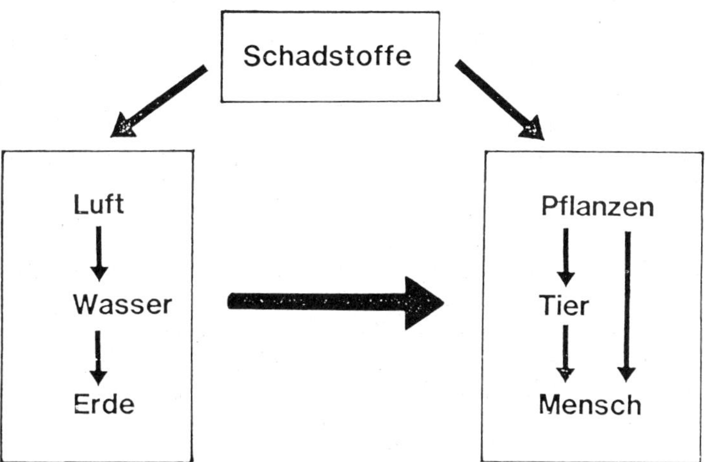

faltspflicht nachkommen und die Sicherheitsvorschriften streng beachten, werden der Mensch und seine Umwelt ein wenig mehr geschützt.

(1) In wie viele Gefahrenklassen teilt die GGVS die Güter mit gefährlichen Eigenschaften ein? Einige dieser Eigenschaften sollen aufgezählt werden.

eigene Lösung	korrekte Lösung

(2) Was besagt das Gefahrendreieck?

eigene Lösung	korrekte Lösung

(3) Was versteht man unter dem Flammpunkt eines Stoffes?

eigene Lösung	korrekte Lösung

(4) Welche Gefahr geht von entzündend wirkenden Stoffen aus?

eigene Lösung	korrekte Lösung

(5) Was versteht man unter dem Kreislauf der Schadstoffe?

eigene Lösung	korrekte Lösung

4 Gefahrenkennzeichnungen und -Informationen

4.1 Begleitpapiere

Als Begleitpapiere bezeichnet man alle schriftlichen Unterlagen, die bei der Beförderung eines gefährlichen Gutes mitgeführt werden müssen. Damit im Gefahrenfall alle wichtigen Informationen, auch für nicht am Transport Beteiligte, vorliegen, sind die wesentlichen Inhalte der Begleitpapiere vorgeschrieben.

Mitzuführende Begleitpapiere sind   Begleitpapiere

— Beförderungspapier
— schriftliche Weisungen (Unfallmerkblatt)
— Prüfbescheinigung gem. § 6 GGVS oder Rn 10 282
— ADR Bescheinigung gem. Rn 10 315

Zusätzlich beim Transport von Listengütern in erlaubnispflichtigen Mengen:

— Erlaubnisbescheid
— Ausnahmegenehmigung

4.1.1 Beförderungspapier   Beförderungspapier

Das nach der GGVS vorgeschriebene Beförderungspapier ist an keine feste Form gebunden, aber sein Inhalt ist in Anlage A genau vorgeschrieben.

Der Absender eines Gefahrgutes nach der GGVS hat das Beförderungspapier auszustellen, der Beförderer hat es dem Fahrzeugführer zu übergeben, und dieser muß es beim Transport mitführen.

Im Beförderungspapier muß mindestens aufgeführt sein:

— Name und Anschrift des Absenders   ● Inhalt
— Bezeichnung des Gefahrgutes lt. Anlage A der GGVS (im grenzüberschreitenden Verkehr unterstreichen);
— Klasse, Ziffer und Klein-Buchstabe lt. Anlage A der GGVS sowie die Verordnung (GGVS, ADR, GGVE oder RID), auf deren rechtlicher Grundlage der Transport durchgeführt wird (im grenzüberschreitenden Verkehr unterstreichen).

Der Frachtbrief ist genau auszufüllen (§§ 10 13 15 KVO) Radierungen unzulässig Änderungen mit Unterschrift bescheinigen

Ⓐ Absender — Name und Postanschrift

Ⓑ Versandort

Beladestelle

Gemeinde-
Tarifbereich

Ⓒ Empfänger — Name und Postanschrift

Ⓓ Bestimmungsort

Entladestelle

Gemeinde-
Tarifbereich

Ⓔ Grenzübergang

Ⓕ Weitere Beladestellen (§ 20 KVO)

Ⓖ Erklärungen, Vereinbarungen (ggf. Hinweis auf Spezialfahrzeuge)

Ⓗ Weitere Entladestellen (§ 20 KVO)

Ⓝ
FRACHTBRIEF
für den gewerblichen
Güterfernverkehr

Nr.

Ⓞ Tarifentfernung

km

Ordnungs-Nr. der Genehmigung

Amtl. Kennzeichen
LKW:

Anh.:

Nutzlast in t
LKW: Anh.:

Fahrzeug-
führer

Begleiter

Fahrten-
buch Nr.

BELADUNG
Fahrzeug bereitgestellt
Tag   Stunde

Beladung beendet
Tag   Stunde

ENTLADUNG
Fahrzeug bereitgestellt
Tag   Stunde

Entladung beendet
Tag   Stunde

Ⓘ   Bezeichnung der Sendung

Anzahl, Art, Verpackung	Zeichen, Nr.	Inhalt (tarifmäßige Bezeichnung)	Guterart-Nr.	Bruttogewicht kg

Ⓚ Freivermerk   Ⓛ   Nachnahme DM

Ⓜ Ort und Tag der Ausstellung

, den

Unterschrift des Absenders

Ⓡ Empfang der Sendung bescheinigt

, den

Unterschrift des Empfängers

Ⓟ Gut und Frachtbrief übernommen

Tag   Stunde

Anschrift und Unterschrift des Unternehmers

Ⓠ   Frachtberechnung (in Reihenfolge der Zeilen 16 bis 21)

frachtpflichtiges Gewicht kg	Ladungsklasse bzw. AT	Gewichts klasse	Frachtsatz Pf/100 kg	errechnete Fracht DM	Marge ±%	vereinbarte Fracht DM	Zuschläge gemäß	%	DM	Summe DM	Werbe- u. Abfertigungs vergütung (WAV) %	DM

Zwischensumme DM	
Nebengebühr, Zuschlag Ziffer	
Nebengebühr, Zuschlag Ziffer	
Zwischensumme DM	
% WAV	
= Nettoentgelt	
+ Umsatzsteuer	
Beförderungsentgelt DM	

Best.-Nr. 13111, Verkehrs-Verlag J. Fischer, 4 Düsseldorf, Paulusstr. 1

Beispiel: Beförderungspapier
(Begleitpapier für gefährliche Güter)

Für den Absender: gelb   —   Für den Empfänger: weiß   —   Für den Beförderer: rot

Begleitpapier für gefährliche Güter   (§ 4 GGVS)

(A) Absender – Name und Postanschrift

(B) Versandort

Beladestelle

(C) Empfänger – Name und Postanschrift

(D) Bestimmungsort

Entladestelle

(E) Erklärungen, Vereinbarungen

(F)   Bezeichnung der Sendung

| Der Verpackung | | | Inhalt (Bezeichnung nach GGVS) | GGVS | | | Güterart-Nr. | Gewicht |
Zeichen und Nummer	An-zahl	Art		Klasse	Ziffer	Buch-stabe		kg

(G) Besondere Vermerke nach GGVS

(H) Anlagen zum Begleitpapier (z. B. Bescheid über eine Ausnahmegenehmigung)

(I) Freivermerk

(K) Nachnahme DM

(L) Ort und Tag der Ausstellung

..................., den ....

Unterschrift des Absenders

(M) Empfang der Sendung bescheinigt

..................., den ....

Unterschrift des Empfängers

(N) Gut und Begleitpapier übernommen

Tag .... Stunde ....

Unterschrift des Beförderers

(O) Sonstiges (z. B. Frachtberechnung)

Verkehrs-Verlag J. Fischer · Düsseldorf

35

— Kennzeichnungsnummern der anzubringenden Warntafeln nach Anhang B.5 GGVS (nur bei Beförderung in
festverbundenen Tanks und Aufsetztanks im innerstaatlichen Verkehr);
— Nettomasse des Gefahrgutes (nicht erforderlich bei der
Beförderung in Tanks).
Wird die Bruttomasse angegeben, ist diese auch für die
Kennzeichnung und schriftlichen Weisungen verbindlich.

Zusätzlich muß das Beförderungspapier bei der Beförderung
von erlaubnispflichtigen Listengütern enthalten:

— Name und Anschrift des Empfängers
— Versandort und Bestimmungsort

● leere, nicht gereinig-
te Tankfahrzeuge

Für leere, nicht gereinigte Tankfahrzeuge ist im innerstaatlichen Verkehr kein Beförderungspapier erforderlich.

Wird der Transport nach den Vorschriften für den grenzüberschreitenden Verkehr durchgeführt, so ist auch für das leere,
nicht gereinigte Tankfahrzeug ein Beförderungspapier mitzuführen.

Beispiel
für eine Eintragung in das Beförderungspapier eines nicht
gereinigten Tankfahrzeuges, das Benzin Klasse 3, Ziffer 3b
im grenzüberschreitenden Verkehr geladen hatte:
  Leeres Tankfahrzeug 3 Ziff. 41 ADR
  letztes Ladegut Benzin Ziffer 3b

● Sprache

Beförderungspapiere für grenzüberschreitende Beförderungen werden in der Sprache des Versandlandes abgefaßt. Ist
diese Sprache nicht Englisch, Französisch oder Deutsch,
müssen die Angaben zusätzlich in einer dieser Sprachen
abgefaßt werden.

Unfallmerkblatt

4.1.2 Schriftliche Weisungen (Unfallmerkblatt)

Bei der Vielzahl der auf der Straße transportierten Gefahrgüter ist niemand in der Lage, alle Gefahren der einzelnen
Stoffe genau zu kennen. Um im Gefahrenfall schnell und
gezielt die angemessenen Sicherheitsvorkehrungen treffen
zu können, hat der Gesetzgeber die Mitführung eines Unfallmerkblattes vorgeschrieben:

● Mitführungspflicht

— beim Transport gefährlicher Güter in Tanks und Tankfahrzeugen
— bei nicht gereinigten leeren Tanks und Tankfahrzeugen

<table>
<tr><td colspan="2"></td><td>CEFIC TEC(R)-142</td></tr>
<tr><td colspan="2">UNFALLMERKBLATT FÜR STRASSENTRANSPORT</td><td>Klasse 5.1   ADR
Ziff. 4 a)</td></tr>
</table>

CALCIUMCHLORAT

UN-Nr. 1452

Eigenschaften des Ladegutes:
Weiße geruchlose Kristalle

Gefahren:
Fördert die Verbrennung (Oxidationsmittel)
Kann mit brennbaren Stoffen zu Feuer und Explosionen führen
Erhitzen führt zu Drucksteigerung → Berstgefahr
Mit Produkt verunreinigte Materialien (z. B. Kleider) entzünden sich leicht
Schwere, evtl. tötliche Vergiftung durch Verschlucken
Beim Erhitzen oder durch Säureeinwirkung entsteht giftiges Gas : Chlor

Schutzausrüstung:
Dichtschließende Schutzbrille
Kunststoff-, Gummi- oder Lederhandschuhe
Augenspülflasche mit reinem Wasser

NOTMASSNAHMEN — Sofort Feuerwehr und Polizei benachrichtigen

- Zündquellen fernhalten (z. B. kein offenes Feuer), Rauchverbot
- Straße sichern und andere Straßenbenutzer warnen
- Unbefugte fernhalten

Leck

- Mit viel Wasser verdünnen
- Falls Produkt in Gewässer oder Kanalisation gelangt ist oder Erdboden oder Pflanzen verunreinigt hat, Feuerwehr oder Polizei darauf hinweisen
- Nicht mit Sägemehl oder anderen brennbaren Stoffen aufnehmen
- Verschüttetes Ladegut nicht umpacken

Feuer

- Bei Feuereinwirkung Behälter mit Wassersprühstrahl kühlen
- Löschen vorzugsweise mit Wasser
- Auf windzugewandter Seite bleiben

Erste Hilfe

- Falls Produkt in Augen gelangt, unverzüglich mit viel Wasser spülen
- Mit Produkt verunreinigte Kleidungsstücke unverzüglich entfernen
- Ärztliche Hilfe erforderlich bei Symptomen, die offensichtlich auf Verschlucken zurückzuführen sind

Zusätzliche Hinweise des Herstellers oder Absenders.

TELEFONISCHE RÜCKFRAGE:

Für den Inhalt verantwortlich:

Best.Nr. 4 136

(Name und Anschrift der natürlichen oder juristischen Person)

Gilt nur während des Straßentransports   Deutsch

Erhältlich bei : Dössel & Rademacher, Formularverlag, Brandstwiete 42, 2000 Hamburg 11, Telefon (040) 32 14 81

Wegen der Vielzahl und Unterschiedlichkeit der von Gefahrgütern ausgehenden Gefährdungen sind die gesetzlichen Vorschriften zur Erstellung eines Unfallmerkblattes sehr allgemein gehalten. Die Bestimmung besagt, daß folgende sechs Hauptinhaltspunkte darin enthalten sein müssen:

● inhaltlicher Aufbau

1) die Bezeichnung der beförderten gefährlichen Güter und die Art der Gefahr, die sie in sich bergen, sowie die erforderlichen Sicherheitsmaßnahmen, um ihr zu begegnen;

2) die zu ergreifenden Maßnahmen und Hilfeleistungen, falls Personen mit den beförderten Gütern oder entweichenden Stoffen in Berührung kommen;

3) die im Brandfall zu ergreifenden Maßnahmen; insbesondere die Mittel oder Gruppen von Mitteln, die zur Brandbekämpfung verwendet oder nicht verwendet werden dürfen;

4) die bei Bruch oder sonstiger Beschädigung der Verpackung oder der beförderten gefährlichen Güter zu ergreifenden Maßnahmen; insbesondere wenn sich diese Güter auf der Straße ausgebreitet haben;

5) die mögliche Gefährdung von Gewässern beim Freiwerden der beförderten Güter (z.B. Mischbarkeit mit Wasser) und die für diesen Fall zu ergreifenden Sofortmaßnahmen;

6) Name und Anschrift der natürlichen oder juristischen Person, die sie aufgestellt hat und die für den Inhalt verantwortlich ist.

● grenzüberschreitender Verkehr

Zusätzlich zu diesen Angaben muß im grenzüberschreitenden Verkehr (bei Tankgröße über 3000 l), wenn Stoffe befördert werden, die im Anhang B.5 aufgeführt sind, die Bezeichnung des Stoffes mit Klasse, Ziffer und Kleinbuchstabe sowie die Nummer zur Kennzeichnung der Gefahr und des Stoffes angegeben werden.

● Sprache

Die Unfallmerkblätter sind in der Sprache des Ursprungslandes zu erstellen. Ist diese Sprache nicht die der beim Transport zu durchfahrenden Staaten, so müssen sie auch in diesen Sprachen abgefaßt sein.

Werden in einem Fahrzeug mehrere unterschiedliche Produkte befördert und seitlich keine Warntafeln mit Kennzeichnungsnummern gezeigt, so muß bei den entsprechenden Unfallmerkblättern ein Plan liegen, aus dem hervorgeht, in welcher Kammer welches Produkt geladen ist.

● Aushändigung innerstaatlich

Besitzt der Fahrzeugführer nicht schon die entsprechenden Unfallmerkblätter für die geladenen Gefahrgüter, so hat der

Verlader dafür Sorge zu tragen, daß der Fahrer sie vor Fahrtbeginn im Besitz hat.

Im grenzüberschreitenden Verkehr gilt, daß der Hersteller oder Absender des Gefahrgutes die entsprechenden Unfallmerkblätter erstellt und sie dem Beförderer spätestens mit der Erteilung des Beförderungsauftrages auszuhändigen hat. Nur so ist sichergestellt, daß das Fahrpersonal rechtzeitig vom Inhalt Kenntnis nehmen und die genannten Maßnahmen wirksam ergreifen kann.

● Aushändigung grenzüberschreitend

Bei jedem Gefahrguttransport muß sich das richtige Unfallmerkblatt im Fahrerhaus befinden und leicht zugänglich sein.

● Mitführungspflicht

Für die innerstaatliche Beförderung gilt zusätzlich:

— Muß die Beförderungseinheit mit Warntafel gekennzeichnet werden, so ist je ein Unfallmerkblatt auf der Rückseite der Warntafel in einem wetterfesten Behälter mitzuführen.
— Darauf kann verzichtet werden, wenn Warntafeln mit Kennzeichnungsnummern nach Anhang B.5 gekennzeichnet werden.

● Zusätzliche Bestimmungen

Bei der Beförderung dürfen nur diejenigen Unfallmerkblätter mitgeführt werden, die für den beförderten Stoff zutreffen. Alle anderen Unfallmerkblätter müssen getrennt von den anderen Beförderungspapieren in einem Behältnis mit der Aufschrift „Ungültige Unfallmerkblätter" im Führerhaus aufbewahrt werden.

4.1.3 Prüfbescheinigung und Bescheinigung der besonderen Zulassung

Wie jedes Fahrzeug einer verkehrsbehördlichen Zulassung bedarf, so ist dies in verstärktem Maß und nach strengeren Sicherheitsvorschriften auch für Fahrzeuge zum Transport gefährlicher Güter der Fall.

Einer speziellen Prüfung unterliegt der Tank als Verpackung des Gefahrgutes; hierbei soll z. B. festgestellt werden, wie sich das Baumaterial bei Berührung mit den verschiedenen zu transportierenden Stoffen verhält.

Dies ist deshalb von so großer Bedeutung, weil manche Stoffgruppen bestimmte Materialien angreifen und zersetzen.

Nach einer solchen Prüfung erhalten die Tanks als Einzelteil des Fahrzeugs die

Baumusterzulassung

Baumusterzulaszulassung

Werden die so geprüften Tanks mit einem Fahrzeug verbunden, so unterliegt auch das Fahrzeug den Vorschriften der GGVS und benötigt eine Prüfbescheinigung.

Prüfbescheinigung

Prüfbescheinigungen sind erforderlich für:

- Fahrzeuge mit festverbundenen Tanks
- Trägerfahrzeuge von
    - Aufsatztanks
    - Gefäßbatterien
- Sattelzugmaschinen für
    - Trägerfahrzeuge von Aufsatztanks
    - Trägerfahrzeuge von Gefäßbatterien
    - Fahrzeuge mit festverbundenen Tanks
- Beförderungseinheiten der Fahrzeugklasse B III

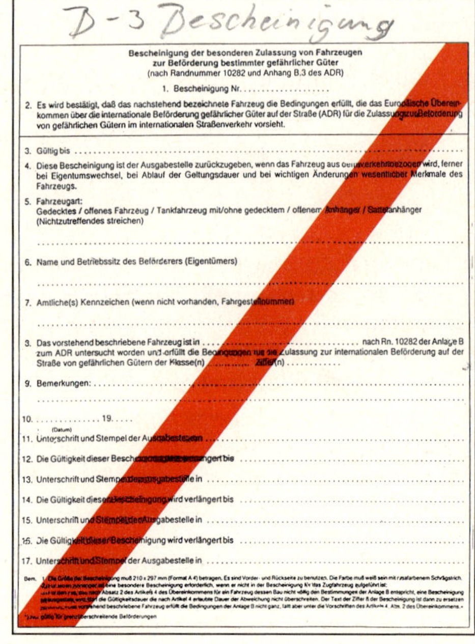

In der Prüfbescheinigung sind eingetragen:

— Amtliches Kennzeichen des Fahrzeuges sowie Name   ● Inhalt
    und Anschrift des Fahrzeughalters;
— Klasse, Ziffer und die namentliche Bezeichnung der
    Stoffe, die befördert werden dürfen;
— Angaben zum Tank;
— Geltungsdauer der Prüfbescheinigung.

Damit ist eindeutig festgelegt, daß nur solche Güter geladen
und befördert werden dürfen, die ausdrücklich in der Prüfbescheinigung zugelassen sind. Fahrzeug und Tank dürfen nur
so lange eingesetzt werden, wie die Prüfbescheinigung
Gültigkeit hat.

Zusätzlich zur Prüfbescheinigung muß auch in dem Fahr-   StVZO
zeugschein ein Vermerk eingetragen werden, daß es sich
hier um ein Fahrzeug handelt, das nicht nur nach Straßenverkehrsrecht, sondern auch nach Gefahrgutrecht geprüft
worden ist.

4.1.4 Erlaubnisbescheid und Ausnahmegenehmigung

Ein **Erlaubnisbescheid** ist immer für den Straßentransport   Erlaubnisbescheid
größerer Mengen Listengüter nach Anhang B.8 der GGVS
erforderlich. Die jeweilige erlaubnispflichtige Mengenanga-
be ist für alle Gefahrstoffe im Anhang B.8 aufgeführt.

Folgende Angaben und Auflagen können in einem Erlaubnisbescheid erteilt werden:

— Bezeichnung des Gefahrgutes unter Angabe von Klasse
    und Ziffer;
— Geltungsdauer:
    nur für eine Fahrt, für eine bestimmte Anzahl von Fahrten
    oder für einen festgelegten Zeitraum;
— Auflagen für die Fahrten, wie z.B. Höchstgeschwindigkeit,
    Vorgabe einer bestimmten Route oder die Pflicht, einen
    Beifahrer mitzunehmen.

Der Erlaubnisbescheid wird von der zuständigen Verkehrsbehörde (meist Straßenverkehrsamt) erteilt, die Behörde will
hierdurch Einfluß nehmen auf die Risikobelastung und
-verteilung auf Straße, Schiene und Wasserwegen.

Ausnahmegenehmigungen nach § 5 GGVS können auf
Antrag die nach dem Landesrecht zuständigen Stellen (Ver-

kehrsminister) genehmigen. Ausnahmen können für Einzelfälle oder für bestimmte Antragsteller zugelassen werden.

Außerdem können vom Bundesverkehrsministerium für alle Beförderer von Gefahrgut zutreffendende Ausnahmen generell zugelassen werden, die im Bundesgesetzblatt veröffentlicht werden.

Ausnahmen werden immer nur dann zugelassen, wenn

— der technische Fortschritt dies rechtfertigt, das Gut sonst von der Beförderung ausgeschlossen wäre oder die Einhaltung einer Bestimmung unzumutbar wäre,
— sichergestellt ist, daß die Sicherheitsvorkehrungen, die den vom Gefahrgut ausgehenden Gefahren entsprechend dem Stand der Wissenschaft und Technik begegnen.

4.1.5 GGVS/ADR-Bescheinigung

Schulungspflicht

Die Führer von Tankfahrzeugen oder Beförderungseinheiten von Tanks oder von Tankcontainern mit einem Gesamtfas-

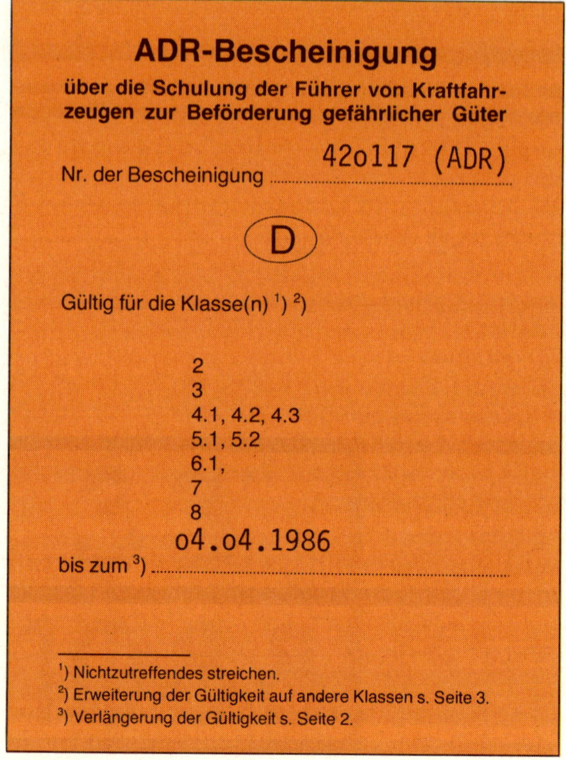

sungsvermögen von mehr als 3000 Liter müssen an einer
GGVS/ADR-Schulung erfolgreich teilgenommen haben.

Die entsprechenden Lehrgänge müssen von der Industrie-
und Handelskammer anerkannt sein, und die IHK stellt auch
die auf fünf Jahre begrenzte Bescheinigung aus.

Die Bescheinigung beschränkt sich auf die Erlaubnis zum
Transport der Gefahrgutklassen, für die der Fahrer einen
Lehrgang absolviert hat.

Nach Ablauf der Fünfjahresfrist muß ein Fortbildungslehr-   Fortbildung
gang belegt und erfolgreich zu Ende geführt werden, um eine
Verlängerung der GGVS/ADR-Bescheinigung für die nächsten fünf Jahre zu erhalten.

4.2 Kennzeichnung der Fahrzeuge

Die Kennzeichnung von Gefahrguttransporten geschieht
aus zwei Gründen:

1. Damit die anderen Verkehrsteilnehmer die von jenen   Zweck
   Fahrzeugen ausgehende potentielle Gefahr erkennen
   und
2. damit Polizei, Feuerwehr und andere Helfer bei Unfällen
   oder technischen Pannen die vom Ladegut ausgehende
   Gefahr erkennen und die richtigen Maßnahmen einleiten
   können.

Vorne und hinten an der Beförderungseinheit sind orange-
farbene Warntafeln anzubringen. Die vorgeschriebenen Maße sind: 40 cm Breite, 30 cm Höhe und ein 15 mm breiter
schwarzer Rand rundum.

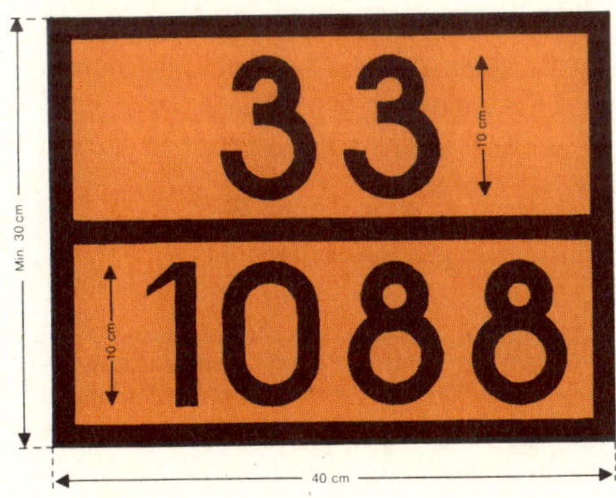

Warntafel

Eine Kennzeichnung ist immer erforderlich, wenn gefährliche Güter in Tanks befördert werden oder die Tanks leer und ungereinigt sind.

Werden Stoffe in Tanks befördert, die im Anhang B.5 aufgeführt sind, so müssen für diese Stoffe auf der Warntafel Kennzeichnungsnummern gezeigt werden, wenn

- im innerstaatlichen Verkehr der Transport im Tankfahrzeug durchgeführt wird
- im grenzüberschreitenden Verkehr das Gesamtfassungsvermögen des Tanks größer als 3000 Liter ist.

Warntafeln mit Kennzeichnungsnummern dürfen auch seitlich am Fahrzeug angebracht sein.

Werden mehrere Gefahrgüter in einem Fahrzeug transportiert und sind die Stoffe im Anhang B.5 aufgeführt, so muß beidseitig am Fahrzeug das jeweilige Gefahrgut mit Warntafeln und Kennzeichnungsnummern gekennzeichnet werden. In diesem Fall wird das Fahrzeug vorn und hinten mit einer neutralen Warntafel gekennzeichnet.

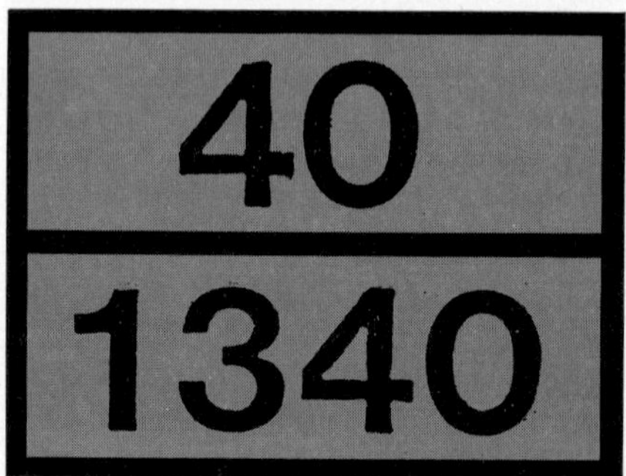

Gefahrnummer

Stoffnummer

Gefahrnummer

Die Gefahrnummer besteht aus 2 bis 3 Ziffern. Die Ziffern geben Auskunft über die Gefahren, die von der Ladung ausgehen. Wird als zweite Ziffer eine 0 gezeigt, so gehen vom Gefahrgut keine nennenswerten weiteren Gefahren aus.

Wird dieselbe Ziffer doppelt gezeigt, so besagt das, daß die Gefahr in erhöhtem Maße besteht, z. B. 66 = sehr giftiger Stoff

Eine Ziffernkombination signalisiert dagegen, daß neben der Gefahr noch eine bedeutende zweite oder dritte Gefahr besteht, z.B. 63 = giftig und entzündbar

Die **erste Ziffer** bedeutet im einzelnen:

● Bedeutung der Ziffern

> 2 Gas. Entweichen durch Druck oder chem. Reaktion;
> 3 Entzündbarkeit von Flüssigkeiten (Dämpfe) und Gasen;
> 4 Entzündbarkeit von festen Stoffen;
> 5 entzündende (brandfördernde) Wirkung;
> 6 Giftigkeit
> 8 Ätzwirkung

Die **2. und 3. Ziffer** bedeutet:

> 0 ohne Bedeutung;
> 1 Explosionsgefahr bei Beeinträchtigung durch Druck, Feuer oder andere Reaktionen;
> 2 Entweichen von Gas;
> 3 Entzündbarkeit;
> 5 brandfördernde Wirkung;
> 6 giftig
> 8 ätzend
> 9 Gefahr einer spontanen heftigen Reaktion

„X" vor der Gefahrenziffer bedeutet, daß der Stoff beim Zusammentreffen mit Wasser gefährlich reagiert.

Folgende Zifferkombinationen haben jedoch eine **besondere Bedeutung:**

● besondere Gefahrnummern

> 22   tiefgekühltes Gas
>
> X333 selbstentzündliche Flüssigkeit, die mit Wasser gefährlich reagiert
>
> X423 entzündbarer fester Stoff, der mit Wasser gefährlich reagiert, wobei brennbare Gase entweichen
>
> 44   entzündbarer fester Stoff, der sich bei erhöhter Temperatur in geschmolzenem Zustand befindet.
>
> 539   entzündbares organisches Peroxid

Eine vollständige Aufzählung aller möglichen Zifferkombinationen finden Sie im Anhang B.5 der GGVS.

Stoffnummer:

Stoffnummer

Die Stoffnummern (UN-Nummer) unterliegen keinem syste-
matischen Aufbau, sondern sind willkürlich einem Stoff
zugeordnet. Sie sind immer 4-stellig. Sie bedeuten zum
Beispiel:

1987: Alkohole; flüssig, nicht giftig, rein oder in Gemischen;
       (Stoff der Klasse 3)

1965: Gemische von Kohlenwasserstoffen (verflüssigte Ga-
       se);
       (Stoff der Klasse 2)

1796: Salpetersäure
       (Stoff der Klasse 8)

Tankcontainer

Diese Kennzeichnungsregeln gelten auch für Tankcontainer.
Die vorgeschriebenen seitlichen Warntafeln dürfen dann
jedoch durch Farbanstrich des Tankcontainers oder Selbst-
klebefolie ersetzt werden.

Alle Warntafeln, auch die der beiden Längsseiten, müssen
deutlich sichtbar angebracht sein.

Verantwortung für
Kennzeichnung

● Container

Bei Tankcontainern ist für das Anbringen oder Sichtbarma-
chen der Warntafeln der Verlader verantwortlich. Die Verantwortung für das Verdecken oder Entfernen liegt beim Empfänger.

● andere Beförde-
rungseinheiten

Bei allen anderen Beförderungseinheiten ist der Fahrzeugführer derjenige, der für die richtige Kennzeichnung mit
Warntafeln zu sorgen hat.

Abfallgesetz

Werden Gefahrgüter transportiert, die dem Abfallgesetz
unterliegen, so müssen diese entsprechend den Vorschriften
des Abfallgesetzes vorn und hinten mit einer Warntafel
(Grundlinie 40, Höhe 30, nicht höher als 1,50 m über der
Fahrbahn angebracht) ausgerüstet sein.

Unfallmerkblätter

Besteht für einen Transport im innerstaatlichen Verkehr
keine besondere Kennzeichnungspflicht nach Anhang B.5

der GGVS, so müssen in einem wetterfesten Behälter hinter der Warntafel ohne Kennzeichnungsnummer die Unfallmerkblätter mitgeführt werden.

Zur besseren Veranschaulichung folgen nun einige Beispiele, wie Fahrzeuge im einzelnen zu kennzeichnen sind.

Grundsätzliche Kennzeichnung

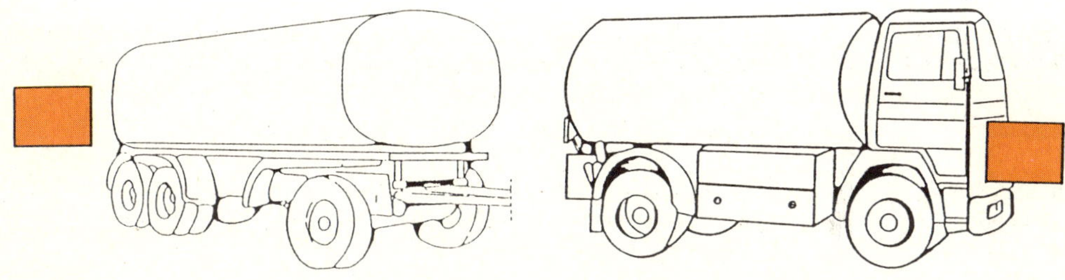

Kennzeichnung von „B.5-Stoffen"

— Transport nur eines B.5-Stoffes

Kennzeichnung von „B.5-Stoffen"

— Transport nur eines B.5-Stoffes

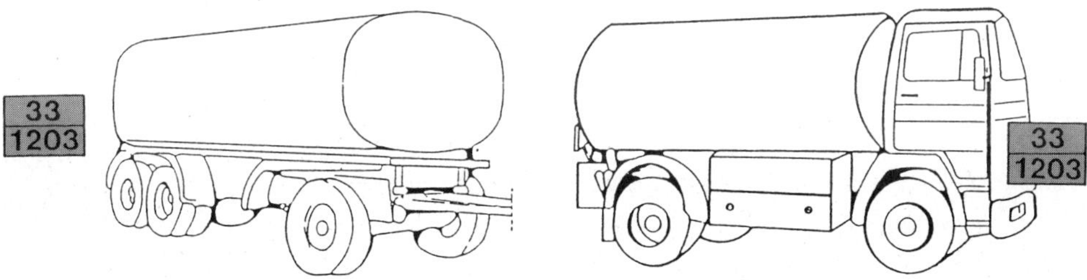

Kennzeichnung von mehreren „B.5-Stoffen"

Sonderfälle der Kennzeichnung

Lkw — „B.5-Stoff"

Anh. — kein Gefahrgut

Sonderfälle der Kennzeichnung
beim Sattelzug

4.3 Gefahrzettel

Die besprochenen Stoff- und Gefahrnummern sind hauptsächlich von technischer Bedeutung, da sie vorwiegend nur
von Fachpersonen und Rettungsmannschaften verstanden
werden.

Um alle anderen Personen direkt erkennbar vor möglichen   Gefahrzettel
Gefahren zu warnen, schreibt die GGVS Gefahrzettel vor.

Mit dem Fahrzeug fest verbundene Tanks und Aufsetztanks   ● Anbringung
sind an beiden Seitenwänden und der Rückwand zu kennzeichnen.

Tankcontainer und Gefäßbatterien müssen an beiden Längsseiten mit den entsprechenden Gefahrzetteln gekennzeichnet sein. Sind die Gefahrzettel beim Transport nicht von
außen sichtbar, so müssen dieselben Gefahrzettel am Fahrzeug außen an beiden Längsseiten und hinten angebracht
sein.

Gefahrzettel dürfen nur gezeigt werden, wenn tatsächlich   ● Entfernung
eine Gefahr vorliegt. Ist das Gefahrgutfahrzeug entleert und
gereinigt, müssen alle Gefahrzettel und Kennzeichnungen
entfernt oder abgedeckt werden.

Verantwortlich für das Anbringen und Entfernen von Gefahr-   ● Verantwortlichkeit
zetteln sind der Fahrzeugführer, Verlader und der Absender
(vergl. Kapitel 2.1).

Beim Tankcontainer sind der Verlader für die Anbringung
und der Empfänger für das Entfernen der Gefahrzettel
verantwortlich.

Welche Gefahrzettel bei den verschiedenen Stoffen zu   ● Zuordnung zu Stof-
verwenden sind, schreibt für Beförderungen in Tanks die   fen
Anlage B vor.

Bedeutung

Bedeutung der Gefahrzettel

Nr. 1

Explosionsgefährlich

Nr. 3

Feuergefährlich (entzünd-
bare, flüssige Stoffe)

Nr. 4.1

Feuergefährlich (entzünd-
bare feste Stoffe)

Nr. 4.2

Selbstentzündlich

Nr. 4.3

Entzündliche Gase bei Be-
rührung mit Wasser

Nr. 5

Entzündend wirkende
Stoffe oder organische Peroxide

Nr. 6.1

Giftig

Nr. 6.1A

Gesundheitsschädlich

Nr. 7A

Radioaktiver Stoff

Nr. 8

Ätzend

(1) Das Beförderungspapier nach Anlage A der GGVS ist zwar an keine feste Form gebunden, aber dem Inhalt nach genau festgelegt. Was muß darin enthalten sein?

eigene Lösung	korrekte Lösung

(2) Wann besteht eine Mitführungspflicht für Unfallmerkblätter, und wo müssen sie aufbewahrt werden?

eigene Lösung	korrekte Lösung

(3) Für welche Fahrzeuge ist eine Prüfbescheinigung erforderlich?

eigene Lösung	korrekte Lösung

(4) Welche Angaben und Auflagen kann die Verkehrsbehörde in einem Erlaubnisbescheid für Listengüter nach Anhang B.8 der GGVS erteilen?

eigene Lösung	korrekte Lösung

(5) Welchem Zweck dient die Kennzeichnungspflicht von Gefahrguttransporten mit Gefahrnummern und Stoffnummern?

eigene Lösung	korrekte Lösung

(6) Was besagen die einzelnen Ziffern der Gefahrnummer, d. h. warum sind sie 2—3stellig?

eigene Lösung	korrekte Lösung

*(7) Warum müssen Gefahrguttransporte neben den Warntafeln noch mit Ge-
fahrzetteln ausgerüstet werden, und wo sind sie anzubringen?*

eigene Lösung	korrekte Lösung

*(8) Ein Tankwagen ist daraufhin zu überprüfen, ob er mit den richtigen
Gefahrzetteln ausgestattet ist. Wo finden sich die entsprechenden Vorschriften?*

eigene Lösung	korrekte Lösung

5 Ausrüstung und Fahrverhalten des Fahrzeugs sowie Durchführung der Beförderung

Durch die Prüfbescheinigung (innerstaatlich) und die besondere Zulassung (grenzüberschreitend) wird bestätigt, daß das Fahrzeug mit einem baumustergeprüften Tank ausgerüstet und zugelassen ist. Und nur die in diesen Bescheinigungen aufgeführten Güter dürfen geladen und transportiert werden.

So müssen wir uns im folgenden genauer mit diesen Fahrzeugen, Tanks, Abgabesystemen, deren Fahrverhalten und der Beförderung vertraut machen.

5.1 Ausrüstung von Tankfahrzeugen

Ein Tankfahrzeug ist ein Fahrzeug mit einem oder mehreren festverbundenen Tanks zur Beförderung flüssiger, gasförmiger oder staubförmiger Stoffe.

Ausrüstung von Tankfahrzeugen

Wird im Tank Gefahrgut befördert, unterliegen Tank und Fahrzeug den Vorschriften der GGVS. Dies gilt auch für den Transport geringer Mengen. So besteht z. B. für alle Fahrzeuge mit festverbundenen Tanks, Aufsetztanks und Gefäßbatterien die Forderung für seitlichen und hinteren Anfahrschutz.

● Anfahrschutz

Fahrzeuge, die entzündbare Flüssigkeiten mit einem Flammpunkt unter 55°C in Tanks transportieren, müssen zusätzlichen Anforderungen genügen:

● Ausrüstung bei Flammpunkt unter 55°C

— Motor, Auspuff, Führerhaus und Förderanlagen (Pumpen) müssen vom Tank durch eine feuersichere Schutzwand getrennt sein. Alle hinter der Schutzwand liegenden Teile müssen so ausgeführt sein, daß eine explosionsgefährliche Atmosphäre durch sie nicht gezündet werden kann. Dazu bedarf es besonderer elektrischer Anlagen.

— Feuerschutzwand

— Die elektrischen Leitungen hinter der Feuerschutzwand müssen aus speziellen Kabeln (TKW) bestehen. Die Stromrückführung (Masse) darf nicht über Rahmen und Fahrgestell verlaufen, sondern muß im isolierten Kabel bis vor die Feuerschutzwand oder zur Batterie erfolgen.

● elektrische Anlagen

Die Leuchten der Fahrzeuge müssen vor mechanischen Schäden, die Glühlampen gegen ein Selbstlockern (keine

Schraubsockel) gesichert sein. Leitungsverbindungen dürfen nur mit Steckverbindern erfolgen, die mit Rastwarzen versehen sind.

— Batterietrennschalter

— Über einen Batterietrennschalter müssen sich alle Stromkreise abschalten und einschalten lassen (Das gilt nicht für eigensichere Stromkreise). Die Bedienungseinrichtung für den Trennschalter muß an gut sichtbarer und leicht erreichbarer Stelle im Führerhaus untergebracht sein. Im grenzüberschreitenden Verkehr wird zusätzlich eine Betätigungseinrichtung außerhalb des Führerhauses verlangt.

— Ottomotoren sind als Antriebsmaschinen verboten.

Bauformen von Fahrzeugen und Tanks

Tankfahrzeuge

a) Tankfahrzeuge

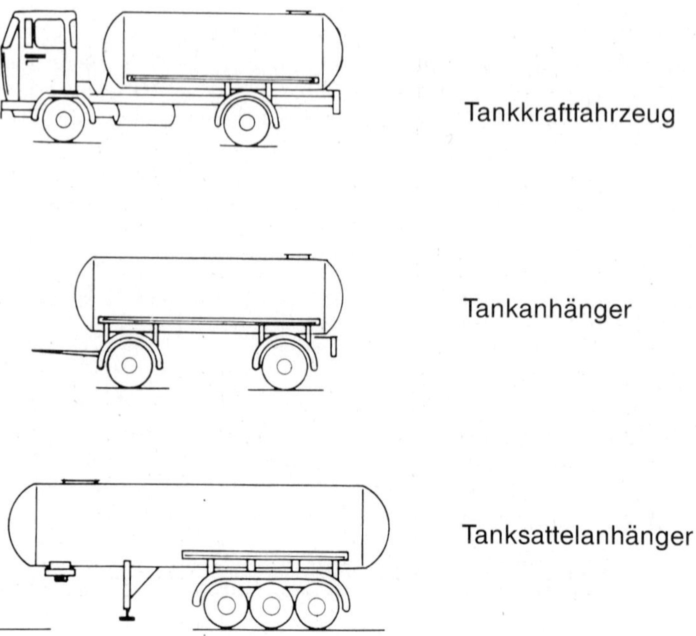

Tankfahrzeuge haben einen oder mehrere dauerhaft und fest mit dem Fahrgestell verbundene Tanks.

Die GGVS fordert für Anhänger (mit Ausnahme für Tanksattelanhänger) mindestens zwei Achsen.

b) Gefäßbatteriefahrzeug

Gefäßbatteriefahrzeug

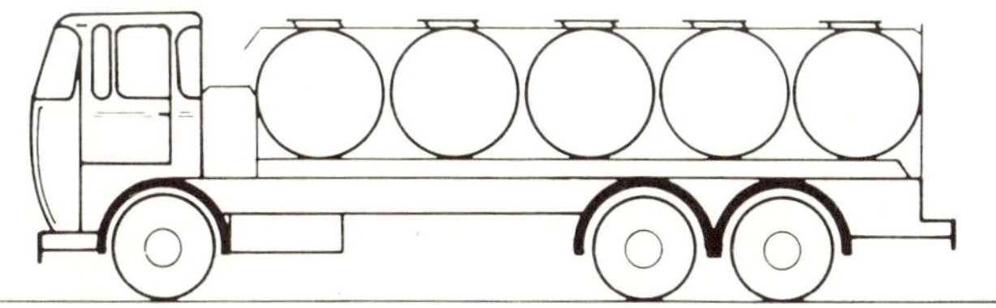

Eine Gefäßbatterie ist eine Einheit aus mehreren Gefäßen, die durch ein Sammelrohr miteinander verbunden sind. Der Fassungsraum jedes Einzeltanks beträgt mehr als 150 Liter. Die Gefäßbatterie muß dauerhaft auf dem Fahrzeug befestigt sein. Damit wird das Fahrzeug zum Tankfahrzeug.

c) Silofahrzeug

Silofahrzeug

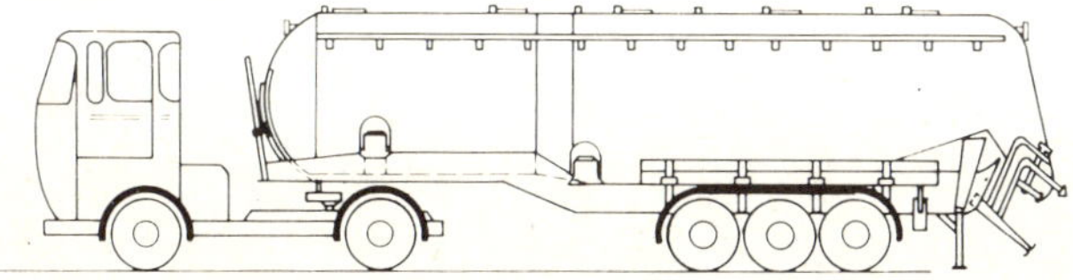

Silofahrzeuge fallen ebenfalls unter den Begriff „Tankfahrzeuge". Sie werden bei der Beförderung von körnigen oder pulverförmigen Stoffen verwendet.

d) Aufsetztanks und ihre Fahrzeuge

Aufsetztanks

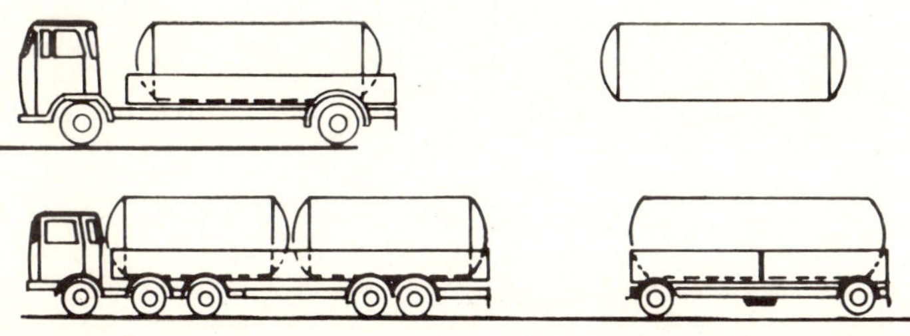

Das Fassungsvermögen eines Aufsetztanks beträgt mehr als 1000 Liter. Das Auf- und Absetzen ist nur in **leerem** Zustand erlaubt. Eine Verbindung des Aufsetztanks zu dem Hauptrahmen des Trägerfahrzeugs ist vorgeschrieben. Mehrere Aufsetztanks auf einem Fahrzeug sind möglich.

Sattelzugmaschinen

e) Sattelzugmaschinen

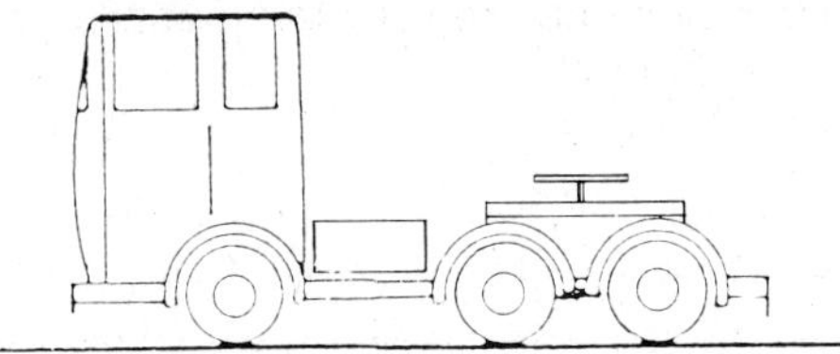

Auch Sattelzugmaschinen zum Transport von Tanksattelanhängern oder Trägerfahrzeuge von Aufsetztanks müssen den Vorschriften der GGVS entsprechen, wenn Gefahrgut transportiert wird.

Tankcontainer

f) Tankcontainer

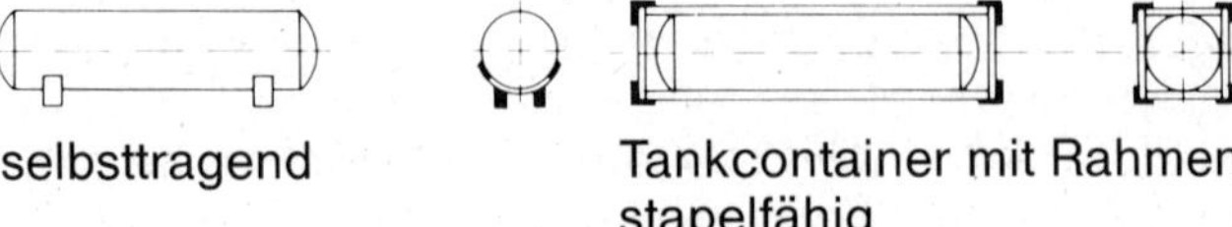

selbsttragend   Tankcontainer mit Rahmen
                                 stapelfähig

Tankcontainer haben einen Fassungsraum von mehr als 450 Litern. Sie sind gefüllt auf- und absetzbar.

Beförderungseinheit

g) Beförderungseinheit

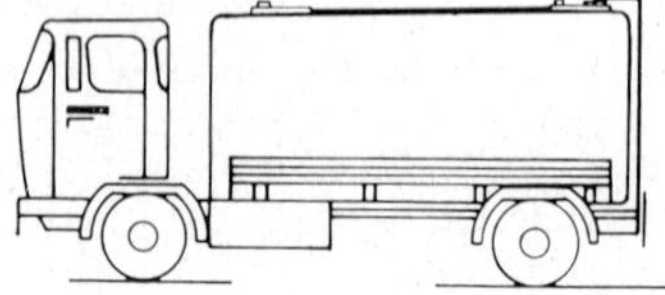

Kraftfahrzeug ohne Anhänger

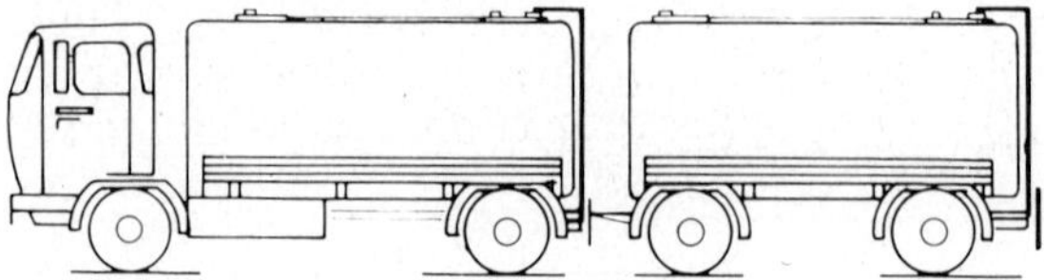

Kraftfahrzeug mit Anhänger (Gliederzug)

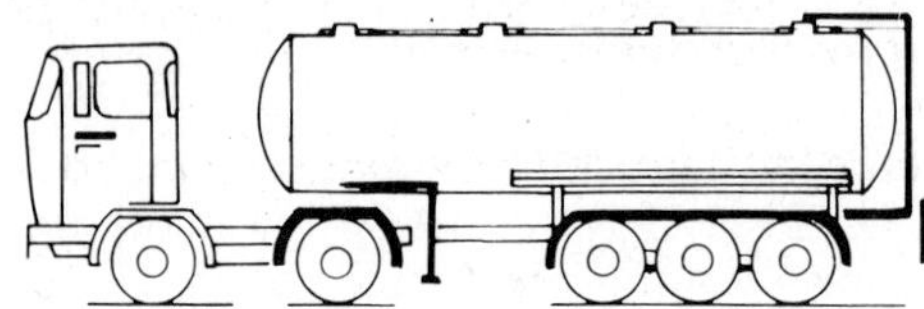

Sattelzugmaschine mit Sattelanhänger (Sattelzug)

Eine Beförderungseinheit besteht aus einem Sattelzug oder einem Kraftfahrzeug (ausgenommen Sattelzugmaschinen) mit oder ohne Anhänger.

5.2 Tanks

In der Praxis werden vorwiegend die nachstehenden drei Tankformen verwendet:

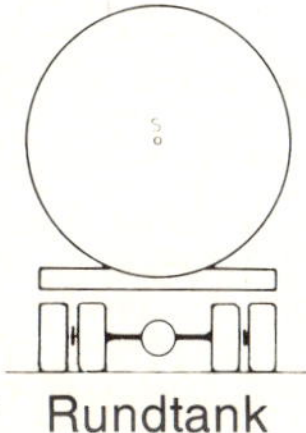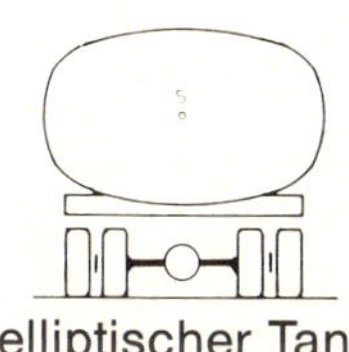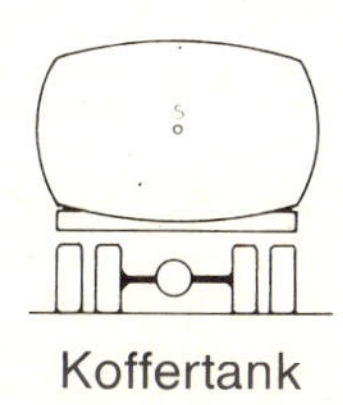

Tankformen

Rundtank   elliptischer Tank   Koffertank

Der Rundtank findet vor allem dann Verwendung, wenn der Tank einem inneren Druck standhalten muß, z. B. bei der Beförderung unter Druck verflüssigter Gase, oder wenn der Behälter mit Druck entleert wird.

● Rundtank

Fahrzeuge mit Drucktanks haben einen hohen Schwerpunkt und weisen deshalb ein ungünstiges Fahrverhalten auf.

Bei elliptischen und Koffertanks ist der Schwerpunkt dagegen etwas niedriger. Fahrzeuge mit diesen Tanks können auch die in der StVZO vorgeschriebenen maximalen Fahrzeugabmessungen und Gewichte besser ausschöpfen.

● elliptischer Tank
● Koffertank

In der GGVS sind bestimmte Mindestwanddicken vorgeschrieben, wobei man davon ausgeht, daß der Tank umso stärker gebaut sein muß, je gefährlicher das Gut ist. Bei der Prüfung des Tanks durch den Sachverständigen wird der Tank mit einem Überdruck, dem sogenannten Prüfdruck, beaufschlagt und geprüft.

Wanddicke

Tanks mit einem Prüfdruck von weniger als 4 bar, die zur Beförderung von entzündbaren Stoffen bestimmt sind, müssen so unterteilt sein, daß der Rauminhalt jedes Tankabteils 7500 Liter nicht übersteigt.

Bei Drucktanks ist eine Kammerbegrenzung nicht vorgeschrieben.

Soweit Tanks für die Beförderung von flüssigen Stoffen nicht durch Trenn- oder Schwallwände in Abteile von höchstens

Füllungsgrad

7500 Liter Fassungsraum unterteilt sind, muß der Füllungsgrad mindestens 80 % betragen, außer wenn sie praktisch leer sind.

Dadurch soll eine zu große Schwallwirkung vermieden werden.

Tankwerkstoff

Welches Material für den Tank verwendet wird, hängt davon ab, welche Produkte in dem Tank befördert werden. Die GGVS schreibt vor, daß nur geeignete metallische Werkstoffe Verwendung finden dürfen, damit der Tank durch das Gefahrgut nicht chemisch angegriffen wird. Wesentliche Werkstoffe sind Stahl, Edelstahl, Aluminium.

5.2.1 Abgabesysteme

Abgabesystem

Unter einem Abgabesystem versteht man die Einrichtung aus Ventilen, Pumpen, Rohren und Schläuchen zur Entleerung eines Tanks.

Man unterscheidet **3 Abgabesysteme:**

● Einprodukttank

a) für Einprodukttank

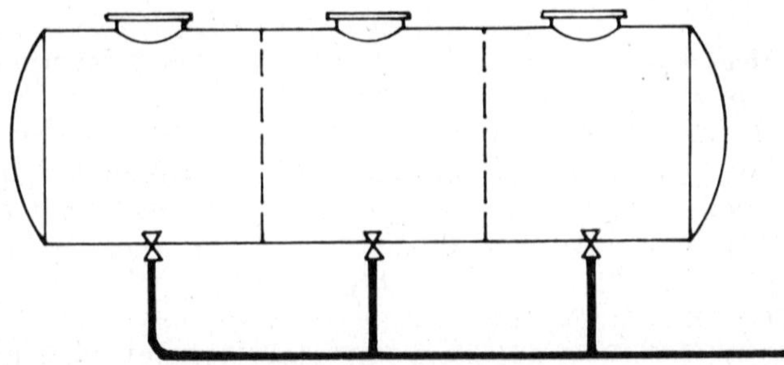

Die Abgabe erfolgt über ein Sammelrohr.

Mineralöltransporte werden überwiegend mit solchen Tanks durchgeführt, deren Kammern einen gemeinsamen Ablauf haben, da sonst die für diesen Bereich vorgeschriebenen aufwendigen Abfüllarmaturen mehrfach installiert werden müßten.

● Zweiproduktentank

b) für Zweiproduktentank

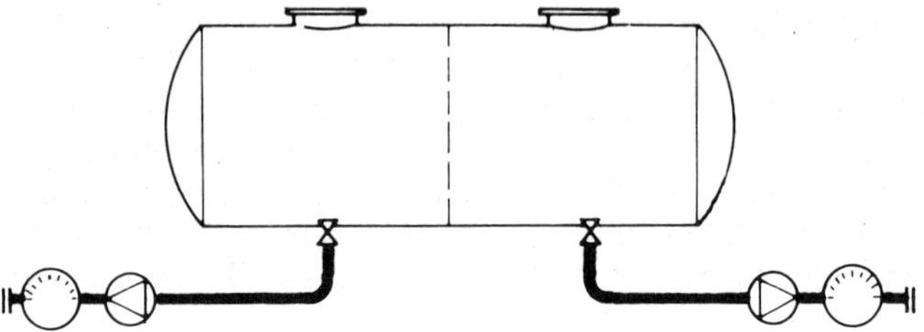

Die Abgabe erfolgt über ein doppeltes Ablaufsystem. Werden
z. B. zwei unterschiedliche Mineralölprodukte transportiert,
muß eine zweite Abfüllvorrichtung installiert sein, um gefährliche Vermischungen im Ablaufrohr zu vermeiden.

c) Mehrproduktentank

● Mehrproduktentank

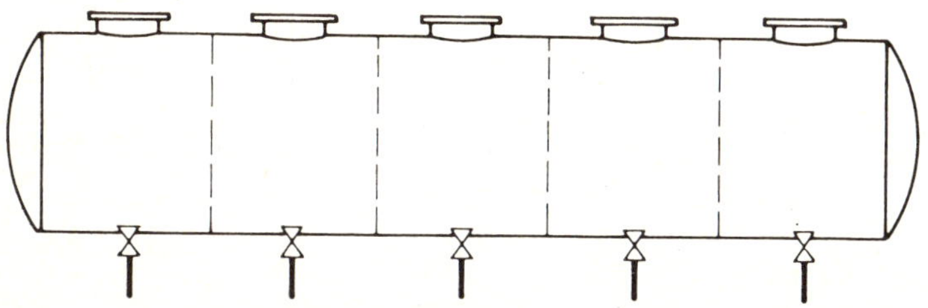

Die Abgabe erfolgt über voneinander unabhängige Systeme.
Der Tank hat für jede Kammer ein eigenes Ablaufsystem.
Diese Art der Abgabe findet man vor allem bei Chemiezügen
vor, mit denen ständig unterschiedliche Stoffe befördert
werden. So können beim Entladen gefährliche Vermischungen sicher vermieden werden.

Armaturen

Die Tankentleerung erfolgt in der Regel von der Unterseite   Armaturen
der Tanks her. Dort befinden sich dann die Abgabearmaturen. Sind die Armaturen an der Tankoberseite montiert,
spricht man von Domarmaturen.

Wegen der enormen Typenvielfalt dieser Ausrüstungsteile ist
es im Rahmen dieses Buches nicht möglich, sämtliche
Variationen anzusprechen.

Aus diesem Grund sei hier beispielhaft die Armatur eines
Tankfahrzeuges geschildert, das den Vorschriften für die
Beförderung von Mineralölprodukten mit einem niedrigen
Flammpunkt genügt.

Die komplizierte Armatur wird hier vereinfacht dargestellt.

a) Domarmaturen

Domarmaturen

Auf dem Mannloch, das dem Sachverständigen des TÜV bei   ● Domdeckel
der Prüfung des Tanks als Einstieg dient, ist eine Kombination aus Domdeckel, Peilstab, Kippventil und Lüfterhaube
aufgeschraubt. Der Domdeckel besteht aus zähem Werkstoff
und verschließt die Oberseite des Tanks dicht und muß

verriegelbar sein. Bei der Beladung des Tankfahrzeuges von oben wird der Füllarm der Befüllstation durch den geöffneten Domdeckel eingeführt.

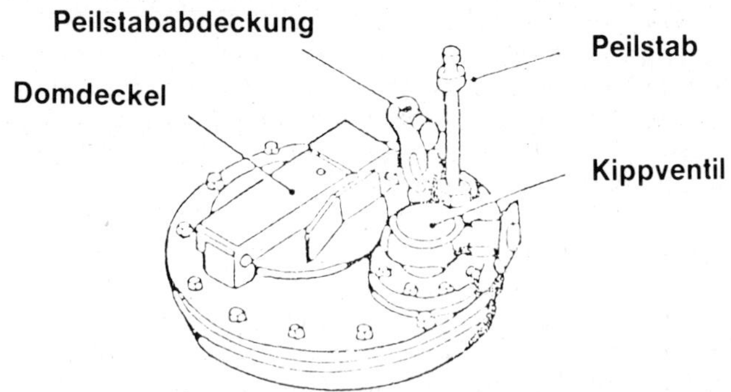

● Kippventil

Neben dem Domdeckel sitzt das Kippventil, das einen ständigen Druckausgleich zwischen dem Tankinneren und der Atmosphäre gewährleistet, gleichzeitig aber durch einen Schwimmer das Herausschwappen der Flüssigkeit während der Fahrt verhindert. Bei umgekipptem Fahrzeug fließt aus dem Kippventil nur eine geringe Leckölmenge heraus. Während der Stoffabgabe wird es durch Druck (pneumatisch oder hydraulisch) weit geöffnet, damit genügend Luft nachströmen kann und sich kein Unterdruck bildet, der den Tank zusammenzieht.

Falls eine Kammer ohne Beachtung des notwendigen Freiraums gefüllt und damit überfüllt wurde, schließt der Schwimmer des Kippventils die Entlüftung des Tanks. Durch die Wärmeausdehnung der Flüssigkeit bildet sich ein Überdruck, der gefährlich ist (der Tank kann bersten). Um diesen Zustand zu vermeiden, wurde im Kippventil ein kleines

● Rückschlagventil

Rückschlagventil untergebracht, das über eine kleine Bohrung Gas bzw. das Ladegut langsam in die Domwanne entweichen läßt.

● Lüfterhaube
● Flammenrückschlagsicherung

Über dem Kippventil ist an der Außenseite des Tanks eine Lüfterhaube angebracht, die mit einem flammendurchschlagsicheren Sieb versehen ist. Sie nimmt einmal die Aufgabe eines Regenschirms wahr, zum anderen verhindert das Sieb das Übergreifen eines Brandes von außen nach innen bzw. umgekehrt.

● Peilstab

Am Lüftertopf befindet sich ein Anschluß für eine Gaspendelleitung. Sinn und Zweck dieser Einrichtung wird später erläutert. Ebenfalls zur Domarmatur zählt der Peilstab. Er ist nicht geeicht und dient daher nur der ungefähren Bestimmung des Füllstandes.

Die Domwanne umschließt die Domarmaturen. Eventuelle Lecköllmengen können über den Ablauf der Domwanne in einen Eimer abgeleitet werden. Der Ablauf muß bei der Beförderung immer geschlossen sein. Auch dürfen keine Füllgutreste an der Tankaußenwand haften. Die Domarmaturen werden durch die besondere Konstruktion der Wanne oder durch Überrollbügel geschützt.

● Domwanne

b) Abgabearmaturen

Abgabearmaturen

An der tiefsten Stelle des Tanks befindet sich das Bodenventil. Es verschließt die Tanksohle von innen her, so daß selbst dann kein Gut ausfließen kann, wenn der außenliegende Teil des Bodenventils (z.B. durch einen Unfall) zerstört wird. Ein Grobsieb, das das Bodenventil im Tankinnern umgibt, soll verhindern, daß in den Tank gefallene Gegenstände in die weiteren Abgabearmaturen gelangen, mit denen das Bodenventil durch Rohre verbunden ist. Bei Fahrzeugen, die zum Transport feuergefährlicher Flüssigkeiten mit einem Flammpunkt unter 55 Grad zugelassen sind, ist in diesen Rohren eine Flammendurchschlagsicherung eingebaut.

● Bodenventil

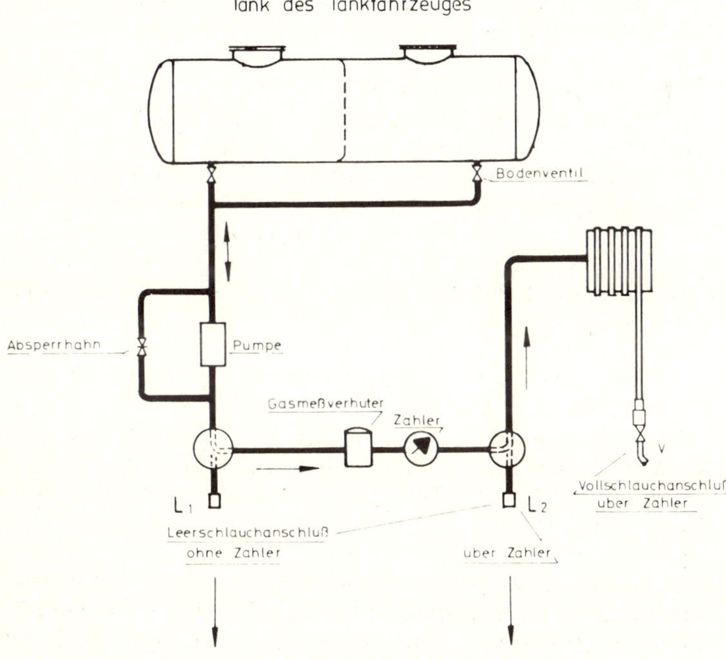

● Pumpe

Falls nicht im freien Gefälle (also durch das Eigengewicht der Flüssigkeit) entladen wird, kann mit Hilfe einer Pumpe der nötige Druck in der Leitung aufgebaut werden.

● Zähler
● Gasmeßverhüter

Für den Fall, daß das Gut über den (geeichten) Zähler abgegeben werden soll, werden durch den vor dem Zähler liegenden Gasmeßverhüter Fehlmessungen verhindert. Der Gasmeßverhüter registriert in der Flüssigkeit enthaltene Luftperlen (wenn z. B. eine Kammer leer wird) und unterbricht dann automatisch die Abgabe.

Abgabe der Füllung

Abgabearten

Die Abgabe der Tankfüllung oder von Teilmengen kann auf drei Arten vor sich gehen:

a) Abgabe ohne Zähler über den Leerschlauchanschluß L 1

Hierbei kann entweder im freien Gefälle (Absperrhahn zu) oder mit der Eigenpumpe entladen werden, was vor allem dann erforderlich ist, wenn der Empfängertank höher steht als das Tankfahrzeug.

Bei Mineralölfahrzeugen findet man diesen Anschluß häufig verplombt vor oder er fehlt völlig. Dadurch soll verhindert werden, daß Ware abgegeben wird, die vom Zähler nicht registriert wurde.

Wenn eine Ausrüstung mit einer Umkehrpumpe vorhanden ist, kann der Tank des Fahrzeuges auch mit eigener Kraft von unten befüllt werden bzw. bei geöffnetem Absperrhahn mit der Pumpe der Befüllstation beladen werden.

b) Abgabe über Zähler und Leerschlauchanlage L 2

Diese Methode empfiehlt sich besonders bei Kunden, die eine größere Menge bestellt haben, da der Leerschlauch einen erheblich größeren Durchmesser hat als der Vollschlauch. Der Leerschlauch muß — wie der Name schon sagt — nach der Befüllung wieder entleert werden. Das im Schlauch befindliche Gut gehört dem Kunden. Der leere Schlauch wird anschließend im Schlauchkasten verstaut.

c) Abgabe über Zähler und Vollschlauchanschluß V

Das ist die häufigste Abgabeart bei kleineren Heizölkunden. Der Vollschlauch, auf einer Trommel aufgerollt, ist ständig bis zur Zapfpistole mit Gut gefüllt.

5.3 Weitere Ausrüstungsgegenstände

Feuerlöschmittel   Feuerlöscher

Nach der GGVS muß jede Beförderungseinheit ausgestattet
sein mit mindestens

— einem Feuerlöscher von genügendem Fassungsvermö-   ● Anzahl
   gen zur Bekämpfung eines Brandes des Motors oder
   jedes anderen Teils der Beförderungseinheit;

— einem Feuerlöscher von genügendem Fassungsvermögen, der geeignet ist, einen (Entstehungs-) Brand der
   Ladung zu bekämpfen.

Ein Anhänger, der von der Beförderungseinheit abgekuppelt
ist und beladen auf öffentlichem Strassenrand abgestellt
wird, muß mit mindestens einem Feuerlöscher zur Bekämpfung eines Brandes der Ladung ausgerüstet sein.

In der Regel werden Feuerlöscher der Brandklassen ABC   ● Art
geeignet sein, einen Brand des Fahrzeuges oder der Ladung
im Entstehtungsstadium zu bekämpfen, da ABC-Löscher
feste, flüssige und gasförmige Stoffe löschen können. Im
Einzelfall ist die Verwendung eines speziellen Löschers für
die Ladung zu überprüfen.

Die Prüffrist für die Feuerlöscher beträgt ein Jahr (Plakette   ● Prüffrist
beachten!).

Das Fahrpersonal muß mit der Bedienung der Feuerlöscher   ● Bedienung
vertraut sein.

Warnleuchten   Warnleuchten

In Kraftfahrzeugen, die gefährliche Güter transportieren, sind   ● Anforderung
zwei Warnleuchten mitzuführen, die so beschaffen sein
müssen, daß ihre Verwendung keine Entzündung der beförderten Güter verursachen kann.

Die Warnleuchten sollem im Falle eines Unfalls dazu dienen,   ● Aufstellung
das Fahrzeug nach hinten und in Richtung Gegenverkehr
abzusichern. Sie dürfen nur in ausreichender Entfernung
vom Ladegut (Schlauch, Armaturenkasten…) benutzt werden.

Je nach Entzündbarkeit des Ladegutes, Flammpunkt über   ● Bauart
55 °C, reicht (etwa beim Transport von Heizöl) die für alle

Warnleuchten vorgeschriebene Bauartgenehmigung nach StVZO aus, oder die Warnleuchte muß nach der Schutzart IP 54, Flammpunkt unter 55 °C, (staub- und spritzwassergeschützt, bruchsicheres Schutzglas) ausgeführt sein (z. B. bei Benzintransporten).

Ist die Warnleuchte zusätzlich mit einem weißen Dauerlicht versehen, so muß sie bei Transporten leicht entzündbarer Stoffe sogar explosionsgeschützt sein, da sie ja dann auch als Taschenlampe unmittelbar in der Nähe des Ladegutes benutzt werden kann. In der technischen Richtlinie TRS 002 sind die Güter genannt, bei deren Beförderung die Warnleuchten mindestens in der Schutzart IP 54 ausgeführt sein müssen.

Schutzausrüstung

Schutzausrüstung

● Zweck

Zum Schutze des Fahrpersonals muß bei der Beförderung gefährlicher Güter in Tankfahrzeugen die im Unfallmerkblatt angegebene Schutzausrüstung mitgeführt werden.

● Mindestschutz-
ausrüstung

Die Mindestschutzausrüstung, die im innerstaatlichen Verkehr mitzuführen ist, besteht aus

> — dichtschließender Schutzbrille
> — geeigneten Sicherheitshandschuhen
> — Augenspülflasche mit reinem Wasser

Das Fahrpersonal hat anhand des Unfallmerkblattes die Vollständigkeit der mitzuführenden Schutzausrüstung zu überprüfen und ggfs. das Wasser in der Augenspülflasche zu erneuern oder aufzufüllen. Schutzausrüstungen müssen für Fahrer und Beifahrer mitgeführt werden.

Sie sind — wie alle anderen Ausrüstungsgegenstände — auf Verlangen zuständigen Personen vorzuzeigen bzw. auszuhändigen.

Werkzeugkasten

Werkzeugkasten

Bei grenzüberschreitenden Transporten verlangt die GGVS zusätzlich einen Werkzeugkasten mitzuführen, dessen Inhalt geeignet ist, Notreparaturen am Fahrzeug durchzuführen.

5.4 Be- und Entladen von Tankfahrzeugen

Aus der Prüfbescheinigung erfährt der Fahrer, welche Stoffe er im Tank seines Fahrzeuges befördern darf. Wer andere als die in der Prüfbescheinigung genannten Stoffe befördert, riskiert (außer einem Bußgeld) ein Leckschlagen des Tanks z.B. durch Dichtungen, die von dem Ladegut chemisch angegriffen werden. Oder er riskiert eine akute Brandgefahr durch fehlende Sicherheitseinrichtungen.

Beladevorgang

Je nach Bauart und Gut werden Tankfahrzeuge mal über den Dom, mal von unten über das Bodenventil gefüllt.

Die **Befüllung von oben** geschieht an einer Füllbühne. Vor dem Heranfahren an die Füllbühne sind alle überflüssigen Elektrogeräte (Radio, Heizung) auszuschalten. Selbstverständlich ist das Rauchen verboten. Wenn der Motor für die Beladung nicht benötigt wird, ist er auszuschalten.

Werden an der Füllbühne entzündbare Flüssigkeiten vorgehalten, so sind jetzt zusätzlich zur GGVS die Vorschriften der VbF, der Verordnung über die Lagerung und Beförderung brennbarer Flüssigkeiten, zu beachten.

Das Fahrzeug ist zu erden, um einen Potentialausgleich zwischen dem Fahrzeug und der Füllbühne zu gewährleisten. Damit auch der Fahrer nicht elektrisch leitend mit Füllbühne und Fahrzeug in Berührung kommen kann, muß er antistatisches (leitendes) Schuhwerk tragen.

Die Unfallverhütungsvorschriften (UVV) schreiben das Tragen eines Schutzhelms vor, wenn unter schwebenden Lasten — hier der Füllarm — gearbeitet wird. Während des gesamten Ladevorganges sind Gummi- oder Kunststoffhandschuhe zu tragen.

Falls an der Füllbühne kein Haltegitter ist, muß das seitliche Schutzgitter des Fahrzeuges zur Vermeidung einer Absturzgefahr hochgeklappt werden (UVV über hochgelegene Arbeitsplätze).

Das Füllrohr wird nun durch das Domloch senkrecht eingeführt und weich auf der Tanksohle aufgesetzt. Dadurch wird eine zusätzliche elektrisch leitende Verbindung geschaffen. Bei dem nachfolgenden Tankvorgang entstehen in der Flüssigkeit hohe statische Aufladungen. Um diese Aufladungen in Grenzen zu halten, muß der Ladevorgang mit gedrosselter Geschwindigkeit begonnen werden, bis der Auslauf des Füllrohrs mit Flüssigkeit überdeckt ist.

Bei der Befüllung ist auf den höchstzulässigen Füllstand zu achten. Er ist (je nach dem Wärmeausdehnungskoeffizienten) von Produkt zu Produkt verschieden. Man kann ihn aus Formeln berechnen, die in der Anlage B der GGVS unter der Randnummer Rn 211172 zu finden sind. Der Fahrer braucht sich aber mit dieser komplizierten Rechnung nicht zu beschäftigen. Den höchstzulässigen Füllstand muß ihm der Verlader angeben: er kann ihn also an der Füllbühne erfragen.

Aber selbst vor Erreichen dieses Füllstandes kann das Fahrzeug bereits überladen sein, da Flüssigkeiten verschiedene spezifische Gewichte haben, also unterschiedlich schwer sind. Auch hier ist es jedoch leicht, Abhilfe zu schaffen:

Die Nutzlast des Fahrzeuges ergibt sich aus der Differenz

● Nutzlast

$$\begin{array}{l}\text{zulässiges Gesamtgewicht} \\ -\ \text{Leergewicht} \\ \hline =\ \text{Nutzlast.}\end{array}$$

Diesen Wert kann der Fahrer im Fahrzeugschein nachlesen.

Der Verlader ist verpflichtet, dem Fahrer zu sagen, wieviel Kubikmeter er bei der angegebenen Nutzlast laden kann. Die Kubikmeterzahl kann der Fahrer während des Ladevorganges am Zähler der Füllbühne ablesen.

● nach Beladen Dom-
deckel schließen

Nach der Beladung ist der Domdeckel wieder zu schließen. Bei Gewitter ist die Befüllung zu unterbrechen, der Domdeckel muß geschlossen werden.

Untenbefüllung

Bei der **Untenbefüllung** wird das Produkt durch das geöffnete Bodenventil in den Tank gepumpt. Hier ist eine ständige Kontrolle des Füllstandes besonders wichtig, da der Fahrer im Gegensatz zur Obenbefüllung nicht ständig den Flüssigkeitsspiegel vor Augen hat.

Fahrtantritt

Während der Fahrt müssen die Domdeckel (auch bei leeren, ungereinigten Tanks) geschlossen sein, an der äußeren Tankwandung dürfen keine Füllgutreste haften, der Ablauf der Domwanne muß geschlossen sein. Dies ist vor Fahrtantritt sorgfältig zu kontrollieren.

Entladevorgang

Entladevorgang

● Ortssicherung

Der Entladevorgang ist mit den Warenempfänger abzustimmen. Am Entladeort muß als erstes die Entladestelle derart

gesichert werden, daß niemand gefährdet wird und z. B. kein
Passant über den ausgelegten Schlauch oder in einen
Tankschacht fallen kann. Eine solche Ortssicherung ge-
schieht am einfachsten und besten mit Leitkegeln, den sog.
Lübecker Hütchen.

Vor dem Entladen muß der Fahrer sich davon überzeugen,
daß die bestellte Menge auch in den zu befüllenden Tank   ● Kontrolle der Tanks
paßt. Hier sollte sich niemand auf die Angaben des Bestellers   beim Kunden
verlassen, da der Fahrer beim Überlaufen des Tanks zur
Rechenschaft gezogen wird.

Der eigentliche Entladevorgang muß ständig vom Fahrper-   ● Überwachung der
sonal beobachtet werden.   Entladung

Nach dem Entladevorgang werden zuerst die Schläuche und
danach erst die Ortssicherungsmittel wieder im Fahrzeug
verstaut.

5.5 Spezielles Fahrverhalten von Tankfahrzeugen

Die Unfallstatistik zeigt, daß der Anteil der Alleinunfälle bei
Gefahrgutfahrzeugen höher liegt als im übrigen Güterver-
kehr. Ein Alleinunfall ist ein Unfall, in den kein weiterer
Verkehrsteilnehmer als der Verunfallte selbst erkennbar
verwickelt ist. Da Gefahrgutfahrzeuge häufiger als andere
flüssige oder staubförmige Stoffe transportieren, liegt der
Schluß nahe, daß das besondere Verhalten einer solchen
Ladung vom Fahrer oft nicht genügend berücksichtigt wird.

Um auf die physikalischen Zusammenhänge eingehen zu
können, müssen noch kurz einige Grundbegriffe erläutert
werden:

Schwerpunkt: Schwerpunkt

Der Schwerpunkt ist der gewichtsmäßige Mittelpunkt des
Fahrzeuges. Im Schwerpunkt kann man sich die gesamte
Masse des Körpers vereinigt vorstellen. Dort greifen auch die
Fliehkraft und die Gewichtskraft an. Unterstützt man einen
Körper im Schwerpunkt, so verharrt er in jeder Lage in Ruhe.

Darstellung von **Kräften:**

Jemand will mit einem Boot über einen Fluß rudern, der eine   Resultierende
starke Strömung hat. Obwohl das Gegenufer angesteuert
wird, landet das Boot ein Stück weiter stromabwärts am Ufer,

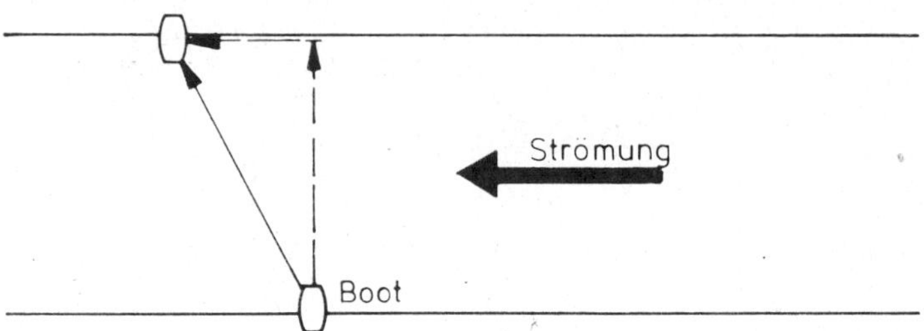

weil es abgetrieben worden ist. Der tatsächlich zurückgelegte Weg ergibt sich aus den beiden Einzelwegen. Diesen tatsächlichen Wert bezeichnet man als Resultierende, weil er das Resultat aus den beiden Einzelwegen ist.

In ähnlicher Weise kann man Kräfte als Pfeile darstellen und sie addieren. Die Gesamtkraft, die sich aus der Summe der beiden Einzelkräfte ergibt, ist die Resultierende.

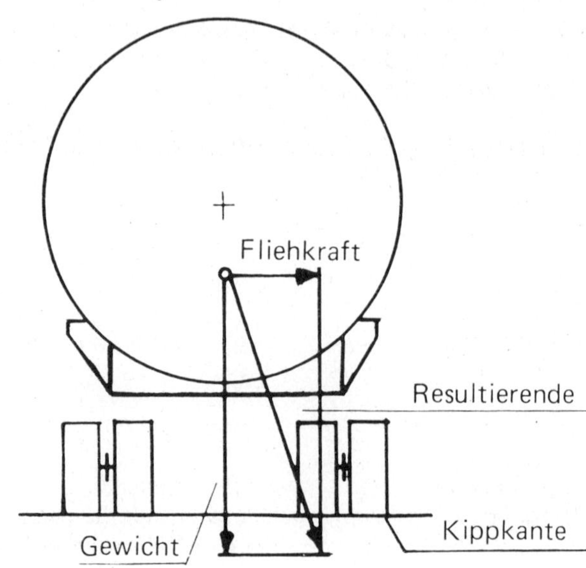

Kippbedingungen

Kippkante

Die Kanten, um die ein Körper kippen kann, heißen Kippkanten. Die Außenkanten der Aufstandsfläche sind gleichzeitig auch die Kippkanten. Aus der nachstehenden Skizze können wichtige physikalische Zusammenhänge abgeleitet werden.

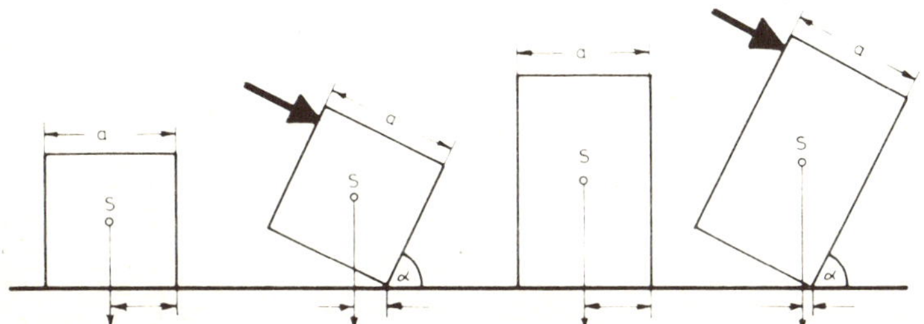

1. Je näher der Schwerpunkt der Kippkante liegt oder kommt, desto größer wird die Kippgefahr.
2. Verlagert sich der Schwerpunkt über die Kippkante hinaus, kippt der Körper um.
3. Je höher der Schwerpunkt liegt, umso höher ist auch die Kippgefahr.

Lehrsätze gegen Kippgefahr

Was eben für einen ruhenden Körper gezeigt wurde, gilt auch für einen bewegten, also für ein durch eine Kurve fahrendes Fahrzeug. Hier wirkt aber zusätzlich zur Gewichtskraft noch die **Fliehkraft** auf den Körper (das Fahrzeug) ein, und aus Gewichtskraft und Fliehkraft ergibt sich die Resultierende (Kraft).

Fliehkraft

Geht die Resultierende über die Kippkante hinaus, kippt das Fahrzeug um.

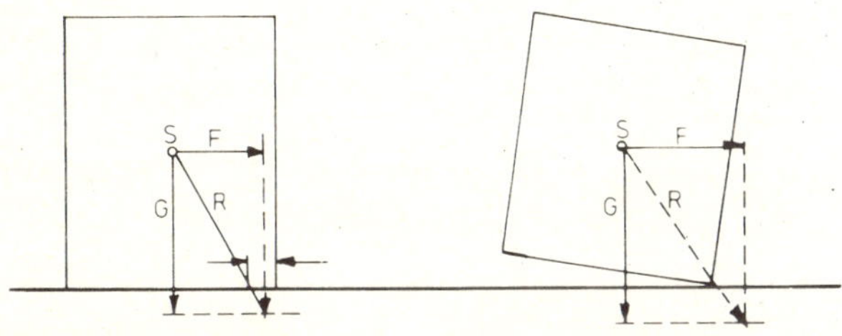

Geringe Fliehkraft,
Fahrzeug bleibt stehen

große Fliehkraft,
Resultierende geht über Kippkante: Fahrzeug kippt um.

Die Bedeutung der Kippkanten darf unter keinen Umständen unterschätzt werden, und ihren Verlauf sollte man sich ständig vergegenwärtigen: die rechte Kippkante eines Lkw verläuft durch die Reifenaufstandsflächen der rechten Räder.

Verlauf der Kippkanten

Beim Anhänger verändern sich die Kippkanten je nach Einschlag des Drehschemels. Die Kippkante des Anhängers nähert sich mit abnehmendem Kurvenradius immer mehr

● beim Anhänger

dem Schwerpunkt. Und das bei einem Fahrzeug, das durch die fehlende tiefliegende Antriebsmaschine ohnedies einen höheren Schwerpunkt hat als das Zugfahrzeug.

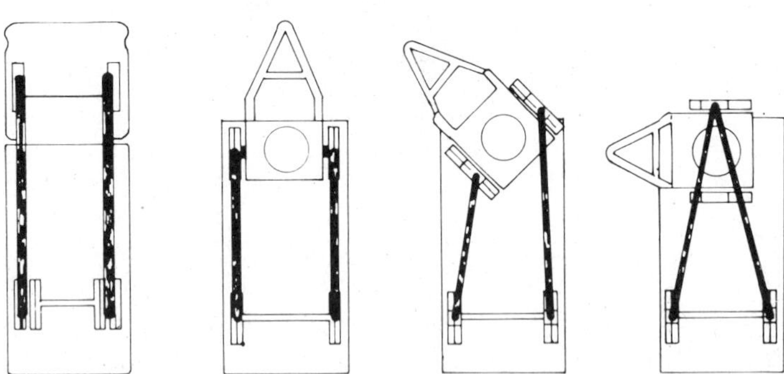

● beim Sattelzug

Beim Sattelzug sind die Verhältnisse noch komplizierter: Ein Tanksattelzug ist ein Kraftfahrzeug, das aus zwei Einzelfahrzeugen zusammengesetzt ist. Aus diesem Grund setzt sich die Kippkante des Tanksattelzuges aus der Kombination der beiden Kippkanten von der Zugmaschine und dem Auflieger zusammen.

Diese Kippkante verändert sich aber mit dem Knickwinkel zwischen den beiden Fahrzeugen, d. h. sie ist vom Kurvenradius abhängig. Daraus ergibt sich ein schwer kalkulierbares Kippverhalten. Hinzu kommt, daß es wegen der Länge des Aufliegers bei falscher Be- und Entladung der einzelnen Kammern zu starken Schwerpunktverlagerungen in Längsrichtung kommt, die sich negativ auf das Fahrverhalten auswirken können.

Schwallwirkung

Schwallwirkung

Beim Transport von Flüssigkeiten bewirkt die Schwallwirkung (Schwappen der Flüssigkeit) noch eine zusätzliche ständige Schwerpunktverlagerung in Längs- und Querrichtung.

Schwallwände

Die Schwallwirkung ist bei nur teilweise beladenen Kammern besonders stark. Bei einem Füllungsgrad von etwa 50 % ist die Schwallwirkung am stärksten. In der Längsrichtung wird der Schwall durch Schwallwände gehemmt. Trotzdem sollte der Fahrer nach einer Bremsung bis zum Stillstand den Fuß noch längere Zeit auf der Bremse behalten, bis die Schwingung abgeklungen ist.

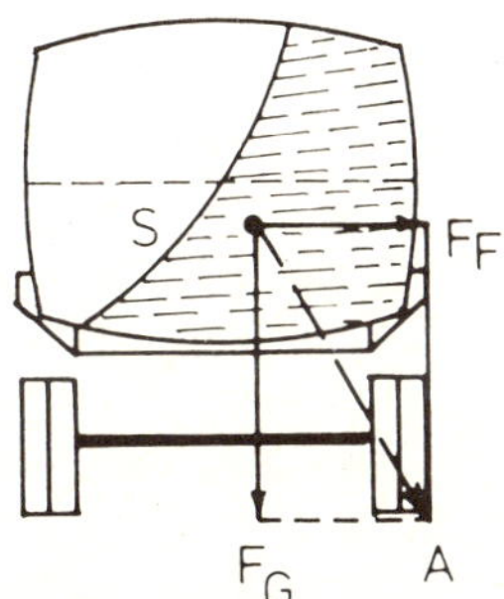

Ein besonders kritisches Fahrverhalten ergibt sich, wenn in Längsrichtung keine Schwallwände vorhanden sind. Aus diesem Grunde schreibt die GGVS für Tanks mit Kammern über 7500 l ohne Schwallwände auch vor, daß sie entweder zu mindestens 80 % gefüllt oder praktisch leer sein müssen.

Tanks über 7500 l ohne Schwallwände

Von dieser Regelung sind durch eine Ausnahme (s. S. 63) vom Bundesminister für Verkehr die Saug- und Drucktankwagen ausgenommen.

Einfluß der Ladungsverteilung auf das Fahrverhalten

Für die Festlegung der Reihenfolge beim Entladen der einzelnen Kammern eines Tankfahrzeuges sind die physikalischen Vorgänge am Fahrzeug beim Blockieren der Räder sowie das Kurvenverhalten von Interesse.

Es gelten folgende physikalische Gesetzmäßigkeiten:

a) Blockierte Vorderräder lassen ein Fahrzeug unlenkbar geradeaus rutschen = ein stabiles Fahrverhalten.

blockierte Vorderräder

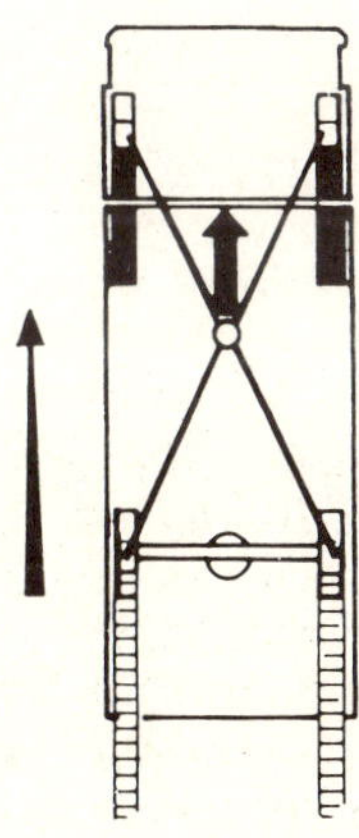

blockierte Hinterräder

b) Blockierte Hinterräder versetzen das Fahrzeug in eine Drehbewegung (Schleudern, instabiles Fahrverhalten).

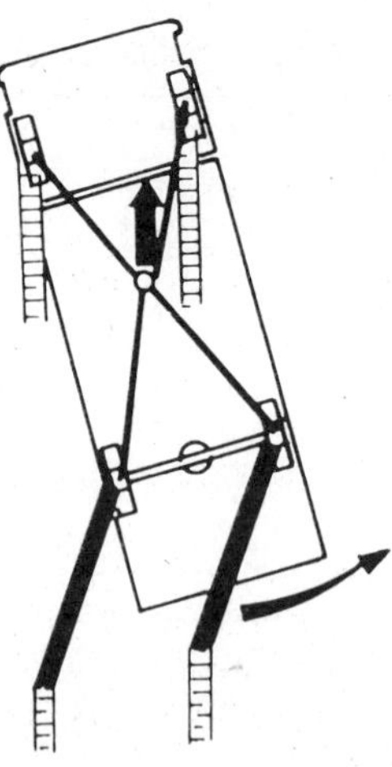

alle Räder blockiert

c) Blockieren alle Räder, bewegt sich das Fahrzeug in seiner vorherigen Richtung weiter, es kann sich jedoch um seine durch den Schwerpunkt gehende Hochachse drehen.

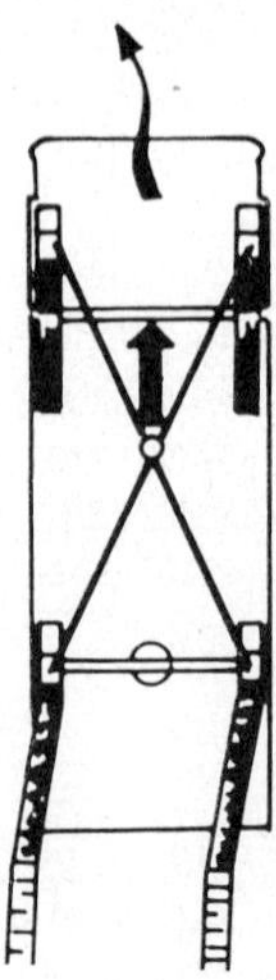

d) Ein Fahrzeug mit weit vorn liegendem Schwerpunkt neigt in der Kurve zum Untersteuern, d. h. es fährt einen größeren Kurvenradius als es dem tatsächlichen Lenkradeinschlag entspricht.

e) Liegt ein Schwerpunkt weit hinten, neigt das Fahrzeug zum Übersteuern, d. h. es möchte in der Kurve hinten zur Kurvenaußenseite ausbrechen.

Für ein Fahrzeug, das nur teilweise entladen wird, gilt grundsätzlich:

— Die Kammern sollten möglichst ganz entleert werden. Halbvolle Kammern sollte man wegen der Schwallwirkung vermeiden.

Mit welcher Kammer der Entladevorgang begonnen wird, hängt von der Bauart des einzelnen Fahrzeuges ab.

Entladefolge

Man muß folgendes dabei berücksichtigen:

— die Antriebsräder müssen einen gewissen Druck auf die Straße ausüben, z. B. Sattelzüge knicken sonst leicht ein;
— die Schwerpunktverlagerung infolge teilweisen Entleerens des Fahrzeuges sollte so gering wie möglich sein, z. B. beim Anhänger kann der Schwerpunkt sich sonst nach vorne verlagern und der Kippkante bedrohlich nahekommen.

Diese beiden Forderungen sind zu beachten, obwohl sie sich miteinander schlecht vereinbaren lassen, wenn das Fahrzeug nur teilweise entladen wird.

5.6 Durchführung der Beförderung

Der gesetzliche Begriff der Beförderung nach der GGVS beinhaltet nicht nur das Fahren. Eingeschlossen sind die Übernahme des Transportgutes, Fahren, Parken, zeitweiliges Abstellen und die Entladung.

Fahrzeugbesatzung

Die Fahrzeugbesatzung besteht aus dem Fahrer und evtl. einem vom Gesetz oder durch Auflage vorgeschriebenen Beifahrer. Weitere Personen dürfen bei Gefahrguttransporten nicht mitgenommen werden.

Die Fahrzeugbesatzung darf nur aus sachkundigem Personal bestehen, denn sowohl der Fahrer als auch der Beifahrer haben Pflichten und Verantwortlichkeiten beim Gefahrguttransport, für deren Nichterfüllung sie zur Rechenschaft gezogen werden. Einige Pflichten treffen den Fahrer ebenso wie den Beifahrer:

Anforderungen

Die Begleitpapiere und Ausrüstungsgegenstände sind zuständigen Personen vorzuzeigen bzw. auf Verlangen auszuhändigen, im Falle eines Zwischenfalls die Polizei (eventuell die Feuerwehr) unverzüglich zu benachrichtigen und die im Unfallmerkblatt beschriebenen Maßnahmen zu treffen.

Ist für den grenzüberschreitenden Verkehr ein Beifahrer vorgeschrieben, so muß dieser in der Lage sein, den Fahrer abzulösen. Das bedeutet, daß er auch im Besitz des Befähigungsnachweises sein muß. Wird im innerstaatlichen Verkehr ein Beifahrer vorgeschrieben, so kann auf diesen verzichtet werden, wenn das Fahrzeug mit Autotelefon ausgerüstet ist.

Rauchverbot

Rauchverbot

In den Fahrzeugen und in der Nähe von haltenden Fahrzeugen ist das Rauchen (bzw. der Umgang mit einer offenen Flamme) untersagt.

Unter „Nähe" ist je nach Windrichtung und -stärke eine Entfernung von ca. 5—10 Metern vom Fahrzeug bzw. Schlauch zu verstehen.

Bei der Beförderung entzündbarer Flüssigkeiten gilt ein generelles Rauchverbot. Auch bei der Beförderung anderer gefährlicher Stoffe ist das Rauchen fast ausnahmslos verboten (bis auf einige wenige Ausnahmen).

Halten und Parken

Vorschriften

Parken sollten Gefahrguttransporter nur im Lager- oder Firmenbereich, wo ihre Sicherheit gewährleistet ist. Ist dies im Einzelfall nicht möglich, so soll auf einem bewachten Parkplatz geparkt werden.

Ist ein solcher Parkplatz nicht vorhanden, so soll ein öffentlicher oder privater Parkplatz, auf dem der Gefahrguttransporter nicht in die Gefahr kommt, beschädigt zu werden, aufgesucht werden.

Wenn auch ein solcher Parkplatz nicht vorhanden ist, kann auf einer von der Öffentlichkeit wenig genutzten Fläche, abseits von Hauptverkehrsstraßen und Wohngebieten, geparkt werden.

Für den grenzüberschreitenden Verkehr gilt zusätzlich:

Beförderungseinheiten mit gefährlichen Gütern dürfen nur mit angezogener Handbremse halten oder parken.

Wenn bei Nacht oder schlechter Sicht ohne Fahrzeugbeleuchtung gehalten oder geparkt wird (in der Bundesrepublik Deutschland auf der Straße verboten, wäre nur denkbar im Falle eines Zwischenfalls nach Betätigung des Trennschalters), sind zwei Warnleuchten auf die Straße zu stellen, und zwar

— die eine ca. 10 m vor das Fahrzeug, und
— die andere ca. 10 m hinter das Fahrzeug.

Bei Zwischenfällen (Pannen) muß zusätzlich das Fahrzeug nach hinten durch Aufstellen eines Warndreiecks in mindestens 100 m Entfernung abgesichert werden.

(1) Welche besondere Ausrüstung ist für Tankfahrzeuge vorgeschrieben, die entzündbare Flüssigkeiten mit einem Flammpunkt unter 55° C transportieren?

eigene Lösung	korrekte Lösung

(2) Zu welchen Transporten werden hauptsächlich Rundtanks benutzt, und wie wirkt sich ihre Form auf das Fahrverhalten aus?

eigene Lösung	korrekte Lösung

(3) Der Tank eines Tankfahrzeuges faßt 10.000 l und wird nicht durch Trenn- und Schwallwände unterteilt. Mit wieviel Liter muß der Tank mindestens während der Beförderung gefüllt sein?

eigene Lösung	korrekte Lösung

(4) Zum Entleeren von Tanks werden drei Abgabesysteme unterschieden. Welche?

eigene Lösung	korrekte Lösung

(5) Welche Aufgabe hat die Domwanne zu erfüllen?

eigene Lösung	korrekte Lösung

(6) Wieviele Feuerlöscher müssen pro Beförderungseinheit mitgeführt werden?

eigene Lösung	korrekte Lösung

(7) Wieviele Warnleuchten sind bei Gefahrguttransporten mitzuführen und wie sind sie aufzustellen?

eigene Lösung	korrekte Lösung

(8) Woraus besteht die Mindestschutzausrüstung, die in jedem Fall mitzuführen ist?

eigene Lösung	korrekte Lösung

*(9) Wegen der unterschiedlichen Gewichte von Flüssigkeiten kann das Fahr-
zeug schon vor Erreichen des höchstzulässigen Füllstandes überladen sein.
Wie errechnet sich die Nutzlast eines Fahrzeuges?*

eigene Lösung	korrekte Lösung

(10) Was versteht man unter dem Schwerpunkt eine Körpers?

eigene Lösung	korrekte Lösung

(11) Was sind die Kippkanten eines Körpers bzw. eines Lastkraftwagens?

eigene Lösung	korrekte Lösung

(12) Was bedeutet die Schwallwirkung für den Flüssigkeitstransport?

eigene Lösung	korrekte Lösung

6 Unfallverhütung und -bekämpfung

Wie jedes andere Fahrzeug kann auch ein Gefahrguttransporter durch Eigen- oder Fremdverschulden in einen Unfall verwickelt werden. Darüber hinaus kann es durch unsachgemäße Handhabung zu Pannen oder Unfällen kommen, und beides kann weitreichende Folgen für Menschen oder/und Umwelt haben. Deshalb ist es besonders wichtig, daß der Fahrzeugführer die entsprechenden Vorsichtsmaßnahmen einhält und weiß, was bei einem Zwischenfall zu unternehmen ist.

Bei jeglichen Unfällen sind dieselben Grundsätze zu beachten, und wir müssen uns diese Grundsätze einprägen, daß sie auch in Unfallsituationen noch präsent sind und wir danach handeln können.

Grundsätze der Unfallbekämpfung   Grundsätze

> — **Ruhe bewahren**
> — **eigenen Schreck überwinden**
> — **erst denken, dann handeln**
> — **zusätzliche Schäden verhindern**
> — **Unfallstelle absichern**
> — **Hilfe herbeiholen**
> — **Notruf: Polizei — Feuerwehr**

6.1 Fahrtvorbereitung

Die Unfallverhütung und Sicherheitsmaßnahmen beginnen bereits vor Fahrtantritt. Den größten Einfluß auf einen ungefährdeten und ungefährlichen Transport haben der Fahrzeugführer und — falls vorhanden — der Beifahrer.

Es wäre also sehr sinn- und zweckvoll, wenn der Fahrer vor Fahrtantritt nach einer Art Checkliste vorginge, die alle   Checkliste
Sicherheitsvorschriften für den Gefahrguttransport nach GGVS und ADR enthält.

Der Fahrer soll sich konsequent an die einzelnen Punkte halten und prüfen, ob die darin genannten Forderungen erfüllt sind:

● Beförderungspapier

a) Beförderungspapier: (vom Absender ausgefüllt)
Name und Anschrift des Absenders.
Bezeichnung des Gutes nach Klasse, Ziffer und ggf. Buchstabe und Rechtsvorschrift.
Bezeichnung des Gutes ist im grenzüberschreitenden Verkehr zu unterstreichen!
Kennzeichnungsnummer der Warntafel nur im innerstaatlichen Verkehr.
Bei Listengütern zusätzlich: Empfänger, Versandort, Bestimmungsort, Nettomasse

● Unfallmerkblätter

b) Unfallmerkblätter:
Für jedes Gut getrennt mindestens 1 Unfallmerkblatt.
Unfallmerkblätter durchlesen (auch der Beifahrer).
Angabe von Name und Anschrift der verantwortlichen Person für das jeweilige Unfallmerkblatt.

Andere Unfallmerkblätter, die sich nicht auf mitgeführte Güter beziehen, in einem Umschlag mit Aufschrift „ungültige Unfallmerkblätter" beiseite legen.

GGVS: innerstaatlich — Ein Unfallmerkblatt im Führerhaus und je eins hinter Warntafeln ohne Nummer (entfällt bei seitlicher Kennzeichnung mit Kennzeichnungsnummern)

GGVS: grenzüberschreitend — Nummer der Warntafel auf Unfallmerkblatt? Eine Weisung im Führerhaus, Weisungen in jeder Sprache der zu durchfahrenden Länder!

● Prüfbescheinigung

c) Prüfbescheinigung:
Eine Prüfbescheinigung pro Fahrzeug.
Ist das zu transportierendes Gut dort aufgeführt? Geltungsdauer beachten!

GGVS: innerstaatlich — Eintragung im Fahrzeugschein vorhanden?

GGVS: grenzüberschreitend — Besondere Zulassung (Geltungsdauer 1 Jahr)

d) **Erlaubnisbescheid:**
   Nur wenn Listengüter in erlaubnispflichtigen
   Mengen befördert werden.
   Auflagen beachten!

   ● Erlaubnisbescheid

e) **Ausnahmegenehmigung:**
   Von Bedeutung, wenn von den Vorschriften
   der GGVS abgewichen wird.

   ● Ausnahmegenehmigung

f) **ADR-Bescheinigung:**
   Darf der Fahrer die Güter befördern, oder
   fehlt die der Gefahrenklasse entsprechende
   Schulung?
   Geltungsdauer 5 Jahre.

   ● ADR-Bescheinigung

g) **Fahrzeugbesatzung:**
   Außer Fahrpersonal keine anderen Personen.

   ● Fahrzeugbesatzung

h) **Abfallbegleitschein:**
   (nach Abfallbeseitigungsgesetz) Bei begleit-
   scheinpflichtigen Sonderabfällen zusätzliche Kennzeichnung des Fahrzeuges mit
   Tafel „A"

   ● Abfallbegleitschein

i) **Meßanlagenbrief:**
   Bei Mineralöltransporten mitzuführen, diese
   eichamtliche Vorschrift gilt nur für nach dem
   1. 1. 85 neu zugelassene Fahrzeuge

   ● Meßanlagenbrief

j) **Kennzeichnung:**
   Warntafeln: vorn, hinten, u. U. auch seit-
   lich. Stimmt die Nummer auf
   der Tafel?
   Gefahrzettel: rechts, links, hinten am Tank.
   Ist es der richtige Gefahrzet-
   tel?
   Bei gereinigten leeren Tanks:
   Warntafeln und Gefahrzettel
   verdecken oder entfernen.

   ● Kennzeichnung

k) **Feuerlöscher:**
   — einen, um Fahrzeugbrand zu löschen
   — einen, um Ladungsbrand zu löschen
   Zusätzlich einen am abgestellten Anhänger.
   Prüffrist (ein Jahr) beachten!

   ● Feuerlöscher

● Schutzausrüstung   l) **Schutzausrüstung:**
                                Gegenstände müssen mit dem Unfallmerk-
                                blatt übereinstimmen.
                                Mindestausrüstung:
                                dichtschließende Schutzbrille,
                                Gummi- oder Kunststoffhandschuhe,
                                Augenspülflasche mit reinem Wasser.

● Rauchverbot   m) **Rauchverbot:**
                                Im Fahrzeug und in der Nähe

● Zusammenladeverbote   n) **Zusammenladeverbote**
                                beachten

● Eichtermin des Zäh-   o) **Eichtermin des Zählers:**
  lers   Eichtermin des Durchlaufzählers beachten.
                                Ablauffrist!

● Warnleuchten   p) **Warnleuchten:**
                                Zwei Stück, bauartgenehmigt nach StVZO.
                                Bei Flammpunkt unter 55 °C: Schutzart IP 54

● Werkzeugkasten   q) **Werkzeugkasten:**
                                Nur im grenzüberschreitenden Verkehr für
                                Notreparaturen am Fahrzeug

● Kontrolle vor Abfahrt   r) **Kontrolle vor der Abfahrt:**
  am Fahrzeug   Domdeckel geschlossen?
                                Geländer vom Laufsteg heruntergeklappt?
                                Ablauf der Domwanne geschlossen?
                                Keine Füllgutreste an der Tankaußenwand?
                                Armaturenkasten geschlossen, Ventile zu?
                                Absperrmaterial dabei?
                                Bindemittel dabei?

6.2 Maßnahmen bei Zwischenfällen

Um die Gefahr von Un- und Zwischenfällen so gering wie
möglich zu halten, hat der Gesetzgeber die Gefahrgutvor-
schriften erlassen. Trotzdem können sich immer wieder
Gefahrenfälle ergeben und Unfälle ereignen. Um größere
Gefahren für die Allgemeinheit abzuwenden, wenn z. B.
gefährliche Stoffe unkontrolliert auf die Straße, ins Erdreich,
in die Luft oder ins Wasser gelangen, ist in der GGVS

vorgegeben, wie sich die Fahrzeugbesatzung in einem solchen Gefahrenmoment zu verhalten hat.

6.2.1 Zwischenfälle beim Halten und Parken

Über die Absicherung des Fahrzeuges hinaus muß der Fahrzeugführer die nächsten zuständigen Behörden unverzüglich benachrichtigen oder benachrichtigen lassen, wenn die in dem haltenden oder parkenden Fahrzeug befindlichen gefährlichen Güter eine besondere Gefahr für die Straßenbenutzer bilden (zum Beispiel, wenn Güter, die für Fußgänger, Tiere oder Fahrzeuge gefährlich sind, auf der Straße verschüttet sind) und die Fahrzeugbesatzung die Gefahr nicht rasch beseitigen kann. Außerdem hat der Fahrzeugführer nötigenfalls die Maßnahmen zu treffen, die in den Unfallmerkblättern vorgeschrieben sind.

In jedem Fall ist schnelles und sicheres Handeln notwendig.

Der Fahrer, Beifahrer oder die schon anwesende Polizei muß veranlassen oder selbst unternehmen:

— die elektrischen Anlagen (Trennschalter) ausschalten und alle Motoren abstellen
— verhindern, daß andere Fahrzeuge im Gefahrenbereich in Betrieb gesetzt werden (Brand- oder Explosionsgefahr)
— allen Anwesenden absolutes Rauchverbot erteilen
— überflüssige Personen (Schaulustige) fernhalten.

6.2.2 Verhalten und Maßnahmen nach einem Unfall

Ist es trotz Vorbeugung und Einhaltung aller Vorschriften zu einem Unfall gekommen, müssen Sofortmaßnahmen ergriffen werden. Wenn der Fahrer unverletzt oder nur geringfügig beeinträchtigt ist, ist er der Sachkundigste und muß als erster handeln. Im anderen Fall werden Polizei, Feuerwehr und andere Hilfskräfte nach ihren Erfahrungen und den vorgefundenen schriftlichen Weisungen (Unfallmerkblätter) vorgehen.

Sofort nach dem Unfall hat der Fahrzeugführer (ggf. mit Beifahrer) folgendes zu beachten und zu unternehmen:

— Motor ausschalten

— Falls Gefahrgut (mit einem Flammpunkt unter 55 °C) ausläuft, oder die Gefahr des Auslaufens besteht, ist der Trennschalter zu betätigen.

Randbemerkungen:

Maßnahmen beim Halten und Parken

● Maßnahmen nach Unfallmerkblättern

● weitere Maßnahmen

Maßnahmen nach einem Unfall

● Motor aus!

● Trennschalter betätigen

Achtung:
mit dem Trennschalter schalten sich auch die Fahrzeugbeleuchtung und das Warnblinklicht aus!

● fremde Zündquellen fernhalten

— Fremde Zündquellen fernhalten oder ausschalten (lassen).

● Rauchverbot

— Absolutes Rauchverbot erteilen.

● Personen warnen

— Anwesende Personen warnen.

● Absichern und Bergen

— Absichern des Fahrzeugs mit Warnleuchten bzw. Warn-
dreieck in beiden Richtungen und evtl. Verletzte aus der
Gefahrenzone bergen.

● Polizei verständigen

— Polizei benachrichtigen.
Besser bleibt der Fahrer beim Fahrzeug und schickt eine
andere Person, der er die genauen Kennzahlen der
Warntafeln mitgibt und u. U. ein Unfallmerkblatt

● Leckabdichtung

— wenn möglich, Abdichtung eines Lecks unter Benutzung
der Schutzausrüstung

● Kanalisation schützen

— Verhindern, daß auslaufendes Gefahrgut in die Kanalisation eindringt:
z. B. Eindämmen mit Sand, Erde, Textilien
o .ä. gemäß Unfallmerkblatt

● Unfallmerkblatt

— Anweisungen aus dem Unfallmerkblatt durchführen

● Brandbekämpfung

— bei Brand:
Mit den Handlöschern den Entstehungsbrand bekämpfen
oder in Grenzen halten, bis die Feuerwehr eintrifft. In den
meisten Fällen stehen 2 oder im Höchstfall 3 Löscher à
6 kg zur Verfügung.

Ein Gerät arbeitet im Dauerbetrieb nur 12—15 Sekunden!
Deshalb nur gezielt betätigen.

Wichtigste Regel: nur in Windrichtung löschen und den
Löschstrahl seitlich an den Brand halten, da sonst das
Feuer stärker auflodert. Vorsicht beim Einsatz von Wasser; denn bei vielen Gefahrgütern (z. B. Benzin breitet sich
des geringeren Gewichts wegen auf Wasser aus — und
der Brand ebenso!) wird der gegenteilige Effekt erzielt.

● Maßnahmen bei Kontakt mit Gefahrgut

— Sollte jemand mit dem Gefahrgut in Berührung gekommen sein, sofort mit viel Wasser (oder einer ähnlichen
Flüssigkeit) mehrere Minuten lang spülen.

Danach einen Arzt aufsuchen oder bei erkennbaren Verätzungen oder bei der Berührung mit Giften sofortiger Transport ins Krankenhaus. Bei Kontakt mit den Augen die Augenspülflasche als Sofortmaßnahme benutzen. Danach zum Augenarzt oder ins Krankenhaus. Beim Verschlucken oder Einatmen hilft nur der sofortige Transport ins Krankenhaus. Immer nach den Emfpehlungen des Unfallmerkblattes handeln, da hier die speziellen Gefahren und Gegenmaßnahmen beschrieben sind.

Notruf

Das Sicherste ist, bei Abfassung eines Notrufes nach einer Art von Checkliste vorzugehen; denn ein unvollständiger Notruf kann keine Hilfe bringen.

Notruf

Damit die Hilfskräfte in genügender Zahl und mit den nötigen Einsatzgeräten anrücken, muß der Notruf folgende Mitteilungen enthalten:

a) Wer meldet?
Bei Gefahrstoffunfällen kann dies am besten der Fahrzeugführer. Ist er durch Sofortmaßnahmen nicht abkömmlich, soll er eine andere Person beauftragen, die sich auf einem Zettel die Stoffbezeichnung und Kennzeichnung notiert.
Wichtig ist, bei der Meldung zuerst den eigenen Namen zu nennen.

● Inhalt

b) Wo geschah der Unfall?
Möglichst genaue Angabe des Unfallortes

c) Was ist geschehen?
Kurze Beschreibung des Unfallherganges

d) Wieviele Verletzte?
Angabe der Zahl der Verletzten

e) Welche Art von Verletzungen?
Besonders die lebensgefährlichen Verletzungen nennen, soweit man das abschätzen kann.

f) Welcher Schaden?
Angabe, ob Gefahrgut ausläuft

g) Stoffbezeichnung
Die Angaben aus den Beförderungspapieren bzw. den schriftlichen Weisungen.
Kennzeichnung der Warntafel nennen.

6.2.3 Brandbekämpfung

Für die in der GGVS vorgeschriebenen Feuerlöscher ist keine bestimmte Größe vorgeschrieben. Aufgrund der früher gültigen Regelung (6 kg Feuerlöscher) und der heutigen (Feuerlöscher, der geeignet sein muß, einen Brand des Fahrzeuges oder der Ladung zu bekämpfen) wird auch für die Zukunft der 6 kg-Feuerlöscher als Mindestgröße für ausreichend angesehen.

Brandklassen

Nicht alle Brände können mit jedem Feuerlöscher bekämpft werden. Man unterscheidet nach Brandklassen.

Brandklasse		**Art des Feuerlöschers**
Brennbare feste Stoffe flammen- und glutbildend		Wasserlöscher DIN W Pulverlöscher DIN PG
Brennbare flüssige Stoffe		Kohlensäure-Löscher und Löschbrause DIN K Pulverlöscher DIN P Pulverlöscher DIN PG Halon-Löscher DIN Ha
Brennbare Gase		Kohlensäure-Löscher mit Gasdüse KIN K Pulverlöscher DIN PG Halon-Löscher DIN Ha
Magnesium, Aluminium und deren Legierungen sowie sonstige Metalle, einschließlich Natrium und Kalium		Metallbrand-Sonderlöscher mit Löschbrause Metalle und Legierungen können unter Umständen mit Wasser unter Bildung von brennbaren oder selbstentzündlichen Gasen reagieren.

Für die meisten GGVS-Stoffe wie auch für die Brände am Fahrzeug ist der Pulverlöscher mit Löschpulver, geeignet für die Brandklasse A, B, C (ABC Feuerlöscher genannt), ausreichend. Es muß aber in jedem Einzelfalle geprüft werden, ob der mitzuführende Feuerlöscher geeignet ist, einen Brand der Ladung zu löschen. Die Verantwortung dafür trägt der Halter des Fahrzeuges. Der Halter muß auch die jährlich vorgeschriebene Prüfung der Feuerlöscher veranlassen. Der Fahrer darf seinerseits nicht das Fahrzeug führen, wenn die Prüffristen überschritten sind.

Die Brandbekämpfung soll immer von der dem Wind abgewandten Seite erfolgen. Sie muß energisch und überlegt angegangen werden, da ein 6 kg-ABC-Feuerlöscher mit Pulver nur eine Löschzeit von ca. 12—15 Sekunden hat.

Beispiele für Brandbekämpfung

Verantwortung

Brandbekämpfung

(1) Welche letzten praktischen Kontrollen sind bei einem soeben beladenen Tankfahrzeug vor Fahrtantritt durchzuführen?

eigene Lösung	korrekte Lösung

(2) Nach einem Unfall läuft Benzin aus dem Tank auf die Straße. Welches sind die beiden ersten Maßnahmen?

eigene Lösung	korrekte Lösung

(3) Welche Maßnahmen sind zu ergreifen, wenn die Gefahr besteht, daß auslaufendes Gefahrgut in die Kanalisation gerät?

eigene Lösung	korrekte Lösung

(4) Welche Löschdauer hat ein 6 kg-ABC-Pulver-Löscher im Dauerbetrieb?

eigene Lösung	korrekte Lösung

(5) Einem Menschen ist Gefahrgut ins Auge gekommen. Was ist zu unternehmen?

eigene Lösung	korrekte Lösung

(6) Wann muß der Fahrer von Gefahrgütern sich das Unfallmerkblatt durchlesen?

eigene Lösung	korrekte Lösung

(7) Von welcher Windrichtung aus bedient man einen Feuerlöscher, und warum darf man den Strahl nicht direkt in die Mitte des Feuers richten?

eigene Lösung	korrekte Lösung

Teil II

Aufbaukurs Klasse 2

Verdichtete, verflüssigte oder
unter Druck gelöste Gase

1 Allgemeine Vorschriften

Die Klasse 2 ist eine der sogenannten „Nur-Klassen". Das bedeutet, daß von den zur Klasse 2 zählenden Stoffen nur die zur Beförderung zugelassen sind, die in der Stoffaufzählung der Anlage A der GGVS genannt werden. Der Transport dieser Stoffe unterliegt in vollem Umfang den Vorschriften der GGVS.

Bei den Stoffen der Klasse 2 handelt es sich um verdichtete, verflüssigte oder unter Druck gelöste Gase.

Man könnte der Einfachheit halber auch nur von verflüssigten Gasen sprechen; denn der Unterschied besteht nur darin, ob sie ihrer spezifischen Eigenschaften wegen unter geringerem oder höherem Druck verflüssigt worden sind. Die unter hohem Druck verflüssigten Gase müssen zum Transport stark abgekühlt werden.

Die Klasse 2 wird unterteilt in Hauptgruppen und Ziffern. Die Hauptgruppen beinhalten im einzelnen:

verflüssigte Gase

Unterteilung der Klasse 2

- Hauptgruppen und Ziffern

- **Gruppe A:** Verdichtete Gase
  Hierzu zählen Ziffer 1 und 2 der Stoffaufzählung, z. B. Stickstoff
- **Gruppe B:** Verflüssigte Gase
  Ziffer 3—6 der Stoffaufzählung z. B. Chlor, Butan, Propan
- **Gruppe C:** Tiefgekühlte verflüssigte Gase
  Ziffer 7 und 8 der Stoffaufzählung z. B. Argon, Kohlendioxid (= Kohlensäure)
- **Gruppe D:** Unter Druck gelöste Gase
  Ziffer 9 der Stoffaufzählung z. B. Aceton
- **Gruppe E:** Druckgaspackungen und Kartuschen mit Druckgas
  Ziffer 10 und 11 der Stoffaufzählung
- **Gruppe F:** Gase, die besonderen Vorschriften unterliegen
  Ziffer 12 und 13 der Stoffaufzählung
- **Gruppe G:** Leere Gefäße und leere Tanks, die bestimmte Stoffe der Klasse 2 enthalten haben
  Ziffer 14 der Stoffaufzählung

Hatte ein Tankfahrzeug
— Gase der Ziffer 1 a:
  ausgenommen Tetrafluormetan

— Gase der Ziffer 2 a
— Gase der Ziffer 7 a:
  ausgenommen Distickstoffoxid
  und Kohlendioxid
— Gase der Ziffer 8 a
geladen, so fällt es als leeres ungereinigtes Tankfahrzeug
nicht unter die Bestimmungen der GGVS

Wie aus der vorstehenden Auflistung hervorgeht, werden
Stoffe der Klasse 2 durch Kleinbuchstaben hinter der Kenn-
ziffer bezeichnet. Hierdurch unterscheidet man sie nach
ihren für den Umgang und Transport wichtigen primären
chemischen Eigenschaften.

● Kleinbuchstaben

Die Kleinbuchstaben hinter Klasse und Ziffer bedeuten:

a	= nicht brennbar
at	= nicht brennbar, giftig
	(„t" bedeutet „toxisch" = giftig)
b	= brennbar
bt	= brennbar, giftig
c	= chemisch instabil
ct	= chemisch instabil, giftig

Die chemisch instabilen Stoffe (c und ct) gelten in der Regel
auch als brennbar.

Eventuell ätzende Eigenschaften können aus der Buchsta-
benkennzeichnung nicht erkannt werden und werden deshalb im Klartext in Klammern hinter den Buchstaben aufgeführt.

Zur Verdeutlichung der Stoffkennzeichnung hier einige Beispiele:

Im Begleitpapier muß die Eintragung folgendermaßen lauten:

Beispiele

● für Fluor
  — innerstaatlich
    Fluor (ätzend) Klasse 2 Ziff. 1 at GGVS
  — grenzüberschreitend
    Fluor (ätzend) Klasse 2 Ziff. 1 at ADR

  aus dieser Bezeichnung kann man erkennen, daß es
  sich um ein verdichtetes Gas handelt, das nicht
  brennbar, aber giftig und ätzend ist.

● für Arsenwasserstoff
  — innerstaatlich
    Arsenwasserstoff Klasse 2 Ziff. 3 bt GGVS
  — grenzüberschreitend
    Arsenwasserstoff Klasse 2 Ziff. 3 bt ADR

  dies bedeutet: ein verflüssigtes Gas, das brennbar und
  giftig ist.

● für Azetylen
  — innerstaatlich
    Azetylen Klasse 2 Ziff. 9 c GGVS
  — grenzüberschreitend
    Azetylen Klasse 2 Ziff. 9 c ADR

  dies bedeutet: ein unter Druck gelöstes Gas, das
  chemisch instabil und brennbar ist.

(1) In welche Hauptgruppen werden die Stoffe und Gegenstände der Klasse 2 eingeteilt?

eigene Lösung	korrekte Lösung

(2) Welche Bedeutung haben die Kleinbuchstaben hinter den Ziffern der Stoffaufzählung?

eigene Lösung	korrekte Lösung

3) Unterliegen alle ungereinigten Tanks und Gefäße nach Transport von Stoffen der Klasse 2 der GGVS?

eigene Lösung	korrekte Lösung

2 Pflichten und Verantwortlichkeiten

Über die im Grundkurs behandelten Pflichten und Verantwortlichkeiten beim Transport gefährlicher Güter hinaus gibt es für die Gefahrgutklassen der Aufbaukurse keinen weiteren Unterrichtsstoff.

3 Gefahreneigenschaften der Stoffe der Klasse 2

Die Stoffe der Klasse 2 werden nach physikalischen Eigenschaften unterteilt; nämlich ob sie verflüssigt, verdichtet, tiefgekühlt oder unter Druck gelöst sind. Allein schon aus diesen Eigenschaften können sich Gefahren für den Menschen ergeben, wenn z. B. tiefgekühltes Gas unkontrolliert frei wird.

Im folgenden werden die häufigsten speziellen Gefahren und Gefahrmöglichkeiten betrachtet, die beim Freiwerden von Gasen auftreten können.

3.1 Spezifisches Gewicht und relative Gasdichte

Bei festen und flüssigen Stoffen gibt das spezifische Gewicht an, ob sie leichter oder schwerer als Wasser sind.

spezifisches Gewicht

Bei Gasen sagt das spezifische Gewicht, wieviel Gramm 1 Liter eines bestimmten Gases wiegt.

Bei Gasen wird aber häufiger als vom spezifischen Gewicht von ihrer relativen Dichte gesprochen, da ihr im täglichen Umgang größere Bedeutung zukommt.

relative Gasdichte

Die relative Gasdichte gibt das Verhältnis der Dichte eines Gases zum Bezugsstoff Luft an. Dabei wird die Luftdichte = 1 gesetzt.

Die nachstehende Tabelle zeigt anhand einiger Gase ihre unterschiedliche Gasdichte auf, und aus den Werten geht eindeutig hervor, daß es Gase gibt, die leichter als Luft sind und solche, die schwerer als Luft sind.

Stoff	Dichte	relative Gasdichte
Wasserstoff	0,089	0,069
Helium	0,178	0,138
Kohlendioxid	1,977	1,529
Propan	2,004	1,550
Chlor	3,214	2,486

Gase, die leichter als Luft sind, schaden primär dem Menschen nicht, wenn sie frei werden; denn sie steigen direkt

Auswirkungen

hoch in die Luft. Dort können sie jedoch je nach ihren chemischen Eigenschaften eine Wolke bilden, die dann vielleicht brennbar (wie z. B. bei Wasserstoff) oder auch giftig und ätzend sein kann.

Durch Regen kommen diese Stoffe dann allerdings wieder zur und in die Erde, wo sie sehr wohl Sekundarschäden anrichten.

Gase, die schwerer als Luft sind, bleiben beim Freiwerden am Boden. Wie Flüssigkeiten suchen sie sich die tiefsten Punkte in Gräben, Kanälen, Flußläufen u. a., bleiben dort stehen, und die schädigenden Eigenschaften wirken auf die Menschen und Umgebung direkt ein.

3.2 Verbrennung

Brennbare Flüssigkeiten setzen entzündbare Bestandteile als Dampf oder Gas frei. Damit das Gas sich entzünden kann, bedarf es des Luftsauerstoffs (vergl. Gefahrendreieck, Grundkurs). Ob es zusätzlich zu einer Explosion kommt, hängt von der chemischen Zusammensetzung der Stoffe und des Gemisches ab.

In bezug auf eine Brandgefahr spricht man generell von Stoffen, die an der unteren oder oberen Zünd- oder Explosiongrenze liegen.

Zündgrenzen In einem mageren Gemisch (untere Zündgrenze) findet sich zu wenig Gas bezogen auf die umgebene Luftmenge. Der Mittelbereich mit einem ausgewogenen Verhältnis von entzündbarem Gas und Luft bildet die ideale Voraussetzung für die Entstehung eines Brandes, wenn noch eine Zündquelle vorhanden ist.

Gefahrenstoff	untere Zündgrenze des Gemisches in %	obere Zündgrenze des Gemisches in %
Benzin	0,6	8
Propangas	2	10
Acetylen	1,5	82
Wasserstoff	4	75

Oberhalb der oberen Zündgrenze kommt es auch beim Vorhandensein einer Zündquelle nicht zu einem Brand, da der noch vorhandene Sauerstoffgehalt des Gemisches für eine Entzündung nicht ausreicht.

Die obenstehende Tabelle gibt die untere und obere Zündgrenze einiger Gas-Luftmische wieder.

3.3 Dampfdruck

Ist ein Tank innerhalb der zulässigen Grenzen mit gesättigtem Dampf gefüllt, so übt dieser Dampf Druck auf die Tankwandungen aus. Diesen Druck nennt man Dampfdruck.

Mit steigender Temperatur steigt der Dampfdruck an, weil sich Dämpfe und Gase bei Wärme weiter ausdehnen.

3.4 Giftigkeit

Menschen, die in Betrieben an der Herstellung, Verarbeitung oder Verpackung giftiger Stoffe beteiligt sind, setzen sich ständig einer gewissen Giftbelastung aus.

Zum Schutz dieses Personenkreises wurde der sogenannte „MAK-Wert" ermittelt, der die maximal zulässige Stoffkonzentration (Giftigkeit) in der Luft angibt. Dabei wurde zu Grunde gelegt, daß Menschen täglich 8 Stunden und wöchentlich 40 Stunden der Schadstoffbelastung ausgesetzt sind. Wird dabei der MAK-Wert überschritten, kann es zu gesundheitlichen Schädigungen kommen.

MAK-Wert

Praktisch ausgedrückt heißt das jetzt für Schadstoffe: je kleiner der MAK-Wert ist, umso gefährlicher ist der betreffende Arbeitsstoff.

Der MAK-Wert gibt an, wieviel Milligramm des Stoffes in einem Kubikmeter Luft enthalten sein dürfen.

Zwei sehr unterschiedliche MAK-Werte wie für

    Propan = 1800   mg/m^3
    Chlor   =   1,5 mg/m^3

veranschaulichen recht gut, daß Chlor wesentlich gefährlicher ist als Propan.

3.5 Einatmen

Atmet man giftige Gase ein, kann dies zu akuten oder/und chronischen Gesundheitsschäden führen. Dabei wird die Lunge geschädigt, und der giftige Stoff gelangt ins Blut. Es kommt zu einer allgemeinen Vergiftung, die schlimmstenfalls zum Tode führen kann.

ätzende Gase

Ätzende Gase reizen oder verätzen die Schleimhäute des Nasen- und Rachenbereichs. Ebenso werden Lunge und Speiseröhre betroffen, und durch die in den Speichel gelangten Gase wird der Magen beeinträchtigt.

Besondere Vorsicht ist vor allem für die Augen geboten.

ungiftige Gase

Auch ungiftige Gase wie Kohlendioxid verursachen Gesundheitsschäden, wenn sie in größeren Mengen eingeatmet werden. Der Grund dafür ist, daß Kohlendioxid vom Blut stärker aufgenommen wird als Sauerstoff. Dem Körper ist dann durch den Austausch der lebensnotwendige Sauerstoff entzogen. Es kommt zu einem totalen Versagen der Organe.

3.6 Berühren von Gefahrenstoffen

Erfrieren

Diese Gefahr besteht vor allem bei verdichteten oder tiefgekühlten Gasen. Kommt es zu einer Berührung mit der Haut, treten sofort Erfrierungen auf, die man auch kalte Verbrennungen nennt.

3.7 Spezielle Gefahren einzelner Stoffe

Unfallmerkblatt

Genaue Angaben über die Gefahren, die von einem bestimmten Stoff ausgehen, sind jeweils in den schriftlichen Weisungen (Unfallmerkblätter) angegeben. Dort finden sich auch die sofort einzuleitenden Hilfsmaßnahmen.

3.8 Schädigung der Umwelt

brennbare Gase

Frei werdende Gase können unabhängig von ihrer speziellen Gefahreneigenschaft die Umwelt belasten und schädigen. Brennbare Gase (leichter oder schwerer als Luft) bilden mit der Luft explosive Gemische, die direkt am Ort oder später und weiter entfernt durch eine Zündquelle gezündet werden können. Hier kann allein die Druckwelle zu erhebli-

chen Schäden führen. Kommt es nicht zur Explosion, kann
ein Brand entstehen, der vieles vernichtet.

Giftige und ätzende Gase wirken durch ihre Luftgemische
sofort am Ort oder später und weiter entfernt schädigend auf
Menschen, Tiere und die Pflanzenwelt, wenn diese Schadstoffe mit der Luft aufgenommen werden.

giftige und ätzende Ga-
se

4 Gefahrenkennzeichnung und -Information

Die Kennzeichnung der Gefahr erfolgt beim Tankfahrzeug über Warntafeln und Gefahrzettel.

4.1 Warntafeln

Die allgemein gültigen Regeln für die Kennzeichnung der Beförderungseinheit mit Warntafeln sind im Grundkurs (Teil I Punkt 4.2) beschrieben.

Viele Stoffe der Klasse 2 sind im Anhang B.5 der GGVS enthalten, so daß die Warntafeln mit Gefahrnummer und Stoffnummer versehen sein müssen.

Gefahrnummern

Für Stoffe der Klasse 2 haben die Gefahrnummern folgende Bedeutung:

Gefahrummern

20 = inertes Gas

22 = tiefgekühltes Gas

223 = tiefgekühltes brennbares Gas

225 = tiefgekühltes oxydierendes (brandförderndes) Gas

23 = brennbares Gas

236 = brennbares Gas, giftig

239 = brennbares Gas, das spontan zu einer heftigen Reaktion führen kann

25 = oxydierendes (brandförderndes) Gas

26 = giftiges Gas

265 = giftiges Gas, oxydierend (brandfördernd)

266 = sehr giftiges Gas

268 = giftiges Gas, ätzend

286 = ätzendes Gas, giftig

Stoffnummer:

Die Stoffnummer in der unteren Hälfte der Warntafel bezeichnet das Produkt.
Hier einige Beispiele:

Stoffnummer

20 = Gas brennbar

1965 = Gemisch von Kohlenwasserstoffen

266	= sehr giftiges Gas
1017	= Chlor (Ziffer 3 at)

20	= Gas
1013	= Kohlendioxid (Kohlensäure) (Ziffer 5 a)

22	= tiefgekühltes Gas
2187	= Kohlendioxid, tiefgekühlt (Ziffer 7 a)

23	= Gas brennbar
1978	= Propan (Ziffer 3 b)

4.2 Gefahrzettel

Fahrzeuge mit festverbundenen Tanks oder Aufsetztanks sowie leere ungereinigte Tanks, die Stoffe nach Anhang B.5 der GGVS geladen haben oder hatten, müssen hinten und an ihren beiden Längsseiten mit Gefahrzetteln nach Anhang A.9 der GGVS gekennzeichnet werden.

Beispiele:

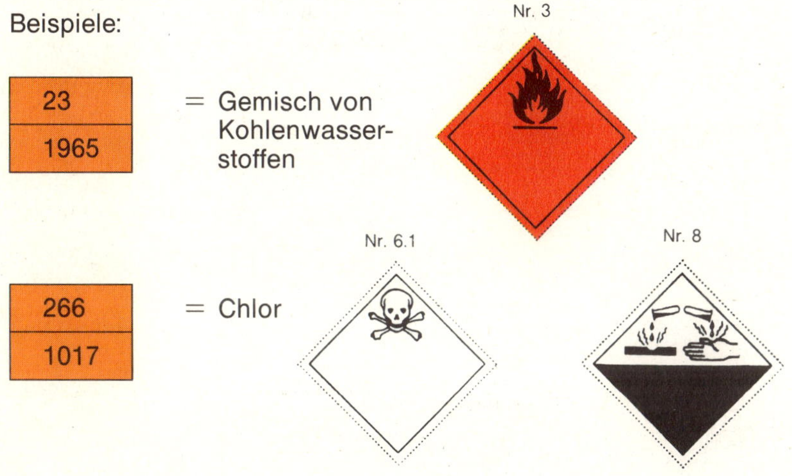

23	= Gemisch von Kohlenwasser-
1965	stoffen

266	= Chlor
1017	

(1) Was versteht man unter der relativen Gasdichte?

eigene Lösung	korrekte Lösung

(2) Kann sich ein Gas, das eine geringere Dichte als Luft hat, auf dem Boden ablagern?

eigene Lösung	korrekte Lösung

(3) Welchen Druck bezeichnet man als Dampfdruck?

eigene Lösung	korrekte Lösung

(4) Was besagt der MAK-Wert?

eigene Lösung	korrekte Lösung

(5) Wie wirken sich ätzende Gase auf die Gesundheit aus?

eigene Lösung	korrekte Lösung

(6) Was geschieht bei der Berührung mit verdichteten oder tiefgekühlten Gasen?

eigene Lösung	korrekte Lösung

(7) Welche Gefahrnummer haben
a) Gas
b) brennbares Gas
c) giftiges Gas?

eigene Lösung	korrekte Lösung

5 Ausrüstung und Durchführung der Beförderung

Tanks: Drucktank

Tanks zur Beförderung von verdichteten, verflüssigten oder unter Druck gelösten Gasen sind immer als Drucktanks ausgebildet.

Ein charakteristisches Merkmal aller Drucktanks ist ihr kreisrunder Querschnitt, und es sind meist Einkammertanks. Sie müssen einem bestimmten Betriebsdruck standhalten, der je nach Produkt unterschiedlich hoch ist. Um sicher zu stellen, daß ein Tank dem erforderlichen Betriebsdruck standhält, wird er vor Abnahme mit einer erheblich höheren Druckbelastung geprüft, dem Prüfdruck. Dieser liegt z. B. für reines Propangas bei 30 bar, die im späteren Alltagsbetrieb unter sachgemäßer Handhabung nie mehr erreicht werden.

● Merkmal

● Prüftechnik

Die Tanks für tiefgekühlte Gase sind zusätzlich gegen einen möglichen Temperaturausgleich (Anstieg) isoliert. Die Isolierung wird technischerseits meist durch eine Vacuumhülle erreicht, d. h. die Tanks sind doppelwandig, und der Zwischenraum zwischen Innen- und Außenwand ist weitgehend luftleer.

● Isolierung

Eine andere — aber weniger gebräuchliche — Methode der Isolierung ist die Feststoffisolierung. Hier werden nicht leitende Materialien wie Glaswolle, Steinwolle, Styropor u. ä. zur Ummantelung des Innentanks eingesetzt.

● Feststoffisolierung

Armaturen: Armaturen

Die Anordung von Bedienungsarmaturen und Rohrleitungen ist je nach Einsatzzweck und Baugröße des Fahrzeugs verschieden.

Schutzmaßnahmen beim Be- und Entladen: Schutzmaßnahmen

Als Schutzmaßnahme gegen ein Entzünden elektrostatischer Aufladungen muß das Fahrzeug beim Be- und Entladen ordnungsgemäß geerdet werden.

● Erdung

Zusätzlich ist oft eine Reißleine zum Schnellverschließen des Bodenventils vorhanden, die beim Entladen griffbereit auszulegen ist.

● Reißlinie

● Zugseil

Wenn vorgesehen, ist auch das Zugseil zum Abstellen des Motors auszulegen.

Beladen:

Beladung

Die Be- und Entladung eines Gastankfahrzeuges darf nur von Personen durchgeführt werden, die an der vorhandenen Anlage sachkundig sind.

● Der Fahrzeugführer kann das nicht bei allen Empfängern oder Versendern sein. Deshalb muß im Zweifelsfall ein Bediensteter der Füllstelle, der für die ordnungsgemäße Handhabung der Verladeeinrichtungen verantwortlich ist, hinzugezogen werden.

● Für die richtige Handhabung der Sicherheits- und Befülleinrichtungen am Fahrzeug ist aber in jedem Falle der Fahrer zuständig.

Der Füllvorgang muß laufend überwacht, und die Füllstelle darf nicht verlassen werden.

Schaltschema des Armaturenschrankes

Um sicher be- und entladen zu können, muß der Fahrzeugführer mit dem genauen Schaltschema des Armaturenschranks vertraut sein. Die beiden folgenden Beispiele von Schaltskizzen zeigen zwei unterschiedliche Armaturensysteme:

● Beispiel

Beispiel 1:

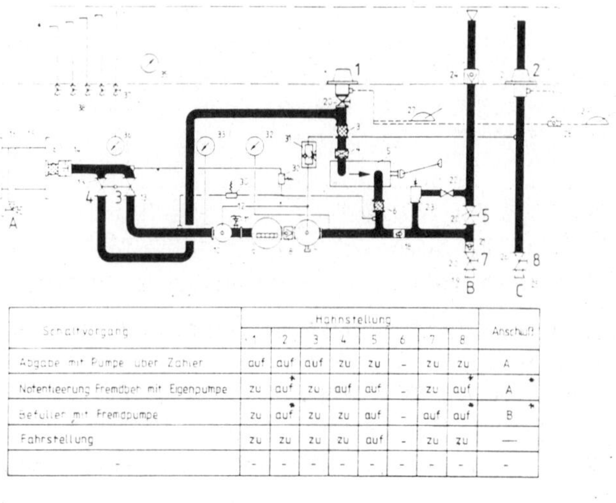

Schaltvorgang	Hahnstellung								Anschluß
	1	2	3	4	5	6	7	8	
Abgabe mit Pumpe über Zähler	auf	auf	auf	zu	zu	–	zu	zu	A
Notentleerung Fremdbeh. mit Eigenpumpe	zu	auf*	zu	auf	auf	–	zu	auf*	A*
Befüllen mit Fremdpumpe	zu	auf*	zu	zu	auf	–	auf*	auf	B*
Fahrstellung	zu	zu	zu	zu	auf	–	zu	zu	—
–	–	–	–	–	–	–	–	–	–

Schaltschema — F. Schwelm

Beispiel 2:

● Beispiel 2

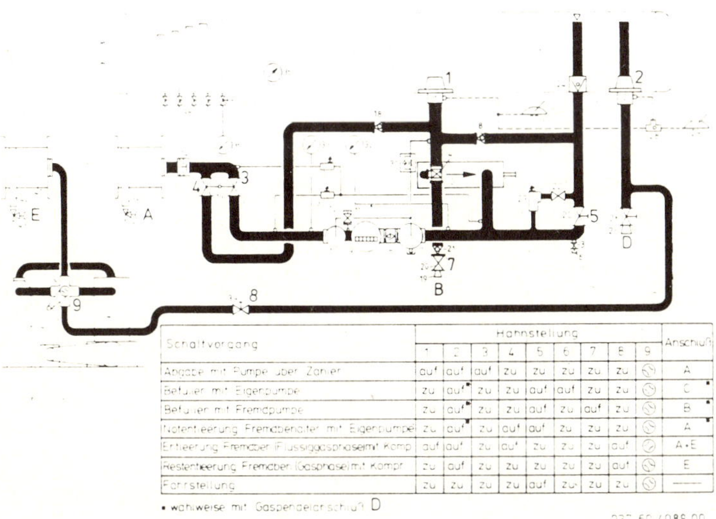

Schaltvorgang	Hahnstellung									Anschluß
	1	2	3	4	5	6	7	8	9	
Abgabe mit Pumpe über Zähler	auf	auf	auf	zu	zu	zu	zu	zu	⊘	A
Befüllen mit Eigenpumpe	zu	auf*	zu	zu	auf	auf	zu	zu	⊘	C
Befüllen mit Fremdpumpe	zu	auf*	zu	zu	auf	zu	auf	zu	⊘	B
Notentleerung Fremdbehälter mit Eigenpumpe	zu	auf*	zu	auf	auf	zu	zu	zu	⊘	A
Entleerung Fremdbeh. (Flüssiggasphase) mit Komp.	auf	auf	zu	auf	zu	zu	zu	auf	⊘	A·E
Restentleerung Fremdbeh. (Gasphase) mit Kompr.	zu	auf	zu	zu	zu	zu	zu	auf	⊘	E
Fahrstellung	zu	zu	zu	zu	auf	zu	zu	zu	⊘	———

● wahlweise mit Gaspendelanschluß D

037 60 4089 00

Bei diesem Beispiel eines Schaltschemas kann über verschiedene Anschlüsse mit oder ohne Zähler be- und entladen werden.

Aus den Schemazeichnungen ist ersichtlich, wie kompliziert die Armaturenanordnungen aufgebaut sind. Daher ist es nur folgerichtig, daß sie nur von sachkundigem Personal bedient werden dürfen.

Zur besseren Einprägung hier noch einmal eine Gesamtzusammenfassung aller wichtigsten Punkte, die beim Be- und Entladen von Tanks und Tankfahrzeugen zu beachten und einzuhalten sind:

- ● Mit der Bedienung dürfen nur geeignete und entsprechend ausgebildete Personen betraut werden.

- ● Unbefugte sind von der Umfüllanlage fernzuhalten.

- ● Die Bedienungsperson muß während des Umfüllvorganges ständig anwesend sein und muß den Umfüllvorgang ständig überwachen.

- ● Rauchen und offenes Licht sind bei allen Arbeiten an der Umfüllanlage verboten, wenn die Gase brennbar sind.

- ● Die Schutzausrüstung gemäß den schriftlichen Weisungen ist während des Umfüllvorgangs zu tragen.

> ● Handbediente Absperrarmaturen müssen zügig geöff-
> net und geschlossen werden; sie dürfen nicht schlag-
> oder ruckartig betätigt werden.
>
> ● Beim Druckentlasten des Abgabeschlauches Abgas so
> ins Freie ausströmen lassen, daß weder Personen noch
> Gegenstände vom Gasstrom berührt werden.
>
> ● Jeglicher Transport (z. B. von Werkzeug) im Pumpen-
> raum ist verboten.
>
> ● Elektrische Ausrüstung:
> Die elektrische Ausrüstung für Fahrzeuge der Klasse 2
> gilt nur, wenn entzündbare Gase und Gegenstände
> befördert werden. Die Gase und Gegenstände sind im
> Anhang B. 2 der GGVS aufgeführt.
>
> ● 2 Warnleuchten sind stets mitzuführen.

Schutzausrüstung

Schutzausrüstung

Beim Transport ist die Schutzausrüstung mitzuführen, die in
der jeweiligen schriftlichen Weisung (Unfallmerkblatt) vorgeschrieben ist.

Für Butan und Propan (Klasse 2, Ziffer 3 b)) ist z. B. folgende
Schutzausrüstung vorgesehen:

● Antistatische Stiefel;
● Handschuhe aus Leder oder dickem Stoff;
● Dichtschließende Schutzbrille.

Gasmaske bei „t"

Werden verdichtete oder verflüssigte Gase befördert, die
eine Gefahr für die Atmungsorgane oder/und eine Vergif-
tungsgefahr in sich bergen, muß die Fahrzeugbesatzung mit
geeigneten Gasmasken ausgestattet sein. Diese Gefahrstoffe sind in der Stoffaufzählung mit „t" (toxisch) gekennzeichnet. Dies muß auch aus dem Beförderungspapieren hervor-
gehen.

Sind Gase nicht ätzend oder mit „t" gekennzeichnet, braucht
im innerstaatlichen Verkehr entgegen der sonst vorgeschriebenen Mindestschutzausrüstung (vgl. Grundkurs Kapitel 5)
keine Augenspülflasche mit reinem Wasser mitgegeben und
mitgeführt zu werden.

Rauchverbot

Rauchverbot

Bei der Beförderung von Stoffen der Klasse 2 besteht Rauchverbot.

Ausgenommen davon ist im innerstaatlichen Verkehr der Transport von tiefgekühltem, verflüssigten Kohlendioxid (Kohlensäure, Klasse 2, Ziffer 7 a).

(1) Welchen Querschnitt haben Drucktanks in der Regel?

eigene Lösung	korrekte Lösung

(2) Was versteht man unter dem „Prüfdruck"?

eigene Lösung	korrekte Lösung

(3) Welches ist die gängige Methode zur Isolierung gegen Temperaturausgleich bei Tanks für tiefgekühlte Gase?

eigene Lösung	korrekte Lösung

(4) Zu welchem Zweck müssen eine Reißleine und ein Zugseil ausgelegt werden?

eigene Lösung	korrekte Lösung

(5) Welcher zusätzliche Ausrüstungsgegenstand muß beim Transport von Stoffen, die in der Stoffaufzählung mit „t" gekennzeichnet sind, mitgeführt werden?

eigene Lösung	korrekte Lösung

(6) Woraus ist zu entnehmen, welche Schutzausrüstung für einen Transport notwendig und mitzuführen ist?

eigene Lösung	korrekte Lösung

6 Unfallbekämpfung

Die wichtigsten Sofortmaßnahmen bei einem Unfall sind bereits im Grundkurs Kapitel 6 beschrieben.

Ist die Unfallstelle abgesperrt, muß bei Gastransporten folgendes bedacht und beachtet werden:

- Auf Abblasgeräusche achten, da sie ein sicheres und deutliches Zeichen dafür sind, daß der Tank undicht ist

- Undichte Flaschen möglichst erst nach völliger Entleerung bergen

- Schutzhandschuhe tragen

- Beim Auslaufen tiefgekühlter Gase werden erhebliche Gasmengen frei. Es besteht Erstickungsgefahr, die in tiefer gelegenen Bereichen (Bodennähe, Straßengraben) besonders hoch ist

- Atemschutz tragen

- Kontakt mit auslaufender Flüssigkeit vermeiden wegen der sofortigen Erfrierungsgefahr (kalte Verbrennung)

Verhalten am Unfallort

Im Brandfall sollten Gasflaschen mit Wassersprühstrahl gekühlt werden. Noch nicht erwärmte Flaschen sind ungefährlich, und daher ist ihr sofortiges Entfernen aus dem Gefahrenbereich sinnvoll.

Brandfall

Zu beachten ist auch, daß nicht als giftig geltende Gase in hoher Konzentration erstickend wirken können. Dies ist besonders wichtig bei Gasen, die schwerer sind als Luft: sie sammeln sich in Bodennähe an und bleiben im Atmungsbereich des Menschen.

Brennbare Gase

Brennbare Gase, die normalerweise als nicht giftig gelten, können aber schon in geringen Konzentrationen narkotisierende Wirkung entwickeln. Neben der Gesundheitsgefahr durch Einatmen besteht akute Explosions- und Brandgefahr.

brennbare Gase

Bei einem Brand können zusätzlich sehr giftige Gase entstehen.

UNFALLMERKBLATT FÜR DEN STRASSENTRANSPORT

CEFIC TEC(R)-2
Rev. 2

Klasse 2   ADR
Ziff. 3at)

CHLOR

266

1017

Eigenschaften des Ladegutes:
Unter Druck verflüssigtes grünlich-gelbes Gas mit wahrnehmbarem Geruch

Gefahren:
Giftig
Schwere, evtl. tödliche Vergiftung durch Einatmen. Vergiftungssymptome können auch erst nach vielen Stunden auftreten
Die Flüssigkeit verursacht schwere Schäden an Haut und Augen
Die Gase verursachen starke Reizung der Augen, Haut und Atemwege
Mit feuchter Luft entwickeln sich ätzende Dämpfe
Auslaufende Flüssigkeit ist sehr kalt und verdampft rasch
Die Gase sind schwerer als Luft und breiten sich am Boden aus
Fördert die Verbrennung (Oxidationsmittel)
Erhitzen führt zu Drucksteigerung — Berstgefahr

Schutzausrüstung:
Geeigneter Atemschutz
Dichtschließende Schutzbrille
Handschuhe aus Kunststoff oder Gummi, Stiefel, leichte Schutzkleidung
Augenspülflasche mit reinem Wasser

NOTMASSNAHMEN   Sofort Feuerwehr und Polizei benachrichtigen

- Fahrzeug möglichst in freies Gelände bringen. Fachmann sofort beiziehen
- Motor abstellen
- Zündquellen vermeiden (z. B. offenes Feuer), Rauchverbot
- Straße sichern und andere Straßenbenutzer warnen
- Unbefugte fernhalten
- Auf windzugewandter Seite bleiben
- Schutzausrüstung vor Betreten der Gefahrenzone anlegen

Leck

- Eindringen der Flüssigkeit in Kanalisation, Gruben und Keller verhindern
- Flüssigkeit mit Erde oder dergleichen eindämmen
- Alle warnen — Vergiftungs- und Verätzungsgefahr. Falls notwendig, evakuieren
- Wenn Gaswolken auf Wohngebiete zutreiben, Bewohner warnen
- Dämpfe mit Wassersprühstrahl niederschlagen; keinen Wasserstrahl auf das Behälterleck richten
- Falls Produkt in Gewässer oder Kanalisation gelangt ist oder Erdboden oder Pflanzen verunreinigt hat, Feuerwehr oder Polizei darauf hinweisen

Feuer

- Bei Feuereinwirkung Behälter mit Wassersprühstrahl kühlen

Erste Hilfe

- Falls Produkt in Augen gelangt, unverzüglich mit viel Wasser mehrere Minuten spülen
- Mit Produkt verunreinigte Kleidungsstücke unverzüglich entfernen und betroffene Haut mit viel Wasser waschen
- Von kalter Flüssigkeit vereiste Körperteile mit viel Wasser auftauen, dann Kleidungsstücke vorsichtig entfernen
- Ärztliche Hilfe erforderlich bei Symptomen, die offensichtlich auf Einatmen oder Einwirkung auf Haut oder Augen zurückzuführen sind
- Personen, die das Gas eingeatmet haben, zeigen nicht unbedingt sofort Symptome. Sie hinlegen und ruhighalten, zum Arzt bringen und dieses Merkblatt vorzeigen. Ärztliche Überwachung ist während mindestens 48 Stunden erforderlich
- Vor Wärmeverlust schützen
- Künstliche Beatmung nur bei Atemstillstand vornehmen

Zusätzliche Hinweise des Herstellers oder Absenders:
Achtung: Fluchtfilter schützen nur kurze Zeit. Sie sind bei Freiwerden größerer Mengen ungeeignet zur Bekämpfung von Leckagen und Feuer.

TELEFONISCHE RÜCKFRAGE:

Für den Inhalt verantwortlich:

(Name und Anschrift der natürlichen oder juristischen Person)

Bestell-Nr 4 031

Gilt nur während des Straßentransports   Deutsch

Sind brennbare Gase in Brand geraten, besteht erhöhte Explosionsgefahr, was bei allen weiteren Tätigkeiten eine sichere Distanz verlangt. Die Unfallstelle ist großräumig abzusperren, und die Bevölkerung muß vor eventuellen Giftschäden gewarnt werden. Die Fahrzeugbesatzung muß (je nach Gefahrgut und entsprechend dem Unfallmerkblatt) den Chemieschutzanzug (Kontaminationsanzug) und ein umluftunabhängiges Atemschutzgerät anlegen.

Brand

Austretendes brennendes Gas ist nicht mit Wasser zu löschen, Tanks oder Flaschen sind mit Sprühstrahl zu kühlen.

Besteht bei Personen der Verdacht, daß sie mit dem giftigen Stoff in Kontakt geraten sind oder Giftgase eingeatmet haben, müssen sie in ärztliche Kontrolle und Überwachung.

Das A und O jeder sinnvollen Möglichkeit des Selbstschutzes und für Sofort- und Hilfsmaßnahmen ist, daß der Tankwagenfahrer vor Fahrtantritt die schriftlichen Weisungen (Unfallmerkblatt) nicht nur zur Kenntnis nimmt, sondern die Anweisungen so gut kennt, daß er sie ausführen und andere dazu anweisen kann.

Schriftliche Weisungen
(Unfallmerkblatt)

Als Beispiel sei hier das Unfallmerkblatt für Chlor (Klasse 2, Ziffer 3 at) wiedergegeben:

(1) Welches sind die wichtigsten Sofortmaßnahmen nach einem Unfall mit einem Tankwagen, der Stoffe der Klasse 2 geladen hat?

eigene Lösung	korrekte Lösung

(2) Können von Gasen, die normalerweise nicht als giftig gelten, Gefahren für den Menschen ausgehen?

eigene Lösung	korrekte Lösung

(3) Gibt es ein sicheres und leicht erkennbares Zeichen dafür, daß ein Tank undicht geworden ist?

eigene Lösung	korrekte Lösung

(4) Welche Gefahr besteht beim direkten Hautkontakt mit auslaufender Flüssig-keit tiefgekühlter Gase?

eigene Lösung	korrekte Lösung

(5) Was ist zu unternehmen, wenn ein Fahrzeug mit Flaschen mit nicht brennbarem Gas in Brand gerät?

eigene Lösung	korrekte Lösung

(6) Welche Gefahren gehen von brennbaren Gasen bei einem Unfall aus?

eigene Lösung	korrekte Lösung

(7) Was hat der Fahrzeugführer zu tun, wenn brennbares Gas in Brand gerät?

eigene Lösung	korrekte Lösung

Teil III

Aufbaukurs Klasse 3

Entzündbare flüssige Stoffe

1 Allgemeine Vorschriften

Die Klasse 3 ist eine sogenannte „Freie Klasse". Das bedeutet, daß die darunter fallenden Stoffe und Gegenstände unter den festgelegten Bedingungen transportiert werden dürfen. Alle ähnlichen Stoffe, die ihrer Art nach in die Freie-Klasse eingestuft werden könnten, dort aber nicht ausdrücklich genannt und keiner Sammelbezeichnung zuzuordnen sind, unterliegen keinen Beförderungsbedingungen.

Bei den Stoffen der Klasse 3 handelt es sich um entzündbare flüssige Stoffe.

Von den entzündbaren Flüssigkeiten geht die Hauptgefahr „Entzündbarkeit" und „Brennbarkeit" aus. Darüber hinaus bergen viele Stoffe noch zusätzliche Nebengefahren und wirken ätzend oder sind giftig.

Gefahren

Als entzündbare Flüssigkeiten im Sinne der GGVS gelten Stoffe mit einem Flammpunkt unter 100 °C.

Definition

Nach dem Grad ihrer Gefährlichkeit sind die Stoffe der Klasse 3 nach Hauptgruppen und Ziffern mit Kleinbuchstaben unterteilt.

Unterteilung der Klasse 3

Hauptgruppen und Ziffern der Klasse 3

● Gruppe A (Ziffer 1—6)	Nicht giftige und nicht ätzende Stoffe mit einem Flammpunkt unter 21 °C
● Gruppe B (Ziffer 11—20)	Giftige Stoffe mit einem Flammpunkt unter 21 °C
● Gruppe C (Ziffer 21—26)	Ätzende Stoffe mit einem Flammpunkt unter 21 °C
● Gruppe D (Ziffer 31—34)	Nicht giftige und nicht ätzende Stoffe mit einem Flammpunkt von 21 °C bis 100 °C
● Gruppe E (Ziffer 41)	leere Verpackungen, leere Tankfahrzeuge, leere Aufsatztanks und leere Tankcontainer, die Stoffe der Klasse 3 enthalten haben.

● Kleinbuchstaben

Nach dem Grad ihrer Gefährlichkeit werden die Stoffe noch zusätzlich durch kleine Buchstaben, die hinter der Ziffer stehen, unterschieden.

Dabei bedeutet:

a) = sehr gefährliche Stoffe
Flammpunkt unter 21 °C
Stoffe, die sehr giftig sind
Stoffe, die sehr ätzend sind

b) = gefährliche Stoffe
Flammpunkt unter 21 °C

c) = weniger gefährliche Stoffe
Flammpunkt von 21 °C bis 100 °C

Beispiele

Einige **Kennzeichnungsbeispiele** mögen dies verdeutlichen:

● Klasse 3 Ziff. 　3 b GGVS 　　: Benzin

● Klasse 3 Ziff. 　3 b GGVS 　　: Äthanol
(Alkohol)

● Klasse 3 Ziff. 　5 a GGVS 　　: Lacke, Farben; je nach Gefährlichkeit auch Ziff. 5 b oder 5 c möglich

● Klasse 3 Ziff. 　17 a GGVS 　: Acrolein

● Klasse 3 Ziff. 　31 c GGVS 　: Kerosin

● Klasse 3 Ziff. 　31 c GGVS 　: Petroleum

● Klasse 3 Ziff. 　32 c GGVS 　: Heizöl

● Klasse 3 Ziff. 　32 c GGVS 　: Dieselöl

1.1 Verordnung über Anlagen zur Lagerung, Abfüllung und Beförderung brennbarer Flüssigkeiten (VbF)

Für Stoffe der Klasse 3 gilt neben den Bestimmungen der GGVS die „Verordnung über Anlagen zur Lagerung, Abfüllung und Beförderung brennbarer Flüssigkeiten" (VbF).

Ihre Vorschriften betreffen die Errichtung und den Betrieb von Anlagen, die gewerblich oder wirtschaftlich genutzt werden.

Nach VbF hat der Betreiber der Anlagen dafür zu sorgen, daß Personen, die mit der Lagerung, Abfüllung oder Beförderung brennbarer Flüssigkeiten oder mit Wartungs-, Bau- und Reparaturarbeiten beschäftigt werden, geschult werden. Die Unterweisung hat in angemessenen Zeitabständen, mindestens jedoch einmal jährlich, stattzufinden und muß das Wissen vermitteln über

Schulung der Arbeitnehmer

● Sicherheitsvorschriften

● Inhalt

● Vorbeugung und Verhütung von Bränden und Explosionen

● Bekämpfung von Bränden und Explosionen

● im Notfall zu ergreifende Maßnahmen.

Die VbF nimmt eine eigene Klassifizierung der brennbaren Flüssigkeiten vor und richtet sich dabei nach den beiden Kriterien „Flammpunkt" und „Wassermischbarkeit."

Danach ergeben sich die folgenden vier Klassen:

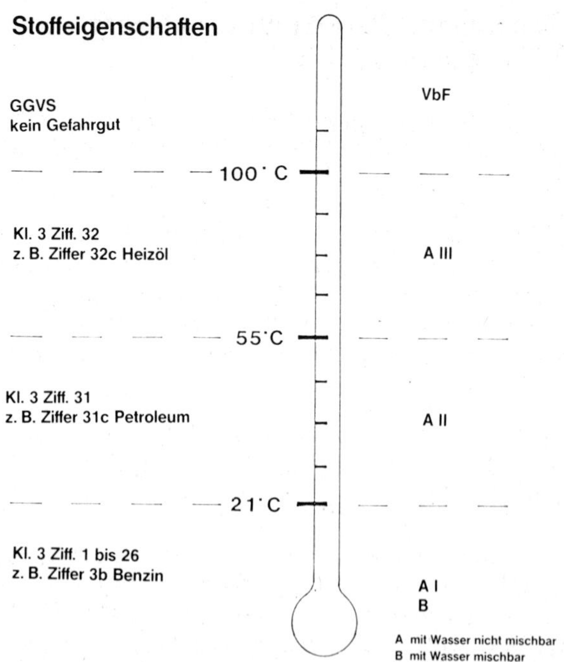

Eine weitere Gliederung betrifft nicht die Stoffe oder deren Eigenschaften, sondern rein regional werden drei unterschiedliche **Schutzzonen** innerhalb explosionsgefährdeter Bereiche festgesetzt.

Schutzzonen nach Vbf

Zone 0:	Bereiche, in denen ständig oder langzeitig gefährliche, explosionsfähige Atmosphäre herrscht;
Zone 1:	Bereiche, in denen damit zu rechnen ist, daß gefährliche, explosionsfähige Atmosphäre gelegentlich auftritt;
Zone 2:	Bereiche, in denen damit zu rechnen ist, daß gefährliche, explosionsfähige Atmosphäre nur selten und dann auch nur kurzzeitig auftritt.

Schutzmaßnahmen

In den verschiedenen Schutzzonen sind bestimmte festgelegte Schutzmaßnahmen zu treffen, die die Gefahr der Entzündung der explosionsfähigen Atmosphäre verhindern oder einschränken bzw. die Auswirkungen einer Explosion auf ein unbedenkliches Maß beschränken sollen.

1.2 Technische Regeln für brennbare Flüssigkeiten (TRbF)

„Technische Regeln" gibt es für alle technischen Bereiche, und sie werden laufend der fortschreitenden Entwicklung angepaßt.

Die „Technischen Regeln für brennbare Flüssigkeiten" geben den Stand der sicherheitstechnischen Anforderungen an Werkstoffe, Herstellung, Konstruktion, Ausrüstung, Aufstellung und Prüfung sowie für den Betrieb von Anlagen zur Lagerung, Abfüllung und Beförderung brennbarer Flüssigkeiten wieder.

Sie werden vom „Deutschen Ausschuß für brennbare Flüssigkeiten" aufgestellt und ständig den neuen Bedingungen angepaßt.

In TRbF 111 werden Füllstellen und Entleerstellen erfaßt. Als erstes schreiben sie feste Sicherheitsabstände zwischen explosionsgefährdeten Bereichen vor, wobei die Abstandgröße vom Flammpunkt des Füllgutes und der Förderleistung der Pumpen abhängt.

Sicherheitsabstand an Füllstellen

Die entsprechende Tabelle aus TRbF 111 schreibt folgendes vor:

Explosionsgefährdete Bereiche an Füllstellen im Freien für Tanks

Max. Volumenstrom der Pumpe, mit der der Tank befüllt wird (m³/h)	Flammpunkt (°C)	Abstand R (m)
	/ 0	2
	0 bis / 21	1
– 60	21 bis / 35	0,5
	35 bis 55	0,5
	/ 0	3
	0 bis / 21	1,5
– 180	21 bis / 35	1
	35 bis 55	0,5
	/ 0	5
	0 bis / 21	2,5
– 450	21 bis / 35	1,5
	35 bis 55	1

Die folgende Abbildung aus TRbF weist auf die Sicherheitsabstände beim Befüllen von Tanks hin: gemessen von den
Konturen des Tanks in Zone 1

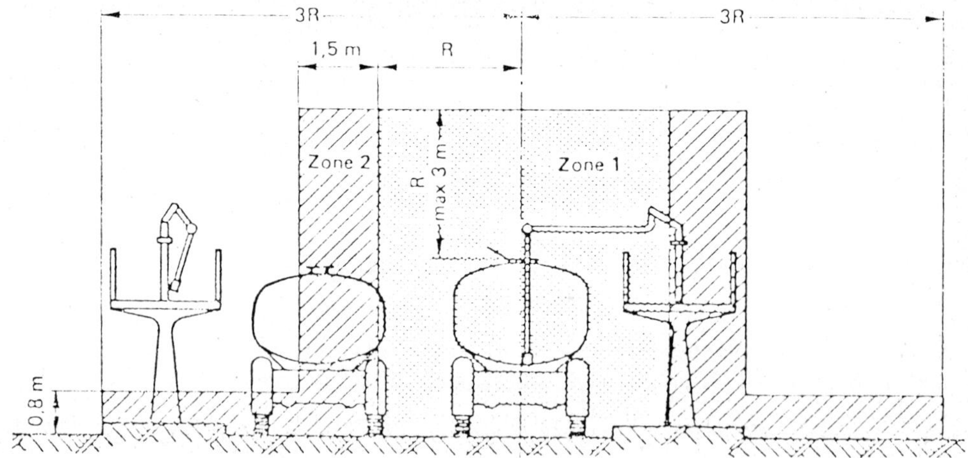

(1) In welche Hauptgruppen werden die Stoffe der Klasse 3 unterteilt?

eigene Lösung	korrekte Lösung

(2) Was besagen die kleinen Buchstaben als Kennzeichnung hinter der Ziffer?

eigene Lösung	korrekte Lösung

(3) Was schreibt die VbF über die Schulung der Arbeitnehmer vor?

eigene Lösung	korrekte Lösung

(4) Nach welchen Hauptmerkmalen teilt die VbF die brennbaren Flüssigkeiten ein?

eigene Lösung	korrekte Lösung

(5) Wo finden sich genaue Angaben über einzuhaltende Sicherheitsabstände beim Befüllen von Tankwagen an Füllstationen?

eigene Lösung	korrekte Lösung

2 Pflichten und Verantwortlichkeiten

Über die im Grundkurs behandelten Pflichten und Verantwortlichkeiten beim Transport gefährlicher Güter hinaus gibt
es für die Gefahrgutklassen der Aufbaukurse keinen weiteren Unterrichtsstoff.

3 Gefahreneigenschaften der Stoffe der Klasse 3

Die Klasse 3 enthält alle entzündbaren flüssigen Stoffe. Als bekannteste Beispiele seien Benzin, Diesel und Alkohol genannt. Die Eigenschaften und Verhaltensweisen dieser Stoffe sind durch charakteristische Merkmale wie Fließverhalten, Flammpunkt, Siedepunkt und Dampfdruck bestimmt. Ein zusätzliches Unterscheidungs- und Charakterisierungsmerkmal ist die Giftigkeit und Ätzbarkeit von Stoffen, deren Flammpunkt unter 21 °C liegt.

Fließverhalten

In der Klasse 3 treffen wir sowohl auf dünnflüssige Stoffe als auch auf dickflüssige Stoffe wie z. B. Mineralöl. Die Fließfähigkeit wird vom Stoffaufbau bestimmt und ist zum anderen temperaturabhängig. Je höher die Temperatur steigt, umso dünnflüssiger wird das Produkt und umso leichter können Dämpfe aus dem Stoff entweichen.

Eigenschaften der Dämpfe

Die wichtigsten Eigenschaften der Dämpfe sind

● Brennbarkeit

Wichtig zu wissen ist, daß nicht die entzündbare Flüssigkeit selbst, sondern die aus ihr entweichenden Dämpfe brennen.

Hierzu müssen außerdem die Dämpfe in einem bestimmten Mischungsverhältnis mit dem Sauerstoff aus der Umgebungsluft stehen.

Wann sich entzündbare Dämpfe aus einer Flüssigkeit bilden, hängt von deren chemischen Zusammensetzung und der Temperatur ab.

Auch hier gilt:
Je höher die Temperatur steigt, desto stärker wird die Dampfbildung aus der brennbaren Flüssigkeit.

● Spezifisches Gewicht

Die Dämpfe fast aller brennbaren Flüssigkeiten der Klasse 3 haben ein höheres spezifisches Gewicht als Luft, d. h. sie sind schwerer als Luft.

Werden sie freigesetzt, sinken sie zum Boden und sammeln sich dort an. Je nach Bodenbeschaffenheit kriechen sie dort weiter und können sich an einer relativ weit entfernten Zündquelle entzünden. Der Dampf verhält sich wie eine Flüssigkeit: man kann ihn sammeln, umgießen oder fließen lassen. Da die Dämpfe also immer den tiefsten Punkt anstreben, bedeuten sie eine große Gefahr für Kanalisation, Gräben, Rohre u. ä.

● Vermischbarkeit mit Sauerstoff

● Vermischbarkeit mit Sauerstoff

Damit brennbare Dämpfe in Brand geraten können, müssen sie zu dem Luftsauerstoff in einem bestimmten Mischungsverhältnis stehen. Da man Dämpfe von der Farbe her meist nicht erkennen kann und auch nicht weiß, wieviel schon davon in der Luft ist, muß man bei der Vermutung, daß Dämpfe entweichen oder entwichen sind, stets mit akuter Brand- und Explosionsgefahr rechnen.

● Farbe

● Farbe

Es gibt farbige Dämpfe, deren Entströmen man einfach erkennen kann. Die Dämpfe der Mineralölprodukte sind jedoch farblos, und man kann sie mit dem Auge nicht wahrnehmen. Es bedarf daher spezieller Meßgeräte zur Überprüfung, ob Dämpfe entwichen und in der Luft sind.

● Temperatureinflüsse

● Temperatureinflüsse

Sowohl das Fließverhalten als auch die Dampfentwicklung stehen in Abhängigkeit zur Temperatur. Fest steht, daß die Gefahr jeweils mit steigender Temperatur wächst. Es besteht erhöhte Brand- und Explosionsgefahr. Ist einmal ein Feuer entstanden, wird die brennbare Flüssigkeit durch die Hitze erwärmt und gibt noch schneller mehr Dämpfe frei, so erhält das Feuer ständig mehr neue Nahrung und wird immer stärker.

● Volumenänderung

Das Volumen von Flüssigkeiten ist ebenfalls von der Temperatur abhängig, da sich fast jede Materie bei Erwärmung ausdehnt. Die konsequente Folgerung daraus ist, daß Tanks nie ganz voll befüllt werden und einen Sicherheitsausdehnungsraum für Flüssigkeit und Dampf haben müssen.

Diese physikalische Erkenntnis steht hinter der Angabe der Höchstfüllmenge eines Tanks.

● Brandentstehung

Die Entstehung eines Brandes ist an drei Bedingungen geknüpft (vgl. Grundkurs: Gefahrendreieck). Es müssen vorhanden sein:

— entzündbarer Stoff
— Luftsauerstoff
— Zündquelle

● Flammpunkt

Wann sich die Dämpfe einer brennbaren Flüssigkeit entzünden können, hängt vom Flammpunkt des jeweiligen Stoffes ab.

Der Flammpunkt ist die Temperatur, bei der sich die Dämpfe einer brennbaren Flüssigkeit beim Vorhandensein einer Zündquelle und Sauerstoff zum ersten Mal entzünden. Ab dieser Temperatur also liegt eine akute Brandgefahr vor.

Benzin (in Winterqualität) hat einen Flammpunkt von ungefähr $-40\,°C$, d. h., daß es bei normalen Temperaturen Dämpfe bildet.

Ein Liter Benzin bildet das 100—150 fache seines Volumens an Gas:

1 l Benzin = 100—150 l Benzindämpfe.

Der Flammpunkt von Diesel und leichtem Heizöl liegt bei ungefähr $60\,°C$. Bei Normaltemperatur besteht also keine Feuer- oder Explosionsgefahr. Eine Dampfbildung setzt erst ein, wenn das Öl auf $60\,°C$ erwärmt wird.

Werden dem Diesel aber auch nur kleine Mengen Benzin zugemischt, sinkt der Flammpunkt des Gemischs rapide ab. Eine Beimischung von nur 1 % Benzin bewirkt das Absinken des Flammpunktes um ca. $20\,°C$.

Der neue Flammpunkt liegt dann bei ca. $40\,°C$ und da diese Temperatur sehr schnell erreicht werden kann, besteht erhöhte Brand- und Explosionsgefahr.

Die Auswirkung so minimaler Mischungsverhältnisse muß beachtet werden, wenn der Tankinhalt von Benzin zu Heizöl oder Diesel gewechselt wird. Kleinste Restmengen Benzin

● Brandentstehung

● Flammpunkt

— Benzin

— Diesel

können bei unsachgemäßer Handhabung zu schlimmen Folgen führen.

● Zündquellen

Eine latente Enzündungsgefahr haftet stets an brennbaren Flüssigkeiten. Umso wichtiger ist es, mutmaßliche Zündquellen aus dem Gefahrenbereich herauszuhalten bzw. ihre Entstehung auszuschließen.

Als mögliche Zündquellen sind bekannt:

● Zündquellen

— offenes Feuer
— elektrische Funken
— Reib- und Schlagfunken
— elektrostatische Entladung
— heiße Oberflächen und Gase
— Selbstentzündung

Beispiele

Beispiele:

● *Bei Arbeiten am Domdeckel kann schon ein Funke entstehen, wenn nicht mit geeignetem Werkzeug gearbeitet wird.*
● *Beim Tragen von Kleidungsstücken aus Synthetikfasern und schlecht leitendem Schuhwerk kann man selbst einen Entladungsfunken erzeugen.*
● *Eine heiß gelaufene Bremstrommel oder der heiße Auspuff des Fahrzeugs können Dämpfe, die schwerer als Luft sind und sich in Bodennähe ablagern, entzünden.*

Die Zündquelle hat eine einmalige Funktion; sie ist nur einmal zur Entstehung des Feuers notwendig. Danach brennt das Feuer so lange, bis ein Partner — Luftsauerstoff oder brennbare Dämpfe — aufgebraucht ist.

● Brand- oder Explosionsgefahr

● Brand- oder Explosionsgefahr

Eine genaue Betrachtung verlangt die Frage, wann Brand- bzw. Feuergefahr und wann Explosionsgefahr besteht. Das hängt grundsätzlich davon ab, ob ein Gemisch mager, optimal oder fett ist.

— mageres Gemisch

Ein mageres Gemisch besteht, wenn wenig brennbare Dämpfe in einer bestimmten Luftmenge enthalten sind. Trotz Annäherung einer Zündquelle wird das zu magere Gemisch sich nicht entzünden.

Bei einem fetten Gemisch hat man zuviele brennbare Dämpfe. Tritt eine Zündquelle hinzu, brennt das zu fette Gemisch dort, wo es mit Sauerstoff in Berührung kommt, langsam ab.

— fettes Gemisch

Zwischen magerem und fettem Gemisch liegen die optimalen Gemische, und sie stellen den Explosionsbereich dar. In diesem Bereich ist die Vermischung von Dämpfen und Luftsauerstoff so günstig, daß die schlagartige Verbrennung eine Druckwelle erzeugt, die zerstörerische Ausmaße annehmen kann. Diese Reaktion nennt man Explosion.

— optimale Gemische
  = Explosionsbereich

Für eine Explosion von Benzindämpfen liegt das optimale Mischungsverhältnis bei:
    1 Teil Benzin auf 10 000 Teile Luft
    (1 Schnapsglas in einem 200 l Faß).

● **Elektrostatische Aufladung**

Eine elektrostatische Aufladung erfolgt dort, wo sich zwei elektrisch nicht leitfähige Materialien aneinander reiben. Das kann z. B. passieren, wenn eine Flüssigkeit durch einen Kunststoffschlauch gepumpt wird, oder auch während des Transports, wenn die Flüssigkeit im Tank hin und her schwappt und an der Tankwandung reibt. Die Aufladung wird umso stärker, je mehr die Flüssigkeit bewegt (höhere Reibung) wird. Die so erzeugte Spannung kann im Extremfall mehrere tausend Volt erreichen.

● elektrostatische Aufladung

Die elektrostatische Aufladung bleibt ungefährlich, wenn sie sachgemäß durch Erdung abgeführt wird. Ohne Erdung jedoch kann ein elektrischer Leiter, der nahe an die aufgeladene Oberfläche herankommt, genügen, um einen Funken zum Überspringen zu bringen. An diesem Funken können sich dann die entzündlichen Dämpfe der brennbaren Flüssigkeit entzünden.

● Erdung

● **Brandlöschung**

Nach der VbF werden die brennbaren Stoffe unter anderem nach dem Merkmal der Wassermischbarkeit unterschieden. Diese Kennzeichnung nimmt die GGVS nicht vor, und man muß sich über diese Eigenschaft aus den schriftlichen Weisungen (Unfallmerkblatt) informieren. Bei der Löschung eines Brandes ist es „brandwichtig" zu wissen, ob der brennende Stoff mit Wasser mischbar ist. Ist er nicht mit Wasser mischbar, kann er nicht mit Wasser gelöscht werden.

● Brandlöschung

● mit Wasser nicht
mischbare Stoffe

Die meisten entzündbaren Flüssigkeiten der Klasse 3 sind **nicht** mit Wasser mischbar und vom spezifischen Gewicht her leichter als Wasser, d. h. sie schwimmen auf dem Wasser.

Mit Wasser nicht mischbare Stoffe können auch **nicht** mit Wasser gelöscht werden. Hier muß eine Gas-, Schaum- oder Pulverlöschung einsetzen.

● mit Wasser mischba-
re Stoffe

Die mit Wasser mischbaren entzündbaren Stoffe der Klasse 3 sind zum größten Teil Alkohole und Ketone (z. B. Aceton). Hier kann und soll mit Wasser gelöscht werden. Die Löschwirkung besteht aus der Verdünnung des brennbaren Stoffes und seiner Abkühlung. Durch die Abkühlung wird die Dampfbildung reduziert und so dem Brand die Nahrung entzogen. Die Verdünnung der brennbaren Flüssigkeit mit Wasser führt ebenfalls zu einer verringerten Dampfentwicklung, da die Stoffkonzentration stark herabgesetzt wird.

Der komplizierte Brennvorgang läßt sich sehr gut an einem Alltagsbeispiel erläutern:

Beispiel

Man will zu Hause flambieren, gießt Rum aus der Flasche in die Suppenkelle und hält ein Streichholz daran. Nichts passiert! Der Rum ist nicht hochprozentig genug, und an der Flüssigkeitsoberfläche entstehen keine Dämpfe. Also erwärmt man den Rum etwas, und durch die Temperaturerhöhung setzt eine Dampfbildung ein. Sobald nun das brennende Streichholz naht, entzünden sich die Dämpfe, und der „Rum" brennt. Den Arbeitsvorgang des Erwärmens hätte man gespart, wenn man sogleich einen hochprozentigen Rum genommen hätte. Die Alkoholkonzentration ist dann so stark, daß sich sofort Dämpfe bilden.

3.1 Schädigungen der Umwelt

Durch Auslaufen brennbarer Flüssigkeiten oder Entweichen von Dämpfen entstehen unterschiedliche Schädigungen von Wasser, Erdreich oder Luft. Der Schutz der Umwelt ist absolute Voraussetzung für das Leben von Menschen und Tieren.

Schädigungen der Um-
welt

Schädigungen des Wassers

● Wasser

Da viele brennbare Flüssigkeiten leichter als Wasser sind, breiten sie sich auf der Wasseroberfläche aus. Handelt es sich um eine kleine Wasseroberfläche wie bei Brunnen, wird durch die Ölschicht der Sauerstoffaustausch des Wassers mit der Luft unterbunden und das Wasser „kippt um", es ist verdorben.

Die Ölschicht auf einer großen Wasseroberfläche ist zuerst dicklich, wird aber dann immer dünner, und im Endeffekt deckt ein Liter Dieselöl eine Fläche von ca. 3 000 qm, was der Größe eines halben Fußballfeldes entspricht, ab.

Gelangt eine solche brennbare Flüssigkeit in fließendes Gewässer, bilden sich je nach Strömungsstärke und Verwirbelung kleine Einzeltröpfchen, die das Wasser durchsetzen und mit ihm wandern. Das Wasser hat dann die Konsistenz einer Emulsion. Beruhigt sich das Wasser wieder oder landen die Teilchen in einem ruhigen Wassergebiet, setzen sie sich wieder an der Oberfläche ab.

Steht eine brennbare Flüssigkeit — hier sei es einmal Benzin — auf der Wasseroberfläche, muß man damit rechnen, daß sich durch die Verdampfung in die Luft ein explosives Gemisch bildet.

Nach wie vor stellt die Brennbarkeit der Stoffe der Klasse 3 die Primärgefahr dar, aber insbesondere in bezug zum Wasser sind die Sekundärgefahren der Giftigkeit und Ätzbarkeit ebenso gefürchtet.

In der Klasse 3 finden wir viele mit Wasser mischbare Stoffe, und das sind alle Alkohole und Säuren. Gelangen sie ins Wasser, bilden sich je nach Konzentrationsstärke brennbare Gemische. Besonders hoch ist die Gefahr, wenn eine Säure wie z. B. Salzsäure ins Wasser geleitet wird. Dann muß unter allen Umständen der Zufluß metallhaltigen Abwassers vermieden werden, da sich sonst direkt hoch brennbare Gase entwickeln. Es besteht äußerste Brand- und Explosionsgefahr, und das Säure-Wasser-Gemisch ist stark ätzend.

Der Schutz unseres Grund- und Trinkwassers erfordert also umsichtiges und sachgemäßes Umgehen mit allen Stoffen der Klasse 3, damit diese Gefahrstoffe nicht in Gewässer und die Kanalisation eindringen können.

Schädigungen des Erdreichs

● Erdreich

Versickert brennbare Flüssigkeit im Boden, kann sie durch die Erdschichten das Grundwasser erreichen und es verseuchen und somit ungenießbar oder gar giftig machen.

— Auswirkung auf Grundwasser

155

— Pflanzen

— Tierwelt

Die im Erdreich verbleibenden Stoffteilchen werden von Pflanzen und in der Erde lebenden Kleinlebewesen aufgenommen, die dadurch stark geschädigt werden oder gar absterben. Tiere, die sich von den geschädigten Pflanzen ernähren, nehmen das Gift auf. Dabei werden sie einmal selbst vergiftet und geben als Schlachtfleisch das Gift an den Menschen weiter. Dasselbe gilt für die Fische.
Im Kreislauf der Natur wird schließlich wieder der Mensch das Opfer, da er sich von Pflanzen und Tieren ernährt.

Schädigungen der Luft

● Luft

Die Gefahren, die von den Stoffen der Klasse 3 ausgehen, sind — wie immer zu betonen bleibt — Brennbarkeit, Explosionsfähigkeit, Giftigkeit und Ätzbarkeit. Je nach Höhe ihres Flammpunktes können die brennbaren Flüssigkeiten schon bei normalen Außentemperaturen Dämpfe bilden. Die Dampfwolken sind dann nicht nur explosiv und brandgefährlich, sondern auch giftig und/oder ätzend. Die Dampfwolke bleibt auch nicht unbedingt über ihrem Enstehungsort, sondern kann durch Luftströmungen oder Wind kilometerweit abgetrieben werden.

Als warnende Beispiele sollte man sich die Vorgänge von Seveso, Bophal oder den Smogalarm im Ruhrgebiet vor Augen führen.

Noch eindringlicher wird dies klar, wenn man sich vorstellt, daß giftige Industrieabgase aus dem westlichen Kanada nach Grönland getrieben werden und sich dort niederschlagen.

3.2 Schädigungen der Menschen

Alle Umweltschäden bedeuten auch Gefährdungen für den Menschen. Der Mensch lebt in und von seiner Umwelt, und eine geschädigte Umwelt ist gleichzusetzen mit geschädigten Menschen.

Der Mensch wird jedoch, wie es meist bei Gefahrstoffzwischenfällen geschieht, in erster Linie direkt durch entweichende Schadstoffe gefährdet.

Dies geschieht durch:

> Einatmen
> Berühren oder
> Schlucken

gefährlicher Stoffe.

● Einatmen

Die Atmungsorgane und Schleimhäute der Nasen- und Rachenregion werden durch das Einatmen gefährlicher Gemische aus

> Gas und Luft,
> Dampf und Luft,
> Staub und Luft

gereizt, vergiftet oder verätzt. Je nach Konzentration des Gemisches kann es von den Schleimhäuten nicht allein aufgenommen werden, gelangt in die Lunge und tritt von dort in die Blutbahn über. Dies führt zu einer allgemeinen Körpervergiftung, wovon das Gewebe und die Organe betroffen werden.

● Berühren

Der Hautkontakt beim Berühren giftiger Stoffe birgt eine sehr hohe Gesundheitsgefährdung. Die Stoffe dringen durch die Haut in den Körper ein und werden über die Blutbahn weitertransportiert. Die Folgen sind dann die gleichen wie beim Einatmen giftiger Stoffe.

Tiefgekühlte Gase, die zuerst als Flüssigkeiten austreten, verursachen an den berührten Hautstellen sofort Erfrierungen, die Verbrennungen 2. bis 3. Grades entsprechen. Man nennt sie deshalb auch „kalte Verbrennungen".

Besonders gefährdet sind die Augen bei jeglichem Kontakt mit giftigen und speziell ätzenden Stoffen. Durch die Hornhautzerstörung, die eventuell noch reparabel ist, kommt es leicht zur Verletzung des inneren Auges und damit zu lebenslangen Sehschäden bis hin zum völligen Verlust des Sehvermögens.

● Schlucken

Hier geraten die Schadstoffe durch die Speiseröhre zuerst in den Magen und gehen dann ins Körpergewebe über. Die

Folge ist, wie beim Einatmen, eine allgemeine Körpervergiftung.

Es sei aber auch erwähnt, daß diese Art der Giftaufnahme bei Gefahrgutunfällen die seltenste ist.

(1) Was versteht man unter dem Fließverhalten einer Flüssigkeit, und wovon ist es abhängig?

eigene Lösung	korrekte Lösung

(2) Welchen Einfluß hat die Temperatur auf die Dampfentwicklung und Brandgefahr?

eigene Lösung	korrekte Lösung

(3) Womit können im Brandfall brennbare Stoffe, die nicht mit Wasser mischbar sind, gelöscht werden?

eigene Lösung	korrekte Lösung

(4) Worauf beruht die Löschwirkung bei Wasser?

eigene Lösung	korrekte Lösung

(5) Wodurch entsteht die elektrostatische Aufladung?

eigene Lösung	korrekte Lösung

(6) Welche drei Momente müssen zusammenkommen, damit ein Brand entstehen oder es zu einer Explosion kommen kann?

eigene Lösung	korrekte Lösung

(7) Was kann im normalen Arbeitsablauf zur Zündquelle werden und einen Brand auslösen?

eigene Lösung	korrekte Lösung

(8) Warum führen nicht ein zu mageres und zu fettes Gemisch, sondern nur ein optimales Gemisch zu einer Explosion?

eigene Lösung	korrekte Lösung

(9) Was geschieht, wenn brennbare Flüssigkeiten, die leichter als Wasser und nicht wassermischbar sind, ins Wasser gelangen?

eigene Lösung	korrekte Lösung

(10) Welche Gefahr kann sich ergeben, wenn wasserlösliche brennbare Flüssigkeiten ins Wasser gelangen?

eigene Lösung	korrekte Lösung

(11) Welche Folgen kann es haben, wenn Stoffe der Klasse 3 ins Erdreich eindringen?

eigene Lösung	korrekte Lösung

(12) Kommt es beim Einatmen giftiger/ätzender Stoffe zu Gesundheitsschäden?

eigene Lösung	korrekte Lösung

(13) Warum ist es besonders gefährlich, wenn giftige und speziell ätzende Stoffe in die Augen geraten?

eigene Lösung	korrekte Lösung

4 Gefahrenkennzeichnung und -information

4.1 Kennzeichnung der Fahrzeuge

Die allgemein gültigen Regeln für die Kennzeichnung einer Beförderungseinheit mit Warntafeln sind im Grundkurs, Kapitel 4, beschrieben.

Bei jeder Beförderung von Stoffen der Klasse 3 sind grundsätzlich Kennzeichnungsnummern auf der Warntafel anzubringen, wenn der Transport in Tanks durchgeführt wird. Die Kennzeichnungsnummern sind im Verzeichnis I und II des Anhangs B.5 der Anlage B zur GGVS aufgelistet.

Kennzeichnungspflicht mit Kennzeichnungsnummern

Da bestimmte Produkte in größerem Umfang als andere benötigt und transportiert werden, trifft man am häufigsten auf folgende **Gefahrnummern** der Klasse 3 in der **oberen Hälfte** der orangefarbigen Warntafel:

häufige Gefahrnummern

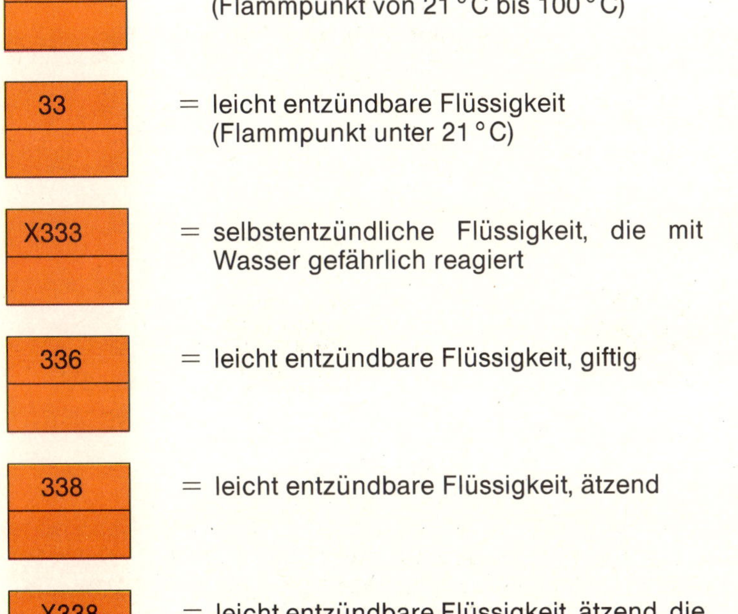

30 = entzündbare Flüssigkeit
(Flammpunkt von 21 °C bis 100 °C)

33 = leicht entzündbare Flüssigkeit
(Flammpunkt unter 21 °C)

X333 = selbstentzündliche Flüssigkeit, die mit Wasser gefährlich reagiert

336 = leicht entzündbare Flüssigkeit, giftig

338 = leicht entzündbare Flüssigkeit, ätzend

X338 = leicht entzündbare Flüssigkeit, ätzend, die im Wasser gefährlich reagiert

= leicht entzündbare Flüssigkeit, die spontan zu einer heftigen Reaktion führen kann

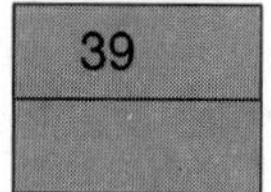

= entzündbare Flüssigkeit, die spontan zu einer heftigen Reaktion führen kann.

Die **Stoffnummer** in der **unteren Hälfte** der Warntafel bezeichnet das transportierte Produkt.

Stoffnummer für Sammelbezeichnungen

= flüssige Kohlenwasserstoffe, rein oder als Mischung, mit einem Flammpunkt von 55 °C bis 100 °C, soweit im Anhang B. 5 der Anlage B nicht namentlich genannt. Z. B. Dieselkraftstoff und leichtes Heizöl.

= flüssige Kohlenwasserstoffe, rein oder als Mischung, mit einem Flammpunkt unter 21 °C, soweit im Anhang B. 5 der Anlage B nicht namentlich genannt. Z. B. Benzin und Superkraftstoff.
Bei den Stoffnummern 1202 und 1203 handelt es sich um Sammelbezeichnungen. Benzin, Superkraftstoff, Diesel und leichtes Heizöl sind im Anhang B. 5 der Anlage B nicht namentlich aufgeführt.

Andere Stoffe wie

Beispiel
Stoffnummern für Produkte

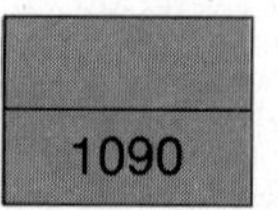

= Aceton

= Benzol

mit den Nummern 1090 und 1114 tragen echte Stoffnummern, d. h. diese Stoffe sind namentlich im Verzeichnis I des Anhang B. 5 der Anlage B genannt.

Sind die Stoffe der Klasse 3 nicht namentlich im Verzeichnis I aufgeführt und fallen nicht unter dort aufgelistete Sammelbezeichnungen, so müssen diese Produkte nach Verzeichnis II des Anhang B. 5 der Anlage B gekennzeichnet werden, wenn sie ihren Eigenschaften nach der Klasse 3 zuzuordnen sind.

Entsprechend der Gefahren, die von den Produkten während der Beförderung ausgehen, sind diese Stoffe innerhalb der Klasse 3 nach den Ziffern der Stoffaufzählung in Gruppen zusammengefaßt.

Einteilung in Gefahr-gruppen

Hier einige *Beispiele* aus dem Verzeichnis II für Stoffe, die im Verzeichnis I nicht namentlich aufgeführt sind:

Stoffe der Klasse 3, Ziffer 1—5 werden gekennzeichnet mit nicht giftige und nicht ätzende flüssige Stoffe mit einem Flammpunkt unter 21 °C

● Beispiele
Verzeichnis II

33
1993

Stoffe der Klasse 3, Ziffern 11, 14—18 und 20 werden gekennzeichnet mit: entzündbare giftige, flüssige Stoffe mit einem Flammpunkt unter 21 °C.

33
1992

Stoffe der Klasse 3, Ziffern 21—26 werden gekennzeichnet mit: entzündbare, ätzende, flüssige Stoffe mit einem Flammpunkt unter 21 °C.

338
2924

4.2 Gefahrzettel

Nach der GGVS sind Tankfahrzeuge, die bestimmte Gefahr-güter transportieren, zusätzlich zu den Warntafeln mit Ge-fahrzetteln auszurüsten. Die Gefahrzettel geben leicht er-kennbar mit allgemein verständlichen Symbolen die von dem Transportgut ausgehende Gefahr an.

Gefahrzettel

In der Anlage B der GGVS heißt es dazu:
Fahrzeuge mit festverbundenen Tanks, Aufsetztanks und Tankcontainer, die Stoffe der Klasse 3, Ziffern 1—6, 11—26, 31 und 33 enthalten oder enthalten haben, müssen mit dem Gefahrzettel nach Muster 3 versehen werden.

Die Gefahrzettel sind bei Tanks und Aufsetztanks an beiden Längsseiten und hinten anzubringen. Tankcontainer haben sie beidseitig zu tragen.

● Anbringungsort

Beispiele:

● Beispiele

Nr. 3

Benzin, Klasse 3
Ziff. 3b

167

Diesel oder Heizöl
Ziff. 32c

Kein Gefahrzettel
erforderlich

- Muster 3 u. 6.1A

Fahrzeuge, deren Tanks oder Tankcontainer Stoffe der Ziffer 6 enthalten oder enthalten haben, müssen zusätzlich mit dem Gefahrzettel nach Muster 6.1 A versehen sein.

Dies gilt z. B. für Stoffe und Präparate zur Schädlingsbekämpfung mit gesundheitsschädlicher Wirkung und einem Flammpunkt unter 21 °C. Klasse 3, Ziffer 6.

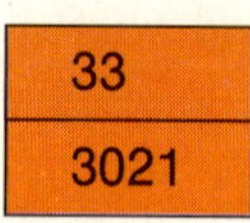

- Muster 3 u. 6.1

Besteht oder bestand der Inhalt der Tanks oder Tankcontainer aus Stoffen der Ziffern 11—20, sind außer den Warntafeln die Gefahrzettel nach Muster 3 und 6.1 vorgeschrieben.

Acrolein Kl. 3,
Ziffer 17 a

- Muster 3 u. 8

Haben oder hatten die Tanks oder Tankcontainer Stoffe der Ziffern 21—26 geladen, müssen sie neben den Warntafeln die Gefahrzettel nach Muster 3 und 8 tragen.

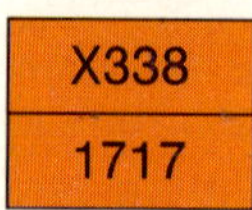

Acetylchlorid Kl. 3,
Ziffer 25 b

Verantwortlich für das Anbringen der Gefahrzettel an Fahrzeugen mit festverbundenen Tanks oder Aufsetztanks ist der
Fahrer. Dasselbe gilt für das Verdecken der Gefahrzettel.

Bei Tankcontainern trägt der Verlader die Verantwortung für
die Anbringung und der Empfänger die Verantwortung für die
Verdeckung.

● Verpflichtung für
Fahrer

(1) Welche Bedeutung haben die Ziffern in der oberen Hälfte der orangefarbenen Warntafeln?

eigene Lösung	korrekte Lösung

(2) Worauf beziehen sich die Stoffnummern, und wo findet man sie?

eigene Lösung	korrekte Lösung

(3) Wo wird vorgeschrieben, ob zu den Warntafeln noch Gefahrzettel am Tankwagen angebracht werden müssen?

eigene Lösung	korrekte Lösung

(4) Muß ein Tankfahrzeug, das Dieselkraftstoff transportiert, mit Gefahrzetteln ausgerüstet sein?

eigene Lösung	korrekte Lösung

(5) Wo sind die Gefahrzettel bei Tankfahrzeugen und Tankcontainer anzubringen?

eigene Lösung	korrekte Lösung

(6) Wer ist für die Anbringung und das Abdecken der Gefahrzettel verantwortlich?

eigene Lösung	korrekte Lösung

5 Ausrüstung und Durchführung der Beförderung

Im einzelnen geht es hier um folgende Aspekte:

— Ein- und Mehrproduktenfahrzeuge
— Be- und Entladen von Tankfahrzeugen
— weitere Ausrüstungs- und Verhaltensvorschriften.

5.1 Ein- und Mehrproduktenfahrzeuge

Die Hauptunterscheidungsmerkmale zwischen Einproduktenfahrzeugen und Mehrpoduktenfahrzeugen bestehen in der Anzahl der Tankkammern und der Abgabesysteme. Als Einproduktfahrzeug gilt ein Tankfahrzeug, dessen Tank aus einer Kammer besteht. Hierunter sind auch Tankfahrzeuge mit mehreren Kammern einzustufen, wenn diese nur über ein Abgabesystem entleert werden können. Diese Zurechnung ist sachlich gerechtfertigt, weil keine unterschiedlichen Produkte über dasselbe Abgabesystem verladen werden dürfen.

Einproduktfahrzeug

Ein Mehrproduktenfahrzeug ist immer ein Mehrkammer-Tankfahrzeug. In ihm können unterschiedliche Produkte getrennt befördert werden, und es verfügt über mindestens zwei voneinander unabhängige Abgabesysteme. Diese Trennung der Abgabesysteme muß technisch so gestaltet sein, daß es durch technische Defekte oder Fehlbedienungen nicht zu einer Vermischung der geladenen Produkte kommen kann.

Mehrproduktenfahrzeug

Das Abgabesystem besteht aus den Rohrleitungen vom Bodenventil des Tanks bis zum Auslaufstutzen oder bis zur Vollschlauchpistole.

Abgabesystem

Die Hauptteile eines Abgabesystems sind:

● Bodenventil
● mehrere Filter mit Flammdurchschlagsicherung
● Pumpe, die elektrisch oder vom Fahrzeugmotor angetrieben wird
● Gasmeßverhüter
● Meßeinrichtung
● mehrere Rückschlagventile und Wegeventile (auch Schieber genannt)

● Bestandteile

Fließschemazeichnung

Der Fahrer muß die Anordnung des Abgabesystems seines jeweiligen Fahrzeuges unbedingt kennen und beherrschen, damit ihm keine Bedienungsfehler unterlaufen können. Das Fließschema ist bei fast allen Modellen auf der Innenseite der Türe des Armaturenschrankes aufgezeichnet, so daß der Fahrer es bei der Handhabung vor Augen hat.

Die im folgenden behandelten Beispiele von Einprodukten-Fahrzeugen stellen eine Auswahl der verschiedenen möglichen Abgabesysteme vor.

Beispiel

a) **Einkammer-Fahrzeug** mit Abgabesystem

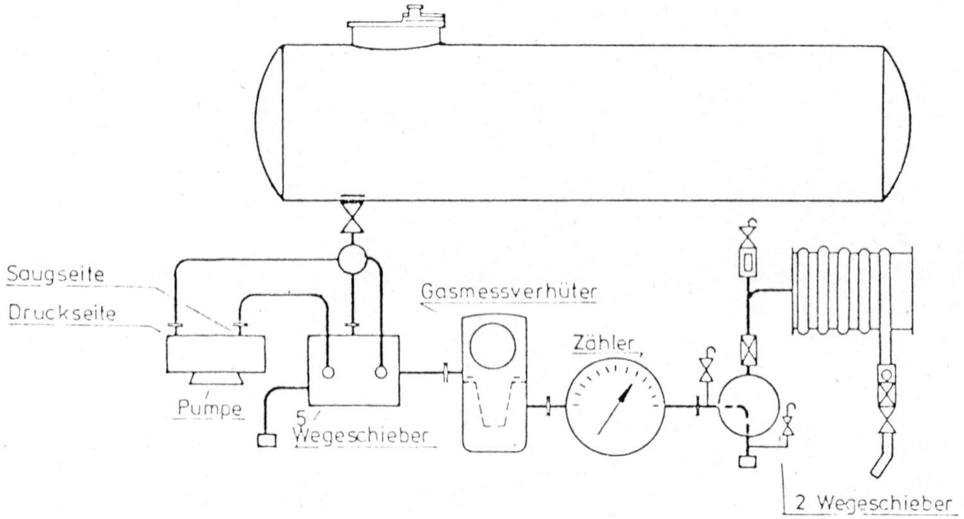

Bei diesem Fahrzeug kann je nach Stellung der verschiedenen Schieber am Auslauf

ohne Zähler mit und ohne Pumpe
mit Zähler mit und ohne Pumpe
mit Zähler und Pumpe über die Schlauchtrommel

entleert werden.

Anschluß

Über Anschluß a kann der Tank mit eigener oder fremder Pumpe befüllt werden.

174

b) **Fünfkammer-Fahrzeug** mit Abgabesystem (Einprodukten-Fahrzeug)   Beispiel

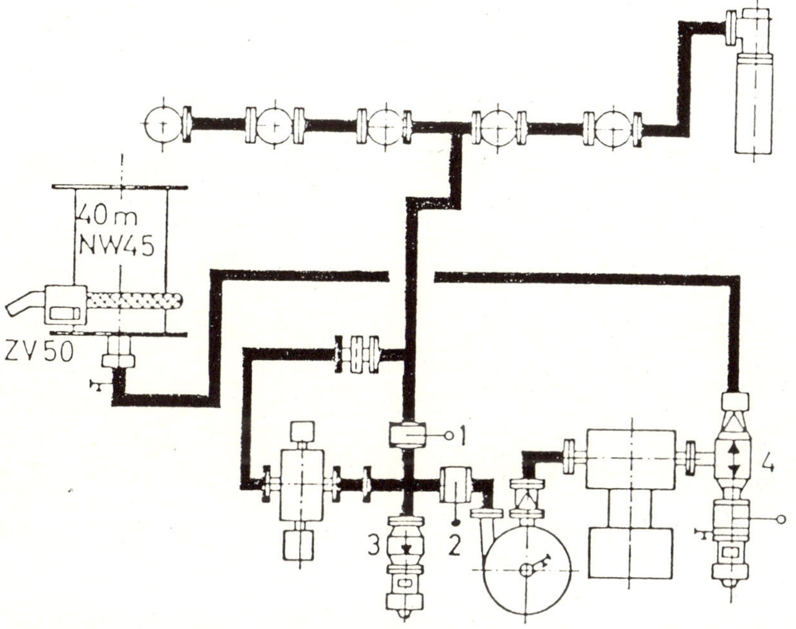

Bei diesem Fahrzeug kann je nach Stellung der Schieber an verschiedenen Ausläufen mit oder ohne Zählwerk entladen werden. Die einzelnen Bodenventile lassen sich bei den neuen Fahrzeugmodellen nur noch pneumatisch öffnen. Bei den älteren Modellen erfolgt dieser Vorgang noch hydraulisch.

Beispiel

c) Schalteinrichtung, die vorwiegend bei kleineren Aufsetztanks montiert ist (Einprodukten-Fahrzeug)

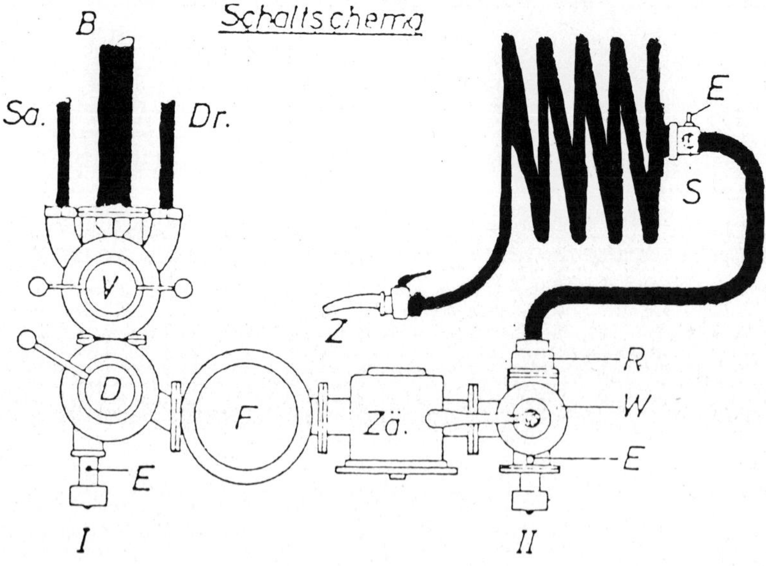

V   = Vierweghahn
D   = Dreiweghahn
W   = Winkelhahn
E   = Ent- u. Belüftung
R   = Rückschlagventil
S   = Schauglas
Z   = Zapfhahn
Zä. = Zähler
Sa. = Saugleitung
Dr. = Druckleitung
B   = Bodenventil
F   = Gasmeßverhüter

Je nach Stellung der einzelnen Schieber kann der Tank über verschiedene Ausläufe entleert werden.

(1) Was versteht man unter einem Einprodukt-Fahrzeug?

eigene Lösung	korrekte Lösung

(2) Welches ist das Hauptmerkmal eines Mehrprodukten-Fahrzeugs?

eigene Lösung	korrekte Lösung

(3) Welches sind die Hauptbestandteile eines Abgabesystems?

eigene Lösung	korrekte Lösung

(4) Wo sind bei den meisten Modellen von Tankfahrzeugen eine Skizze des Fließschemas und die Schaltanweisung zu finden?

eigene Lösung	korrekte Lösung

(5) Wie erfolgt die Öffnung der Bodenventile bei älteren und wie bei neuen Modellen von Tankfahrzeugen?

eigene Lösung	korrekte Lösung

5.2 Be- und Entladen von Tankfahrzeugen

Beladen

Vor der Beladung haben Fahrer und Beifahrer vom Inhalt der schriftlichen Weisungen (Unfallmerkblatt) Kenntnis zu nehmen. Hat der Fahrzeugführer die entsprechenden schriftlichen Weisungen nicht selbst, muß der Verlader dafür sorgen, daß sie vor Beförderungsbeginn in seinen Besitz gelangen.

Unfallmerkblatt

Weiter muß der Fahrer mit den Armaturen des Tankfahrzeugs und der Befüllstation vertraut sein. Sonst muß er sich ausführlich in die Bedienung einweisen lassen. Zudem hat er sich unbedingt an die werksinternen Hinweisschilder zu halten wie zum Beispiel:

Bedienung der Armaturen

„Feuer, Rauchen und offenes Licht ist grundsätzlich verboten".

Zusätzlich zu der in den Unfallmerkblättern vorgeschriebenen Schutzausrüstung muß der Fahrer (und Beifahrer) elektrisch leitfähiges Schuhwerk und einen Kopfschutz tragen.

zusätzliche Schutzausrüstung

Wird das Tankfahrzeug mit Stoffen, deren Flammpunkt unter 55 °C liegt, beladen oder davon entleert, ist unbedingt eine elektrisch gut leitende Verbindung zwischen dem Aufbau des Fahrzeugs und der Erde herzustellen.

Erdung des Fahrzeugs

Beim Befüllen des Tanks muß das Füllrohr auf den Tankboden aufgesetzt werden, und bei Stoffen mit einem Flamm-

Vermeidung elektrostatischer Aufladung

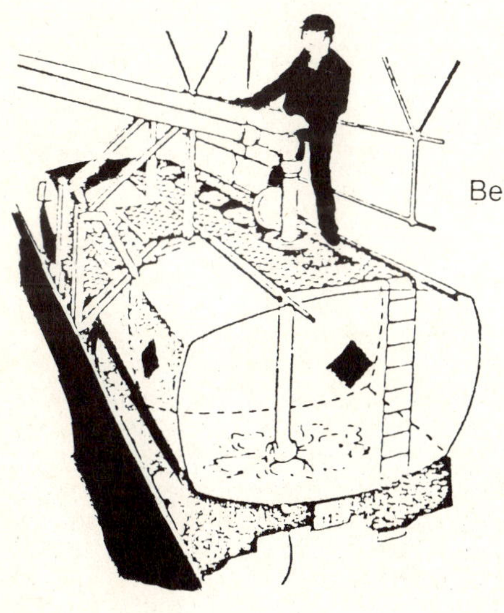

Beladen eines Tankfahrzeuges

punkt unter 55 °C muß mit gedrosselter Geschwindigkeit befüllt werden, bis die Ausläufe des Füllrohres oder -schlauches mit Flüssigkeit bedeckt sind. Dadurch wird einer hohen elektrostatischen Aufladung vorgebeugt.

Abbruch bei Gewitter

Zieht während des Befüllens ein Gewitter auf, so ist der Vorgang sofort abzubrechen und der Domdeckel zu schließen.

Füllungsgrad

Es ist gar nicht so selten, daß der Fahrzeugführer an der Befüllungstation seinen Tank selbst befüllen muß. Dabei kommt es darauf an, daß er den höchstzulässigen Füllungsgrad oder Füllstand kennt. Weiß er ihn nicht, muß der Verlader ihn in Prozent nennen und ihn nach der Füllung kontrollieren.

Der jeweilige Füllungsgrad ist produktabhängig, weil sich die verschiedenen Stoffe unterschiedlich ausdehnen, wenn sie z. B. einer Temperaturerhöhung durch Sonneneinstrahlung oder durch Reibung an der Tankwand ausgesetzt sind. So ergeben sich prozentual vom Tankvolumen für viele Produkte individuelle Füllungsgrade.

Die nachstehende Skizze verdeutlicht die Wichtigkeit des Füllungsgrades, damit die Gefahr, daß der Tank gesprengt wird, vermieden wird.

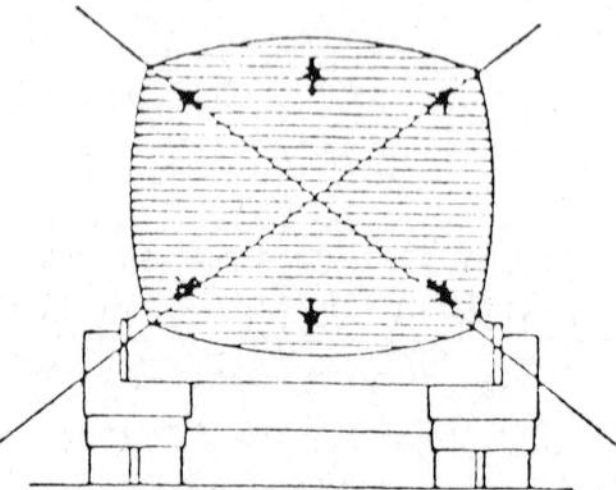

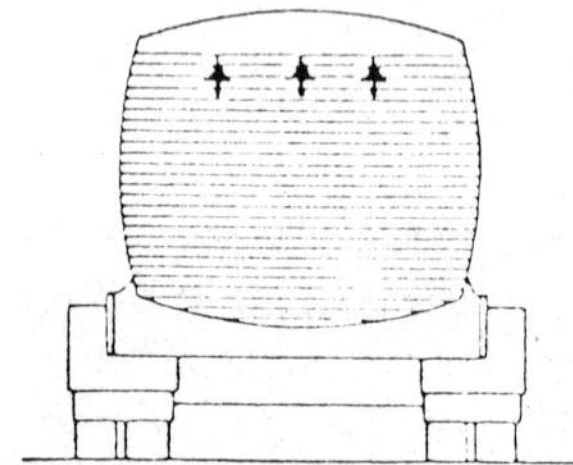

falsch
Flüssigkeiten dehnen sich bei Erwärmung aus. Deshalb den Tank nie überfüllen. Berstgefahr

richtig
Füllungsfreier Raum. Das Füllgut kann sich bei Erwärmung ausdehnen.

Schwallgefahr

Ist der Tank nicht durch Trenn- oder Schwallwände in Abteile von höchstens 7 500 l unterteilt, so muß der Füllungsgrad bei Beladung mindestens 80 % erreichen (nicht bei Saug-Druck-tankwagen). Eine geringere Flüssigkeitsladung birgt eine hohe Schwallgefahr, die das sichere Fahrverhalten des Fahrzeuges stark beeinträchtigt.

Entladen

Bei der Entladung des Tankfahrzeuges besteht für den Fahrer eine ständige Überwachungspflicht, wobei besonders auf eine ausreichende Entlüftung zu achten und eine mögliche Überfüllung des Empfängertanks zu vermeiden sind.

Bei Abgabe von Benzin, Diesel und leichtem Heizöl in ortsfeste Tanks mit mehr als 1 000 l Inhalt darf nur mit einer Abfüllsicherung gearbeitet werden. Diese Vorschrift ist in den Technischen Regeln für brennbare Flüssigkeiten verankert (TRbF).

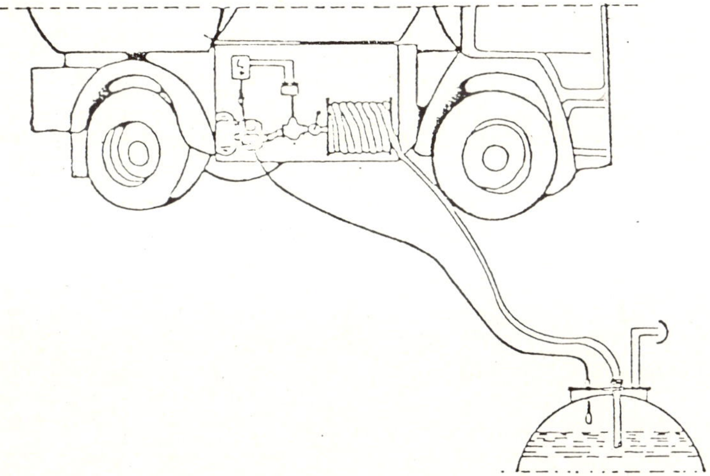

Der Grenzwertgeber verhindert in Verbindung mit der Abfüllsicherung die Überfüllung ortfest installierter Tanks. Erreicht der Flüssigkeitsstand in dem zu befüllenden Tank den Grenzwertgeber, geht ein elektrischer Impuls an den Schaltverstärker, der dann sofort die Befüllung unterbricht.

Wird ein Tank gefüllt, so wird das über der Flüssigkeit stehende Gas durch den ansteigenden Flüssigkeitsspiegel über das Entlüftungsrohr ins Freie gedrückt.

Das kann in vielen Fällen gefährlich sein, wenn es sich hierbei z. B. um giftige Gase oder leicht entzündbare Dämpfe handelt. In solchen Fällen ist das Gaspendeln vorgeschrieben.

Beim Gaspendeln wird das aus dem Lagertank gedrückte Gas über eine Rücklaufleitung in den Fahrzeugtank geleitet.

geschlossenes System

Da bei der Anwendung dieser Methode keine gefährlichen Gase ins Freie gelangen können, bezeichnet man den Ladevorgang auch als „Abfüllen im geschlossenen System."

Das Gaspendelverfahren kann sowohl beim Beladen von Empfängertanks durch ein Tankfahrzeug als auch bei der Befüllung des Tankfahrzeuges an der Füllbühne angewandt werden, wenn die entsprechenden Einrichtungen vorhanden sind. Es muß angewandt werden, wenn ein Hinweis am Empfängertank das Gaspendeln vorschreibt.

Hinweis am Empfängertank

Die nachstehende Abbildung zeigt den Vorgang des Gaspendelns:

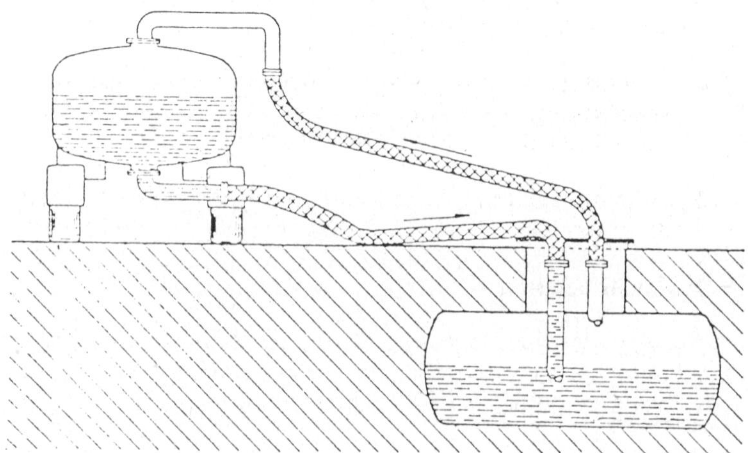

5.3 Weitere Ausrüstungs- und Verhaltensvorschriften

Elektrische Ausrüstung

elektrische Ausrüstung

Die technischen Richtlinien zur GGVS schreiben für Tankfahrzeuge und Aufsetztanks zum Transport von Stoffen mit einem Flammpunkt unter 55 °C eine besondere elektrische Ausrüstung vor.

● Trennschalter

Dies ist unter anderem der **Batterietrennschalter.** Durch ihn können alle Stromkreise am Fahrzeug unterbrochen und wieder eingeschaltet werden. Der Bedienungsknopf muß im Führerhaus montiert sein. Bei grenzüberschreitendem Verkehr muß der Trennschalter zusätzlich auch von außen zu bedienen sein.

182

Warnleuchten

Es müssen grundsätzlich zwei Warnleuchten mitgeführt werden.

Bei Transportgütern mit einem Flammpunkt unter 55 °C gilt zusätzlich: wenn eine der beiden Warnleuchten mit einer Arbeitsleuchte kombiniert ist, so muß diese Kombinantion explosionsgeschützt sein, und die Leuchte muß in ihrer Bauart genehmigt sein.

Feuerlöscher

Wie schon im Grundkurs besprochen, muß jedes Tankfahrzeug wie folgt ausgerüstet sein mit:

● 1 Feuerlöscher von genügendem Fassungsvermögen zur Bekämpfung eines Brandes am Motor oder einem anderen Teil der Beförderungseinheit und

● 1 Feuerlöscher von genügendem Fassungsvermögen, der geeignet ist, einen Brand der Ladung zu bekämpfen.

Schutzausrüstung

Die mitzuführende Schutzausrüstung ist vom Transportgut abhängig, und ihr jeweilig notwendiger Umfang ist genau im Unfallmerkblatt des zu befördernden Stoffes angegeben.

Die Mindestschutzausrüstung die unabhängig von den individuellen Forderungen des jeweiligen Unfallmerkblattes mitzuführen ist, besteht aus:

● dichtschließender Schutzbrille,

● geeigneten Schutzhandschuhen und

● Augenspülflasche mit reinem Wasser.

Wird aber z. B. Acrolein (Ziffer 17 a der Stoffaufzählung) befördert, schreibt das Unfallmerkblatt folgende Schutzausrüstung vor:

● geeigneter Atemschutz

● Stiefel, Schürze, Handschuhe aus Gummi oder Kunststoff

● Augenspülflasche mit reinem Wasser

● dichtschließende Schutzbrille.

Rauchverbot

Rauchverbot

Bei dem Transport von Stoffen der Klasse 3 besteht grundsätzliches Rauchverbot. Wörtlich heißt es in der GGVS:

„Das Rauchen ist bei Ladearbeiten, in der Nähe von Versandstücken und haltenden Fahrzeugen sowie in den Fahrzeugen untersagt."

Parken

Parken

Fahrzeuge mit Gefahrgut sollen beim Parken möglichst im Auge behalten werden, um böswillige Handlungen fremder Personen zu verhindern. Eine direkte Überwachungspflicht besteht, wenn eines der nachstehenden Produkte geladen ist und folgende Gewichte überschreitet:

Überwachungspflicht bei Überschreiten von	
10.000 kg	5.000 kg
Stoffe der Klasse 3	Stoffe der Klasse 3
Ziff. 1—5 a und b Ziff. 6 a und b Ziff. 21—26	Ziff. 11—20

(1) Welche (zum Unfallmerkblatt) zusätzliche Schutzkleidung muß der Fahrer beim Befüllen seines Fahrzeugs an der Füllstation tragen?

eigene Lösung	korrekte Lösung

(2) Was muß zur Vermeidung einer elektrostatischen Aufladung beim Befüllen eines Tankfahrzeugs beachtet werden (bei Stoffen mit Flammpunkt unter 55°C)?

eigene Lösung	korrekte Lösung

(3) Wer hat auf den Füllungsgrad des zu beladenden Tankfahrzeugs zu achten, und wovon ist der Füllungsgrad abhängig?

eigene Lösung	korrekte Lösung

(4) Wie hoch ist der Mindestfüllgrad bei nicht unterteilten Tanks mit einem Fassungsvermögen über 7 500 l?

eigene Lösung	korrekte Lösung

(5) Wozu dient der Grenzwertgeber?

eigene Lösung	korrekte Lösung

(6) Wozu dient die Rücklaufleitung beim Gaspendelverfahren?

eigene Lösung	korrekte Lösung

(7) Was bewirkt der Batterietrennschalter, und wo ist er installiert?

eigene Lösung	korrekte Lösung

(8) Wieviele Feuerlöscher sind grundsätzlich mitzuführen?

eigene Lösung	korrekte Lösung

(9) Woraus besteht die Mindestschutzausrüstung, die unabhängig von den Vorschriften des Unfallmerkblattes mitzuführen ist?

eigene Lösung	korrekte Lösung

(10) Wo besteht in der Klasse 3 Rauchverbot?

eigene Lösung	korrekte Lösung

(11) Wie ist beim Entladen von Heizöl bei einem Empfänger vorzugehen?

eigene Lösung	korrekte Lösung

6 Unfallbekämpfung

Unfälle mit Stoffen der Klasse 3 bergen in besonderem Maße Zusatzgefahren in sich, die nicht sichtbar und für Außenstehende nicht erkennbar sind.

schriftliche Weisungen

Von Produkten mit niedrigem Flammpunkt geht stets eine erhöhte Explosionsgefahr aus. Doch auch Gefahreigenschaften wie „giftig" oder „ätzend" können wirksam werden.

(Unfallmerkblätter)

Deshalb muß der Fahrzeugführer den Inhalt der schriftlichen Weisungen vor Fahrtbeginn genau kennen, um ihn im Notfall schnell und ohne verzögerndes Überlegen anwenden zu können.

Die schriftliche Weisungen sind dem Inhalt entsprechend in Themenabschnitte unterteilt, was im Notfall für eine schnelle Hilfe sehr entscheidend sein kann. Sie enthalten Angaben und Maßnahmen unter folgenden Überschriften:

— Stoffbezeichnung, Klassifizierung und Kennzeichnung

Inhalt

— Eigenschaften des Stoffes

— Gefahren

— Schutzausrüstung

— Notmaßnahmen

— Leck

— Feuer

— Erste Hilfe

— Zusätzliche Hinweise des Herstellers, Verladers oder Absenders

— Telefonische Rückfragemöglichkeiten

— Angabe der natürlichen oder juristischen Personen, die das Unfallmerkblatt erstellt haben und für den Inhalt verantwortlich sind.

Als Beispiel ist nachstehend das Unfallmerkblatt für Benzin, Kl. 3, Ziffer 3 b wiedergegeben.

CEFIC TEC(R)-754

UNFALLMERKBLATT FÜR STRASSENTRANSPORT

Klasse 3   ADR
Ziff. 3b)

KOHLENWASSERSTOFFE, flüssige,
**rein oder als Mischung mit einem Flammpunkt unter 21°C
(soweit im Anhang B.5 des ADR nicht namentlich genannt)
Produktname(n):** ....

33	
1203	

Eigenschaften des Ladegutes:

Flüssigkeit mit wahrnehmbarem Geruch
Nicht mischbar mit Wasser
Leichter als Wasser

Gefahren:

Leicht entzündbar (Flammpunkt unter 21° C)
Leicht flüchtig
Dämpfe sind unsichtbar, schwerer als Luft und breiten sich am Boden aus
Bildet mit Luft explosionsfähige Gemische, auch in leeren, ungereinigten Behältern
Dampf führt in hoher Konzentration zu Bewußtlosigkeit
Erhitzen führt zu Drucksteigerung — Berst- und Explosionsgefahr

Schutzausrüstung:

Dichtschließende Schutzbrille
Kunststoff- oder Gummihandschuhe
Augenspülflasche mit reinem Wasser

NOTMASSNAHMEN   Sofort Feuerwehr und Polizei benachrichtigen

- Motor abstellen
- Zündquellen fernhalten (z. B. kein offenes Feuer), Rauchverbot
- Straße sichern und andere Straßenbenutzer warnen
- Unbefugte fernhalten
- Explosionsgeschützte Leuchten und Elektrogeräte benutzen
- Auf windzugewandter Seite bleiben

Leck

- Wenn möglich, Undichtheiten beseitigen
- Eindringen der Flüssigkeit in Kanalisation, Gruben und Keller verhindern — Dämpfe verursachen Explosionsgefahr
- Flüssigkeit mit Erde oder dergleichen eindämmen, Fachmann beiziehen
- Alle Personen warnen — Explosionsgefahr. Wenn notwendig, evakuieren
- Falls Produkt in Gewässer oder Kanalisation gelangt ist oder Erdboden oder Pflanzen verunreinigt hat, Feuerwehr oder Polizei darauf hinweisen

Feuer

- Bei Feuereinwirkung Behälter mit Wassersprühstrahl kühlen
- Vorzugsweise mit Löschpulver, Schaum, Halonen oder Wassersprühstrahl löschen
- Niemals scharfen Wasserstrahl verwenden

Erste Hilfe

- Falls Produkt in Augen gelangt, unverzüglich mit viel Wasser mehrere Minuten spülen
- Durchtränkte Kleidungsstücke unverzüglich entfernen
- Ärztliche Hilfe erforderlich bei Symptomen, die offensichtlich auf Einatmen oder Einwirkung auf die Haut zurückzuführen sind

Zusätzliche Hinweise des Herstellers oder Absenders:

TELEFONISCHE RÜCKFRAGE:

Für den Inhalt verantwortlich:

Bestell-Nr. 4 394

(Name und Anschrift der natürlichen oder juristischen Person)

Gilt nur während des Straßentransports   Deutsch

Erhältlich bei: Dössel & Rademacher, Formularverlag, Brandstwiete 42, 2000 Hamburg 11, Telefon (040) 32 14 81

Erste Hilfe-Maßnahmen

Wenn in den schriftlichen Weisungen nichts anderes gesagt ist, sind generell folgende Maßnahmen der Ersten Hilfe bei Verbrennungen zu ergeifen:

Erste Hilfe bei Verbrennungen

Maßnahmen bei brennender Kleidung

- Brennende Personen aufhalten und ablöschen
- Bekleidung, die mit brennbaren Stoffen behaftet oder durchtränkt ist, sofort entfernen
- Durch Verbrennung mit der Haut verbundene Kleiderreste nicht abreißen.

- Kleidung

Maßnahmen bei Verbrennungen am Körper

- Betroffene Gliedmaßen oder Körperstellen sofort in kaltes Wasser tauchen oder überspülen, bis eine Schmerzlinderung eintritt
- Anschließend die Brandwunde keimfrei abdecken (nicht feste verbinden!)
- Wärmeverlust des Körpers verhindern (warme Unterlage und schonend zudecken)
- Atmung und Puls kontrollieren und bei Atemstillstand künstliche Beatmung einsetzen
- Keine Anwendung von Mehl, Puder, Salben, Ölen o. ä. auf die Wundflächen.

- Körper (Haut)

Durch Einatmen, Einnehmen oder Berühren von Gefahrstoffen kann es zu Vergiftungen kommen.

Erste Hilfe-Maßnahmen bei Vergiftungen

Erste Hilfe bei Vergiftung

- Nach Gaseinwirkung die betroffenen Personen an die frische Luft bringen
- Nach Einwirkung von Reizstoffen die Personen in absolute Ruhelage bringen (Unterkühlung vermeiden)
- Schockbekämpfung
- Beim Erbrechen Hilfe leisten durch Stützen und Festhalten des Betroffenen
- Bei Kontaktgiften gründlich die Haut abspülen (wobei besondere Gefahr für die Augen besteht)
- Über Notruf ärztliche Hilfe anfordern und schon im Notruf den Giftstoff angeben.

Verätzungen der Haut

Maßnahmen bei Verätzungen der Haut

- Benetzte Bekleidungstücke entfernen
- Die Haut unter fließendem Wasser gründlich abspülen (notfalls mit Wasser abtupfen).

Verätzungen der Augen

Ist ätzende Flüssigkeit in die Augen gelangt, müssen sie ausgiebig mit Wasser gespült werden. Damit die Ätzflüssigkeit, verdünnt mit Wasser, besser abfließen kann, soll von der Nase in Richtung Schläfe gespült werden.

(1) Welche Grundsätze sind bei einem Unfall mit brennbarer Flüssigkeit vor allen weiteren Handlungen zu beachten?

eigene Lösung	korrekte Lösung

(2) Was muß in einem Notruf mitgeteilt werden?

eigene Lösung	korrekte Lösung

(3) Welche möglichen Gefahren bestehen bei Zwischenfällen mit Stoffen mit einem niedrigen Flammpunkt?

eigene Lösung	korrekte Lösung

(4) Welche Hilfen geben die schriftlichen Weisungen bei einem Unfall mit Schädigung durch brennbare Flüssigkeiten?

eigene Lösung	korrekte Lösung

(5) Was ist zu tun, wenn eine Person eine Augenverätzung erlitten hat?

eigene Lösung	korrekte Lösung

(6) Welche Erste Hilfe-Maßnahmen bei sind bei Hautverbrennungen durchzu-
führen?

195

eigene Lösung	korrekte Lösung

Teil IV

Aufbaukurs

Klassen 5.1, 6.1 und 8

1 Allgemeine Vorschriften

Die Gefahrenklassen 5.1, 6.1 und 8 werden gemeinsam behandelt. Es sind „Freie Klassen", das besagt, daß nicht nur die in der Stoffaufzählung der GGVS aufgeführten Stoffe befördert werden dürfen, sondern auch die nicht genannten, die aber in diese Klassen eingestuft werden können.

1.1 Klasse 5.1
Entzündend (oxidierend) wirkende Stoffe

Die Klasse 5.1 ist nicht wie die anderen Klassen in Hauptgruppen unterteilt, sondern nur in die Ziffern 1—11. In ihr sind die entzündend (oxidierend) wirkenden Stoffe zusammengefaßt.

Klasse 5.1

1.2 Klasse 6.1
Giftige Stoffe

Die Klasse 6.1 gliedert sich in Hauptgruppen, Ziffern und je nach dem Grad der Giftigkeit nach Kleinbuchstaben.

Klasse 6.1

In ihr sind enthalten:

> Giftige Stoffe, von denen aus der Erfahrung oder aus tierexperimentellen Untersuchungen anzunehmen ist, daß sie bei Aufnahme durch die Atemwege, die Haut oder die Verdauungsorgane bei einmaliger oder kurzdauernder Einwirkung in relativ kleinen Mengen zu Gesundheitsschäden oder zum Tode des Menschen führen können.

Wenn aber Stoffe mit diesen Eigenschaften einen Flammpunkt unter 21 °C haben, zählen diese Stoffe, Gemische oder Lösungen unter Berücksichtigung ihrer Giftigkeit zu den Stoffen der Klasse 3 (ausgenommen: Blausäure und Metallcarbonyle).

● Bei Flammpunkt unter 21 °C = Kl. 3

Die Aufteilung der Klasse 6.1 in Hauptgruppen und Ziffern sieht folgendermaßen aus:

● Hauptgruppen und Ziffern

  — Gruppe A (Ziffer 1—3) : sehr giftige Stoffe Flammpunkt unter 21 °C Siedepunkt unter 200 °C, die nicht Stoffe der Klasse 3 sind

  — Gruppe B (Ziffer 11—24) : organische Stoffe Flammpunkt von 21 °C oder darüber und nicht entzündbare organische Stoffe

  — Gruppe C (Ziffer 31—36) : metallorganische Verbindungen und Carbonyle

  — Gruppe D (Ziffer 41—44) : anorganische Stoffe, die mit Wasser, wässrigen Lösungen oder Säuren giftige Gase bilden können

  — Gruppe E (Ziffer 51—68) : andere anorganische Stoffe

  — Gruppe F (Ziffer 71—89) : Mittel zur Schädlingsbekämpfung

  — Gruppe G (Ziffer 90) : Wirkstoffe für Labor oder Versuchszwecke

  — Gruppe H (Ziffer 91) : leere Verpackungen, Tanks, Tankfahrzeuge, Aufsetztanks und Tankcontainer, die Stoffe der Klasse 6.1 enthalten haben.

● Kleinbuchstaben

Alle Stoffe der Klasse 6.1 werden (mit Ausnahme der Ziffern 1—3) nach Maß ihrer Giftigkeit hinter der Ziffer zusätzlich mit Kleinbuchstaben gekennzeichnet.

Die Kleinbuchstaben besagen:

a) : sehr giftige Stoffe b) : giftige Stoffe c) : gesundheitsschädliche Stoffe.

Beispiele

Beispiele:

Klasse 6.1, Ziffer 1	GGVS =	Blausäure
Klasse 6.1, Ziffer 20 a	GGVS =	Benzothiol (schwefelhaltiger Stoff)
Klasse 6.1, Ziffer 90 b	GGVS =	Adrenalin
Klasse 6.1, Ziffer 15c	GGVS =	Methylenclorid

1.3 Klasse 8
Ätzende Stoffe

In der Klasse 8 sind die Stoffe zusammengefaßt,   Klasse 8

— die durch ihre chemische Einwirkung die Gewebe der
  Haut, der Schleimhaut oder die Augen, wenn sie damit in
  Berührung kommen, angreifen;
— die bei Entweichen Schäden an anderen Gütern oder
  Transportmitteln verursachen oder sie zerstören können
  oder andere Gefahren hervorrufen;
— die erst unter Einwirkung von Wasser ätzende flüssige
  Stoffe bilden oder die bei natürlicher Luftfeuchtigkeit
  ätzende Dämpfe oder Nebel entstehen lassen.

Haben Stoffe der Klasse 8 einen Flammpunkt unter 21 °C,   ● Flammpunkt unter
zählen sie unter Berücksichtigung ihrer Ätzeigenschaft zu   21 °C = Klasse 3
den Stoffen der Klasse 3.

Entwickeln die Stoffe der Klasse 8 aber durch Beimengen   ● durch Beimengen
giftige Eigenschaften, so können diese Gemische oder   Giftigkeit = Klasse
Lösungen in die Klasse 6.1 fallen.   6.1

Die Klasse 8 ist in Hauptgruppen, Ziffern und je nach Grad
der Ätzbarkeit nach Kleinbuchstaben gegliedert. Diese Unterteilung sieht wie folgt aus:

— Gruppe A   : Stoffe sauren Charakters   ● Hauptgruppen
  (Ziffer 1—39)

— Gruppe B   : Stoffe basischen Charakters
  (Ziffer 41—54)

— Gruppe C   : andere ätzende Stoffe
  (Ziffer 61—66)

— Gruppe D   : ungereinigte leere Verpackungen,
  (Ziffer 71)   Tanks, Tankfahrzeuge, Aufsetztanks,
                      Tankcontainer und Kleincontainer für
                      lose Schüttgüter, die Stoffe der Klasse
                      8 enthalten haben.

Mit Ausnahme der Ziffern 6, 24 und 25 werden die Stoffe   ● Kleinbuchstaben
durch folgende Kleinbuchstaben gekennzeichnet:

---

a) : stark ätzender Stoff
b) : ätzender Stoff
c) : schwach ätzender Stoff

Beispiele

Beispiele:

Klasse 8, Ziffer 2a	GGVS =	rauchende Salpeter-säure
Klasse 8, Ziffer 44 b	GGVS =	wäßrige Lösung von Hydrazin bis 64 %
Klasse 8, Ziffer 64 d	GGVS =	Allylchlorformiat (Ester)
Klasse 8, Ziffer 41c	GGVS =	Natronkalk

(1) Welches ist die Haupteigenschaft der in der Klasse 5.1 zusammengefaßten Stoffe?

eigene Lösung	korrekte Lösung

(2) In wieviele Hauptgruppen ist die Klasse 6.1 unterteilt?

eigene Lösung	korrekte Lösung

(3) Welche Bedeutung haben die zur Gefahrkennzeichnung verwendeten Klein-buchstaben in der Klasse 6.1?

eigene Lösung	korrekte Lösung

(4) Welche Hauptgefahr geht von den Stoffen der Klasse 8 aus?

eigene Lösung	korrekte Lösung

(5) Was bedeuten die Kennzeichnungsbuchstaben a, b und c bei den Stoffen der Klasse 8?

eigene Lösung	korrekte Lösung

2 Pflichten und Verantwortlichkeiten

Über die im Grundkurs behandelten Pflichten und Verantwortlichkeiten beim Transport gefährlicher Güter hinaus gibt es für die Gefahrgutklassen der Aufbaukurse keinen weiteren Unterrichtsstoff.

3 Gefahreneigenschaften

3.1 Gefahreneigenschaften von Stoffen der Klasse 5.1

Die Stoffe der Klasse 5.1 sind in ihrer chemischen Zusammensetzung so beschaffen, daß man sie „Sauerstoffträger" nennt. Die chemische Bindung eines Teils ihres Sauerstoffes ist so locker, daß er leicht freigesetzt wird und so eine Gefahr werden kann, d. h. der Sauerstoff wird zu einem der notwendigen Reaktionspartner für eine Verbrennung (Gefahrendreieck).

Der Sauerstoff kann also aus einem Stoff der Klasse 5.1 stammen. Dabei können leicht entflammnbare Stoffe wie Textilien, Holz oder entzündbare Flüssigkeiten der Klasse 3 beteiligt sein.

Kommt im Gefahrfall ein Stoff der Klasse 5.1 mit leicht entzündlichen Stoffen zusammen, setzt die chemische Reaktion (das Freiwerden von Sauerstoff) soviel Wärme frei, daß sie den brennbaren Stoff zur Entzündung bringen kann. Läuft die Reaktion sehr schnell ab, kann es sogar zu einer gewaltigen Explosion kommen.

Nicht immer ist ein zweiter Stoff zur Gefahrenentstehung notwendig. Stoffe der Klasse 5.1 können sich durch Licht- oder Wärmeeinwirkung selbst zersetzen, was ebenfalls — je nach Einflußgröße — explosionsartig vor sich gehen kann.

Gefahren für den Menschen   Gefahren für Menschen

Die Hauptgefahr besteht in der Entstehung eines Brandes oder einer Explosion, die dann zu schweren Schädigungen führen können. Dabei ist stets an die zusätzliche Gefahr durch Verätzung oder Vergiftung zu denken.

Die ätzende Wirkung wird bei Wasserstoffperoxid besonders deutlich. Wird dieser Stoff mit Wasser in Verbindung gebracht, mischt er sich völlig mit dem Wasser. Ab einer bestimmten Konzentration (d. h. wenn der Wasseranteil zu gering ist) wirkt die Flüssigkeit stark ätzend. Bei Kontakt mit Händen oder Augen kommt es zu schlimmsten Verätzungen.

Gefahren für Umwelt   Gefahren für Umwelt

Wie im vorigen Abschnitt ausgeführt, ist das Verhalten entzündend wirkender Stoffe von ihrer Konzentration in

Luft und Wasser und ihrer Zersetzbarkeit abhängig. Als Gemisch mit Wasser dringt Wasserstoffperoxid ins Erdreich ein und wird zu einer Gefahr mit möglichen hohen Folgeschäden; wenn es zum Beispiel in Flüsse gelangt, ist der Fischbestand gefährdet.

Wasserstoffperoxid zersetzt sich auch sehr schnell, wodurch Brand- und Explosionsgefahren entstehen.

3.2 Gefahreneigenschaften von Stoffen der Klassen 6.1 und 8

Neben Giftigkeit und Ätzeigenschaft kann hier die zusätzliche Gefahr der Enzündbarkeit bestehen.

Die Klasse 6.1 macht durch ihre differenzierte Unterteilung schon auf diese Gefahr aufmerksam.

Stoffe, die giftig oder/und ätzend sind und deren Flammpunkt unter 21 °C liegt, zählen dieser Gefahr wegen zur Klasse 3 und unterliegen den hierfür geltenden Vorschriften.

Gefahren für die Umwelt

Gefahren für die Umwelt

Gelangt ein giftiger Stoff ins Erdreich oder ins Wasser, so wird seine Konzentration zwar durch die Mischung herabgesetzt. Das Entscheidende der Stoffe der Klasse 6.1 ist aber, daß bereits eine relativ niedrige Konzentration dieser Stoffe große Schäden verursachen kann.

Ätzende Stoffe werden bei einer Vermischung mit Erde oder Luft ebenfalls verdünnt. Aber auch sie wirken in schwacher Konzentration vernichtend auf Tier- und Pflanzenwelt ein, (z. B. wenn ein solcher Stoff in einen Flußlauf gelangt). Zudem zersetzen ätzende Stoffe viele Materialien wie Textilien und gar Metalle.

Gefahren für den Menschen

Gefahren für den Menschen

Gelangen giftige Stoffe in den menschlichen Körper, verursachen sie schwerste gesundheitliche Schädigungen und schlimmstenfalls den Tod.

Die schädigende Wirkung hängt von der Menge des aufgenommenen Giftes ab: zerstört werden Organe, Nerven, Blut und Haut.

Durch ätzende Stoffe kann der Mensch auf mehrere Arten verletzt werden.

Zu äußeren Verletzungen kommt es durch Hautkontakt mit Stoffen der Klasse 8. Säuren zersetzen das Gewebe mehr oder weniger schnell. Solche Verätzungen sehen ähnlich aus wie Verbrennungen 1. und 2. Grades.

Gefährlicher für das menschliche Gewebe aber sind Verätzungen durch Laugen. Gelangen diese in die Augen, führt dies leider sehr häufig zum völligen Verlust der Sehkraft.

Innere Verletzungen erleidet der Mensch durch Einatmen ätzender Substanzen. Über die Schleimhäute, die als erstes verletzt werden, gelangen sie in die Lunge und über den Speichel in Speiseröhre und Magen.

Bemerkt man die Auswirkungen erst nach einiger Zeit — weil keine sofortige Beeinträchtigung erfolgte —, kann der Zeitpunkt für wirkungsvolle Gegenmaßnahmen versäumt und der Schaden irreversibel sein. Dann sind die ätzenden Stoffteilchen ins Blut übergegangen und werden zu allen Organen und Geweben transportiert.

4 Gefahrenkennzeichnung und -information

Die Kennzeichnung der Fahrzeuge erfolgt wie bereits im Grundkurs, Kapitel 4, beschrieben.

Kennzeichnungspflicht

Werden Stoffe der Klasse 5.1 befördert, die im Anhang B.5 der Anlage B aufgeführt sind, so sind auch für diese Stoffe Kennzeichnungsnummern auf der Warntafel anzubringen.

Für Stoffe der Klasse 5.1, die nicht im Anhang B.5 aufgeführt sind, ist eine Kennzeichnung nur mit Warntafeln ohne Kennzeichnungsnummern vorgeschrieben.

Sollen gefährliche Stoffe der Klassen 6.1 und 8 transportiert werden, so sind **immer** Kennzeichnungsnummern gemäß Anhang B.5 der Anlage B auf der Warntafel zu zeigen.

Sind Stoffe der Klassen 6.1 und 8 nicht im Verzeichnis I des Anhangs B.5 namentlich genannt, wird hier wie bei solchen Stoffen der Klasse 3 verfahren, und die Kennzeichnung erfolgt nach Verzeichnis II des Anhangs B.5.

4.1 Gefahrnummer

Die Gefahrnummer steht im oberen Feld der orangefarbenen Warntafel, und sie nennt die vom Transportgut ausgehende Hauptgefahr.

Gefahrnummer

Die in den Klassen 5.1, 6.1 und 8 vorkommenden Gefahrnummern sind nachstehend mit ihrer Bedeutung aufgelistet:

50   oxidierender (brandfördernder) Stoff

● Beispiele

539   entzündbares organisches Peroxid

558   stark oxidierender (brandfördernder) Stoff, ätzend

559   stark oxidierender (brandfördernder) Stoff, der spontan zu einer heftigen Reaktion führen kann

589   oxidierender (brandfördernder) Stoff, ätzend, der spontan zu einer heftigen Reaktion führen kann

60   giftiger oder gesundheitsschädlicher Stoff

63	giftiger oder gesundheitsschädlicher Stoff, entzünd-bar (Flammpunkt von 21 °C bis 55 °C)
638	giftiger oder gesundheitsschädlicher Stoff, entzünd-bar (Flammpunkt von 21 °C bis 55 °C)
66	sehr giftiger Stoff
663	sehr giftiger Stoff, entzündbar (Flammpunkt nicht über 55 °C)
68	giftiger oder gesundheitsschädlicher Stoff, ätzend
69	giftiger oder gesundheitsschädlicher Stoff, der spon-tan zu einer heftigen Reaktion führen kann
80	ätzender oder schwach ätzender Stoff
X80	ätzender oder schwach ätzender Stoff, der mit Was-ser gefährlich reagiert
83	ätzender oder schwach ätzender Stoff, entzündbar (Flammpunkt von 21 °C bis 55 °C)
839	ätzender oder schwach ätzender Stoff, entzündbar (Flammpunkt von 21 °C bis 55 °C), der spontan zu einer heftigen Reaktion führen kann
85	ätzender oder schwach ätzender Stoff, oxidierend (brandfördernd)
856	ätzender oder schwach ätzender Stoff, oxidierend (brandfördernd) und giftig
86	ätzender oder schwach ätzender Stoff, giftig
88	stark ätzender Stoff
X88	stark ätzender Stoff, der mit Wasser gefährlich rea-giert
883	stark ätzender Stoff, entzündbar (Flammpunkt von 21 °C bis 55 °C)
885	stark ätzender Stoff, oxidierend (brandfördernd)
886	stark ätzender Stoff, giftig
X886	stark ätzender Stoff, giftig, der mit Wasser gefährlich reagiert
89	ätzender oder schwach ätzender Stoff, der spontan zu einer heftigen Reaktion führen kann

4.2 Stoffnummer

In der unteren Hälfte der Warntafel wird die Stoffnummer   Stoffnummer
angegeben, die man dem Verzeichnis I des Anhangs B.5 der
Anlage B GGVS entnimmt.

Kennzeichnungsbeispiele nach Anhang B.5 GGVS

Verzeichnis I

a) Perchlorsäure in wässrigen Lösungen mit mehr als 50 %,   ● Beispiele
   aber höchstens 72,5 % reiner Säure (Klasse 5.1, Ziffer 3)

558
1873

= stark oxidierender (brandfördernder) Stoff,
  ätzend
= Stoffnummer für Perchlorsäure

b) Natriumchlorat-Lösungen von Klasse 5.1, Ziffer 4a

50
2428

= oxidierender (brandfördernder) Stoff
= Stoffnummer für Lösungen von Na-
  triumchlorat

c) Anilin Klasse 6.1 Ziffer 11b

60
1547

= giftiger oder gesundheitsschädlicher Stoff
= Stoffnummer für Anilin

d) Phenol geschmolzen Klasse 6.1, Ziffer 13b

68
2312

= giftiger und gesundheitsschädlicher Stoff,
  ätzend
= Stoffnummer für Phenol

e) Salpetersäure mit mehr als 70 % reiner Säure Klasse 8,
   Ziffer 2a

885
2032

= stark ätzender Stoff, oxidierend
= Stoffnummer für Salpetersäure mit mehr
  als 70 % reiner Säure

f) Schwefelsäure Klasse 8, Ziffer 1b

| 80 |
| 1830 |

= ätzender oder schwach ätzender Stoff
= Stoffnummer für Schwefelsäure

Kennzeichnungsbeispiele nach Anhang B.5 GGVS

Verzeichnis II

a) Sehr giftige flüssige enzündbare Stoffe mit Flammpunkt von 21 °C—55 °C.
Klasse 6.1, Buchstabe a der Ziffern 11, 13, 15, 16, 18, 20, 22 und 24

| 663 |
| 2929 |

= sehr giftiger Stoff, entzündbar
(Flammpunkt nicht über 55 °C)
= Stoffsammelnummer

b) stark ätzende Stoffe, flüssig, enzündbar, mit Flammpunkt von 21 °C—55 °C.
Klasse 8, Buchstabe a der Ziffern 32, 33, 36, 37, 64 und 66

| 883 |
| 2920 |

= stark ätzender Stoff, entzündbar
(Flammpunkt von 21 °C bis 55 °C)
= Stoffsammelnummer

4.3 Gefahrzettel

Gefahrzettel Klasse 5.1

Fahrzeuge mit festverbundenen Tanks, Aufsetztanks und Tankcontainer, die Stoffe der Klasse 5.1 enthalten oder enthalten haben, sind mit dem Gefahrzettel Muster 5 zu kennzeichnen.

Haben oder hatten die Fahrzeuge zum Beispiel Amoniumnitrat der Ziffer 6a enthalten, müssen sie noch einen zweiten Gefahrzettel nach Muster 8 tragen.

● Beispiel

Amoniumnitrat, Klasse 5.1, 6a (Verzeichnis I, Anhang B.5)

Nr. 5

Nr. 8

212

Haben oder hatten solche Fahrzeuge Stoffe der Klasse 6.1, Ziffer 1 bis 3 oder andere Stoffe die mit den Buchstaben a oder b gekennzeichnet sind, geladen, sind Gefahrzettel nach Muster 6.1 anzubringen.

Gefahrzettel Klasse 6.1

Fällt das Transportprodukt in Klasse 6.1 unter Buchstabe c, ist der Gefahrzettel nach Muster 6.1 A vorgeschrieben.

Liegt der Flammpunkt der zu befördernden Stoffe der Klasse 6.1 unter 55 °C, ist zusätzlich der Gefahrzettel nach Muster 3 anzubringen.

Pestizide, organische Phosphorverbindungen — flüssig, mit Flammpunkt von 21 °C—55 °C (Klasse 6.1, 71a und Klasse 6.1, 71b)

● Beispiel

Nr. 6.1

Nr. 3

Beförderungseinheiten, die Chlorformiate der Klasse 6.1, Ziffern 16 und 17 enthalten oder enthalten haben, müssen einen dritten Gefahrzettel nach Muster 8 tragen:

Chlormethylchlorformiat, Ziffer 16 b (Verzeichnis I, Anhang B.5)

● Beispiel

Nr. 6.1

Nr. 3

Nr. 8

Tanks, die Stoffe der Klasse 8 geladen haben oder leer und nicht gereinigt sind, werden mit Gefahrzetteln nach Muster 8 gekennzeichnet.

Gefahrzettel Klasse 8

Für Stoffe, die einen Flammpunkt bis 55 °C haben, muß zusätzlich der Gefahrzettel Muster 3 gezeigt werden.

● Beispiel

Zum Beispiel: Essigsäureanhydrid Klasse 8, 32b

Nr. 8 　　　　　　　　　　　　　　　　　Nr. 3

Für Stoffe der Ziffern 1a, 6, 7, 24 bis 26 und 44 müssen zusätzlich Gefahrzettel und Muster 6.1 gezeigt werden.

● Beispiel

Zum Beispiel: Oleum (rauchende Schwefelsäure) Klasse 8, 1a

Nr. 8 　　　　　　　　　　　　　　　　　Nr. 6.1

Werden Stoffe befördert, die der Ziffer 62 zugeordnet sind, müssen zusätzlich Gefahrzettel nach Muster 5 gezeigt werden.

● Beispiel

Zum Beispiel: Wasserstoffperoxid Klasse 8, 62c

Nr. 8 　　　　　　　　　　　　　　　　　Nr. 5

Anbringung der Gefahr-zettel

Bei Fahrzeugen mit festverbundenen Tanks oder Aufsetztanks sind die Gefahrzettel an beiden Längsseiten und hinten anzubringen. Tankcontainer werden nur an den beiden Längsseiten mit Gefahrzetteln gekennzeichnet.

Die vollständige Aufzählung, welcher Stoff eine Bezettlung verlangt, findet sich in Spalte e) des Anhangs B.5 der Anlage B zur GGVS. Ist jedoch im Text der GGVS eine bestimmte Bezettelung vorgeschrieben, so hat diese Vorschrift Vorrang vor den Angaben des Anhangs B.5.

Gefahrzettelregister

(1) Was bedeuten die beiden Nummern auf der orangefarbenen Warntafel?

eigene Lösung	korrekte Lösung

(2) Wo sind die Gefahrzettel bei Tankfahrzeugen und Tankcontainer anzubringen?

eigene Lösung	korrekte Lösung

5 Ausrüstung der Fahrzeuge und Durchführung der Beförderung

Die Stoffe der Klassen 5.1, 6.1 und 8 werden meist nicht in so großen Mengen benötigt, daß mit einem Produkt ganze Einprodukt-Fahrzeuge gefüllt werden könnten. Eine Unterbefüllung ist wegen der erhöhten Schwallgefahr aber nicht zulässig und wäre zum anderen auch unrentabel. Daher werden die Stoffe der oben genannten Klassen fast ausschließlich in Mehrprodukten-Fahrzeugen transportiert.

5.1 Mehrprodukten-Tankfahrzeuge

Immer wenn wenigstens zwei unterschiedliche Stoffe gleichzeitig befördert werden sollen, die sich beim Beladen, Transport und Entladen in keiner Weise vermischen dürfen, setzt man Mehrprodukten- oder Mehrkammerfahrzeuge ein. Die nachstehende Skizze zeigt ein 6-Kammer-Fahrzeug als typisches Mehrproduktenfahrzeug:

Mehrprodukten-Tankfahrzeuge

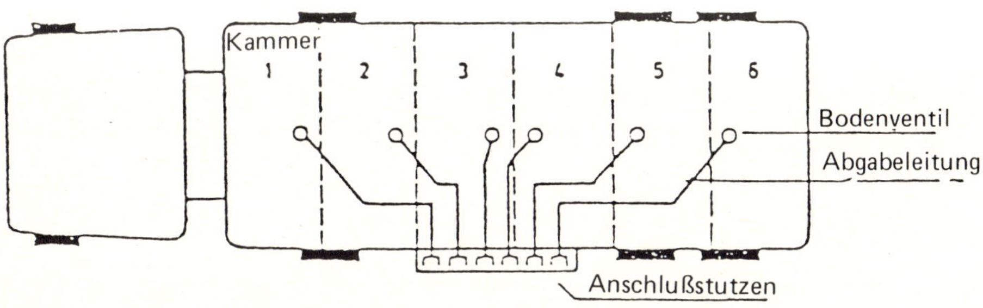

Jede Kammer oder jedes Tankabteil hat einen separaten Zu- und Auslauf. Werden auch getrennte Schläuche vom Tankfahrzeug zum Empfängertank verwendet, ist eine Berührung der verschiedenen Produkte im Fahrzeug und bei der Abgabe ausgeschlossen.

getrennte Zu- und Ableitung

Bedeutend aufwendiger ist die Ausrüstung der Fahrzeuge, wenn die Abgabemenge gemessen und deshalb Abgabezähler installiert werdem müssen. Diese Ausstattung ist allerdings höchst selten bei dieser Fahrzeugart.

Die Bauarten der Tanks sind sehr vielfältig, was oft auch sicherheitstechnisch bedingt ist. Für den Fahrzeugführer gilt letztlich, daß er sich streng an die Betriebsanweisung des jeweiligen Fahrzeugs halten muß.

Bauarten

Tankmaterial

Die Baumaterialien für Tanks sind ebenso vielfältig wie ihre Bauarten. Die verwendeten Materialien legen durch ihre Stoffeigenschaften fest, welche Produkte später befördert werden können. Oder umgekehrt: Tanks, die man für bestimmte Produkte einsetzen will, werden aus dafür geeigneten Materialien erstellt.

Edelstahltank

Für verschiedene ätzende Stoffe werden Edelstahltanks verwendet. In ihnen bilden sich keine Korrosionen durch Schwitzwasser, das Material wird vom Stoff nicht angegriffen, und bei einem Produktwechsel läßt sich der Tank problemlos reinigen.

Tank mit Innenbeschichtung

Für spezielle Verwendungszwecke setzt man Tanks mit verschiedenen Innenbeschichtungen ein. Die Beschichtung verhindert dann, daß das Metall der Tankwände vom Transportgut beschädigt oder langfristig zersetzt wird.

5.2 Be- und Entladen von Tankfahrzeugen

Abgabe im freien Gefälle oder mit Pumpe

Bei den Stoffen der Klassen 5.1, 6.1 und 8 erfolgt die Abgabe vom Tankfahrzeug selten im freien Gefälle. Meistens werden die Fahrzeuge mit Hilfe von Pumpen entladen. Der Fahrzeugführer muß sich bei der Entladung konsequent nach der zugehörigen Betriebsanleitung und Gebrauchsanweisung richten.

Abgabe durch Druckgas

Verschiedene Tankfahrzeuge können mit Druckgas entleert werden. Dazu wird Druckgas von oben in den Tank gepreßt, wodurch das im Tank befindliche Produkt über den unten installierten Abgabeweg entladen werden kann. Das Druckgas wird entweder von einem am Tankfahrzeug montierten Kompressor verdichtet oder an der Entladestelle bereitgehalten. Am Tank befinden sich die entsprechenden Armaturen für den Druckgasanschluß.

Auch bei diesem Entladeverfahren sind die jeweiligen Bedienungsanleitungen der einzelnen Fahrzeuge für den Fahrzeugführer maßgeblich.

Überwachungspflicht

Während des Be- und Entladens seines Tankfahrzeuges besteht für den Fahrzeugführer eine generelle Überwachungspflicht.

Erdung

Werden Stoffe mit einem Flammpunkt unter 55 °C be- und entladen, ist zur Verhinderung einer elektrostatischen Aufladung eine gut leitende Verbindung zwischen dem Fahrzeugaufbau und der Erde herzustellen. Die mögliche elektrostatische Aufladung bedeutet bei allen brennbaren Flüssigkeiten eine erhöhte Gefahr.

5.3 Weitere Ausrüstungs- und Verhaltensvorschriften

Elektrische Ausrüstung

Eine besondere elektrische Ausrüstung — wie der Batterietrennschalter — ist nur erforderlich, wenn das Fahrzeug Stoffe mit einem Flammpunkt bis zu 55 °C befördert.

elektrische Ausrüstung

Warnleuchten

Die Pflicht zum Mitführen von Warnleuchten ist im Grundkurs beschrieben und gilt auch für den Transport von Stoffen der Klassen 5.1, 6.1 und 8.

Warnleuchten

Feuerlöscher

Tankfahrzeuge, die Produkte der Klassen 5.1, 6.1 und 8 transportieren, müssen mit zwei Feuerlöschern ausgestattet sein (siehe Grundkurs).

Feuerlöscher

Für einzelne Stoffe dieser Klassen bestehen jedoch Ausnahmen von dieser Vorschrift.

Rauchverbot

An der Füllstation, während der Beförderung und beim Entladen von Stoffen der Klassen 5.1 besteht absolutes Rauchverbot.

Rauchverbot

In den Klassen 6.1 und 8 gilt das Rauchverbot nur bei Stoffen mit einem Flammpunkt unter 55 °C.

Parken

Die Parkvorschriften sind für die einzelnen Gefahrklassen, aber auch innerhalb der einzelnen Gefahrklassen unterschiedlich geregelt.

Parken

Schutzausrüstung

Der Beförderer muß dem Fahrer und auch dem Beifahrer die in den schriftlichen Weisungen (Unfallmerkblatt) vorge-

Schutzausrüstung

schriebene Schutzausrüstung zur Verfügung stellen und aushändigen.

Mindestschutzausrü-
stung

Wird in den schriftlichen Weisungen keine besondere Schutzausrüstung vorgeschrieben, muß aber die Mindestschutzausrüstung mitgeführt werden. Diese besteht aus:

● einer dichtschließenden Schutzbrille
● geeigneten Schutzhandschuhen und
● einer Augenspülflasche mit reinem Wasser.

● zusätzlich für Stoffe
　der Klasse 5.1

Bei der Beförderung von Stoffen der Klasse 5.1 gehört zusätzlich ein mit reinem Wasser gefüllter 30 l-Kanister dazu. Dem Wasser muß ein Frostschutzmittel beigegeben sein, das weder die Haut noch die Schleimhäute angreift und keine chemische Reaktion in Verbindung mit dem Ladeprodukt auslösen kann. Der Kanister ist möglichst sicher unter- oder anzubringen.

Für den Fahrzeugführer muß vor Fahrtbeginn stets der Grundsatz gelten:

„Kontrolle der mitgegebenen Schutzausrüstung auf Vollständigkeit (gemäß den schriftlichen Weisungen); notfalls fehlende Teile der Schutzausrüstung vor Fahrtantritt ergänzen“.

Verantwortlichkeit des
Fahrpersonals

Während des Transportes ist der Fahrer bzw. Beifahrer für die Vollständigkeit und Einsatzbereitschaft der Schutzausrüstung verantwortlich.

(1) Wodurch ist gewährleistet, daß sich verschiedene in einem Mehrprodukten-tank transportierte Stoffe nicht vermischen können?

eigene Lösung	korrekte Lösung

(2) Welche Vorteile hat ein Edelstahltank gegenüber Tanks aus anderen Materialien?

eigene Lösung	korrekte Lösung

(3) Auf welche Weise kann man die bei brennbaren Flüssigkeiten durch die elektrostatische Aufladung entstehende Gefahr am Tankfahrzeug verhindern?

eigene Lösung	korrekte Lösung

(4) Wie sieht die Rauchverbotsregelung beim Transport von Stoffen der Klassen 5.1, 6.1 und 8 aus?

eigene Lösung	korrekte Lösung

(5) Woraus besteht die Mindestschutzausrüstung, die mitzuführen ist, wenn in den schriftlichen Weisungen keine besondere Ausrüstung verlangt wird?

eigene Lösung	korrekte Lösung

(4) Wie sieht die Rauchverbotsregelung beim Transport von Stoffen der Klassen 5.1, 6.1 und 8 aus?

6 Unfallbekämpfung

Je gefährlicher die Eigenschaften der zu transportierenden Stoffe sind, umso kritischer wird die Situation bei jedem Zwischenfall oder Unfall. Hier genügen schon kleinste Stoffmengen, um schwere Folgen nach sich zu ziehen.

Wenn bei einem Unfall Stoffe der Klasse 5.1, 6.1 oder 8 freigesetzt werden, ein Mensch durch sie verletzt wird oder in der Nähe ein Brand ausbricht, hängt alles Weitere davon ab, ob die richtigen Sofortmaßnahmen durchgeführt werden.

Jeder hat nach kurzer Berufszeit die allgemeinen Notmaßnahmen, die bei jedem Unfall richtig sind, im Kopf (siehe Grundkurs Kapitel 6).

Bei Gefahrstoffunfällen ist es aber mindestens ebenso wichtig, die stoffspezifischen Maßnahmen schnell ergreifen zu können, und diese sind in den jeweils zu einem Produkt gehörenden schriftlichen Weisungen enthalten.

schriftliche Weisungen

Darin findet sich auch die genaue Aufstellung der erforderlichen Schutzausrüstung.

Die **schriftlichen Weisungen** sind so aufgebaut, daß sie stichwortartig und gut verständlich die Maßnahmen nennen, die bei einem bestimmten Stoff besonders wichtig sind:

● Allgemeine Notmaßnahmen
● Maßnahmen bei einem Leck
● Maßnahmen bei Feuer
● Maßnahmen zur Ersten Hilfe

Allgemeine Notmaßnahmen

● allgemeine Notmaßnahmen

— Batterietrennschalter betätigen
— Motor abstellen
— Zündquellen fernhalten
— Straße sichern und andere Verkehrsteilnehmer warnen
— Unbefugte fernhalten
— auf windzugewandter Seite aufhalten
— Schutzausrüstung anlegen

● Maßnahmen bei ei-
nem Leck

Maßnahmen bei einem Leck

— Nach Möglichkeit Undichtigkeit beseitigen
— Eindringen der Flüssigkeit in Kanalisation, Gräben und
Keller verhindern
— Flüssigkeit mit Erde, Sand oder geeignetem anderen
Material eindämmen

Vorsicht ist besonders bei den Stoffen der **Klasse 5.1**
geboten: Kein Sägemehl oder andere brennbare Stoffe zum
Eindämmen oder Aufnehmen verwenden, da dadurch die
Brandgefahr erhöht wird.

Ist einer dieser Stoffe in Gewässer, Kanalisation oder Erdreich eingedrungen, muß dies direkt der Polizei oder Feuerwehr mitgeteilt werden. Nur so können schwere Umweltschäden und spätere Schädigungen der Menschen verhindert werden.

● Maßnahmen bei
Feuer

Maßnahmen bei Feuer

— bei Feuereinwirkung von außen den Tank mit Wasser-
sprühstrahl kühlen
— Löschen vorzugsweise mit Löschpulver, Schaum oder
Halonen.
Wasser darf nur verwendet werden, wenn es nicht
ausdrücklich im Unfallmerkblatt ausgeschlossen ist.
— Niemals mit scharfem Wasserstrahl löschen (Feuer erhält
sonst neuen Sauerstoff und der freigesetzte Transport-
stoff wird im weiteren Umkreis verteilt)
Nur mit Sprühstrahl löschen.

● Maßnahmen der er-
sten Hilfe

Maßnahmen zur ersten Hilfe

— Ist der Stoff in die Augen gelangt, unverzüglich mit viel
Wasser mehrere Minuten spülen
(Richtig: von Nase zur Schläfe hin)
— Mit dem Stoff verunreinigte Kleidungsstücke unverzüg-
lich entfernen und die betroffene Haut mit Wasser und
Seife waschen
— Ärztliche Hilfe ist erforderlich bei allen Symptomen, die
auf eine Einwirkung auf Haut und Augen hinweisen.

Die aufgezählten Maßnahmen sind keineswegs vollständig,
aber durch sie können bei Unfällen mit Stoffen der Klassen
5.1, 6.1 und 8 weitere Schäden vermieden werden.

Die Stoffe verlangen wegen ihrer unterschiedlichen chemischen Reaktionsmöglichkeiten und Gefahreigenschaften auch unterschiedliche Gegenmaßnahmen.

Das ist der Grund, warum sich sowohl Fahrer wie Beifahrer mit den schriftlichen Weisungen vor Beförderungsbeginn, d. h. vor dem Beladen, vertraut machen müssen. Bei einem Unfall kann es für jeden lebensrettend sein, wenn der andere weiß, was zu unternehmen ist und sicher (und daher schnell) handelt: Schnelle Hilfe ist doppelte Hilfe!

Pflicht des Fahrpersonals

Nachstehend zeigen drei Auszüge aus den schriftlichen Weisungen von Calciumchlorat, Bariumcarbonat und Salpetersäure die Unterschiedlichkeit der im Notfall zu ergreifenden Sofortmaßnahmen.

CEFIC TEC(R)-142

UNFALLMERKBLATT FÜR STRASSENTRANSPORT

Klasse 5.1   ADR
Ziff. 4 a)

UN-Nr. 1452

CALCIUMCHLORAT

Eigenschaften des Ladegutes:
Weiße geruchlose Kristalle

Gefahren:
Fördert die Verbrennung (Oxidationsmittel)
Kann mit brennbaren Stoffen zu Feuer und Explosionen führen
Erhitzen führt zu Drucksteigerung → Berstgefahr
Mit Produkt verunreinigte Materialien (z. B. Kleider) entzünden sich leicht
Schwere, evtl. tötliche Vergiftung durch Verschlucken
Beim Erhitzen oder durch Säureeinwirkung entsteht giftiges Gas: Chlor

Schutzausrüstung:
Dichtschließende Schutzbrille
Kunststoff-, Gummi- oder Lederhandschuhe
Augenspülflasche mit reinem Wasser

NOTMASSNAHMEN   Sofort Feuerwehr und Polizei benachrichtigen

- Zündquellen fernhalten (z. B. kein offenes Feuer), Rauchverbot
- Straße sichern und andere Straßenbenutzer warnen
- Unbefugte fernhalten

Leck
- Mit viel Wasser verdünnen
- Falls Produkt in Gewässer oder Kanalisation gelangt ist oder Erdboden oder Pflanzen verunreinigt hat, Feuerwehr oder Polizei darauf hinweisen
- Nicht mit Sägemehl oder anderen brennbaren Stoffen aufnehmen
- Verschüttetes Ladegut nicht umpacken

Feuer
- Bei Feuereinwirkung Behälter mit Wassersprühstrahl kühlen
- Löschen vorzugsweise mit Wasser
- Auf windzugewandter Seite bleiben

Erste Hilfe
- Falls Produkt in Augen gelangt, unverzüglich mit viel Wasser spülen
- Mit Produkt verunreinigte Kleidungsstücke unverzüglich entfernen
- Ärztliche Hilfe erforderlich bei Symptomen, die offensichtlich auf Verschlucken zurückzuführen sind

Zusätzliche Hinweise des Herstellers oder Absenders.

TELEFONISCHE RÜCKFRAGE:

Für den Inhalt verantwortlich:

Best.Nr. 4 136

(Name und Anschrift der natürlichen oder juristischen Person)

Gilt nur während des Straßentransports   Deutsch

Erhältlich bei: Dössel & Rademacher, Formularverlag, Brandstwiete 42, 2000 Hamburg 11, Telefon (040) 32 14 81

UNFALLMERKBLATT FÜR STRASSENTRANSPORT

CEFIC TEC(R)-812

Klasse 5.1   ADR
Ziff. 4 a)
UN-Nr. 1445

BARIUMCHLORAT

Eigenschaften des Ladegutes:
Weiße geruchlose Kristalle oder Pulver
Löslich in Wasser

Gefahren:
Fördert die Verbrennung (Oxidationsmittel)
Kann mit brennbaren Stoffen zu Feuer und Explosion führen
Mit Produkt verunreinigte brennbare Materialien (z. B. Kleidung) entzünden sich leicht und verbrennen lebhaft – erhöhte Brandgefahr
Zersetzung im Feuer und Reaktion mit Säuren (z. B. von Autobatterien), entwickelt giftige Dämpfe.
Vergiftungssymptome können auch erst nach vielen Stunden auftreten
Schwere, eventuell tödliche Vergiftung durch Verschlucken
Staub reizt Augen und Atemwege
Erhitzen führt zu Drucksteigerung – Berstgefahr

Schutzausrüstung:
Geeigneter Atemschutz
Dichtschließende Schutzbrille
Handschuhe aus Kunststoff oder Gummi, Stiefel, leichte Schutzkleidung
Augenspülflasche mit reinem Wasser

NOTMASSNAHMEN   Sofort Feuerwehr und Polizei benachrichtigen

- Motor abstellen
- Zündquellen fernhalten (z. B. kein offenes Feuer). Rauchverbot
- Straße sichern und andere Straßenbenutzer warnen
- Unbefugte fernhalten
- Auf windzugewandter Seite bleiben

Leck

- Mit Wasser naßmachen
- Verschüttetes Ladegut zusammenkehren und an einen sicheren Ort bringen; Fachmann beiziehen
- Nicht mit Sägemehl oder anderen brennbaren Stoffen aufnehmen
- Zum Umpacken Behälter aus Metall verwenden; zudecken, aber nicht verschließen
- Falls Produkt in Gewässer oder Kanalisation gelangt ist oder Erdboden oder Pflanzen verunreinigt hat, Feuerwehr oder Polizei darauf hinweisen

Feuer

- Bei Feuereinwirkung Behälter mit Wassersprühstrahl kühlen
- Vorzugsweise mit Wassersprühstrahl löschen
- Niemals Löschpulver oder Kohlensäure verwenden, wenn das Ladegut selbst vom Feuer erfaßt ist

Erste Hilfe

- Falls Produkt in Augen gelangt, unverzüglich mit viel Wasser mehrere Minuten spülen
- Mit Produkt verunreinigte Kleidungsstücke unverzüglich entfernen und betroffene Haut mit viel Wasser waschen
- Erbrechen herbeiführen, wenn Verdacht auf Verschlucken des Produkts besteht, aber nur, wenn die Person bei Bewußtsein ist
- Ärztliche Hilfe erforderlich bei Symptomen, die offensichtlich auf Einwirkung auf die Augen zurückzuführen sind
- Personen, die die bei einem Brand entwickelten Rauchgase eingeatmet haben, zeigen nicht unbedingt sofort Symptome. Sie hinlegen und ruhighalten, zum Arzt bringen und dieses Merkblatt vorzeigen. Ärztliche Überwachung ist während mindestens 24 Stunden notwendig.

Zusätzliche Hinweise des Herstellers oder Absenders:

TELEFONISCHE RÜCKFRAGE:

Für den Inhalt verantwortlich:

(Name und Anschrift der natürlichen oder juristischen Person)   Bestell-Nr. 4498

Gilt nur während des Straßentransports   Deutsch

UNFALLMERKBLATT FÜR STRASSENTRANSPORT

CEFIC TEC(R)-9a
Rev. 1, ED 1

Klasse 8   ADR
Ziff. 2a)

SALPETERSÄURE mit mehr als 70% HNO3

885

2032

Eigenschaften des Ladegutes: Farblose Flüssigkeit, mit wahrnehmbaren Geruch, entwickelt gelblich-braune Dämpfe
Vollständig mischbar mit Wasser

Gefahren: Dampf verursacht Vergiftung durch Einatmen
Verursacht schwere Schäden der Augen, Haut und Atemwege
Ätzend
Kleidung wird angegriffen
Kann mit brennbaren Stoffen zu Feuer und Explosion führen und giftige Gase bilden: Nitrose Gase

Schutzausrüstung: Geeigneter Atemschutz
Dichtschließende Schutzbrille
Handschuhe, Stiefel, Schutzanzug und vollkommener Kopf-, Gesichts- und Nackenschutz aus Kunststoff
Augenspülflasche mit reinem Wasser

NOTMASSNAHMEN   Sofort Feuerwehr und Polizei benachrichtigen

- Motor abstellen
- Straße sichern und andere Straßenbenutzer warnen
- Unbefugte fernhalten
- Auf windzugewandter Seite bleiben
- Schutzausrüstungen vor Betreten der Gefahrenzone anlegen

Leck

- Flüssigkeit mit Erde oder dergleichen eindämmen, Fachmann beiziehen
- Nicht mit Sägemehl oder anderen brennbaren Stoffen aufnehmen
- Falls Produkt in Gewässer oder Kanalisation gelangt ist oder Erdboden und Pflanzen verunreinigt hat, Feuerwehr oder Polizei darauf hinweisen
- Dämpfe mit Wassersprühstrahl niederschlagen

Feuer

- Bei Feuereinwirkung Behälter mit Wassersprühstrahl kühlen

Erste Hilfe

- Falls Produkt in Augen gelangt, unverzüglich mit viel Wasser mehrere Minuten spülen
- Mit Produkt verunreinigte Kleidungsstücke unverzüglich entfernen und betroffene Haut mit viel Wasser waschen
- Wegen des verzögerten Vergiftungeffektes Personen, die Rauch oder Dämpfe eingeatmet haben, hinlegen und ruhighalten. Ärztliche Überwachung während mindestens 48 Stunden
- Ärztliche Hilfe erforderlich bei Symptomen, die offensichtlich auf Einatmen oder Einwirkung auf Haut oder Augen zurückzuführen sind
- Auch wenn sich keine Symptome bemerkbar machen, Arzt zuziehen und dieses Merkblatt zeigen
- Vor Wärmeverlust schützen
- Künstliche Beatmung bei Atemstillstand

Zusätzliche Hinweise des Herstellers oder Absenders:

Achtung: Fluchtfilter schützen nur kurze Zeit. Sie sind bei Freiwerden größerer Mengen ungeeignet zur Bekämpfung von Leckagen und Feuer.

TELEFONISCHE RÜCKFRAGE:

Für den Inhalt verantwortlich:

Best.-Nr. 4 161

(Name und Anschrift der natürlichen oder juristischen Person)

Gilt nur während des Straßentransports   Deutsch

(1) Wo kann man sich vergewissern, welche Schutzausrüstung bei einem bestimmten Gefahrguttransport erforderlich ist?

eigene Lösung	korrekte Lösung

(2) Welche Maßnahmen sind unverzüglich zu ergreifen, wenn durch ein Tankleck Ladegut der Klasse 5.1, 6.1 oder 8 auf die Straße gelaufen ist?

eigene Lösung	korrekte Lösung

(3) Welches sind die Hauptlöschmittel bei Bränden mit Stoffen der Klassen 5.1, 6.1 oder 8?

eigene Lösung	korrekte Lösung

(4) Was ist zu tun, wenn der gefüllte Tank durch einem Umgebungsbrand der Hitzeeinwirkung ausgesetzt ist?

eigene Lösung	korrekte Lösung

(5) Welche Sofortmaßnahme hilft, wenn eine ätzende Flüssigkeit in die Augen gelangt ist?

eigene Lösung	korrekte Lösung

(6) Wie sieht die Erste Hilfe für einen Menschen aus, dessen Kleidung völlig von einem Gefahrstoff durchnäßt ist?

eigene Lösung	korrekte Lösung

(7) Wer muß vor Beförderungsbeginn den Inhalt der schriftlichen Weisungen (Unfallmerkblatt) für den zu transportierenden Stoff zur Kenntnis genommen haben?

eigene Lösung	korrekte Lösung

Anhang

— Verordnungstext GGVS

— Anhang B.5 der GGVS

— Anhang B.8 der GGVS

— Bußgeldkatalog RS 002

— Liste der ADR-Vertragsstaaten

— Beispielseite einer Erfolgskontrolle

Verordnung
über die innerstaatliche und grenzüberschreitende Beförderung gefährlicher Güter auf Straßen
(Gefahrgutverordnung Straße – GGVS)
Vom 22. Juli 1985

Auf Grund

- des § 3 Abs. 1, 2 und 5 und des § 4 Abs. 1 des Gesetzes über die Beförderung gefährlicher Güter vom 6. August 1975 (BGBl. I S. 2121) in Verbindung mit § 17 der Gefahrgutverordnung Straße in der Fassung der Bekanntmachung vom 29. Juni 1983 (BGBl. I S. 905) wird vom Bundesminister für Verkehr nach Anhörung von Sachverständigen

- des § 5 Abs. 2 Satz 2 und Abs. 3 des Gesetzes über die Beförderung gefährlicher Güter in Verbindung mit § 17 der Gefahrgutverordnung Straße wird vom Bundesminister für Verkehr

- des § 5 Abs. 2 Satz 1 und Abs. 3 des Gesetzes über die Beförderung gefährlicher Güter in Verbindung mit § 17 der Gefahrgutverordnung Straße sowie des § 10 Abs. 2 Satz 2 des Gesetzes über die Beförderung gefährlicher Güter wird vom Bundesminister für Verkehr

mit Zustimmung des Bundesrates verordnet:

§ 1
Grundregel

(1) Diese Verordnung regelt die Beförderung gefährlicher Güter mit Straßenfahrzeugen.

(2) Die innerstaatliche Beförderung gefährlicher Güter unterliegt den Vorschriften, die in den Anlagen A und B zu dieser Verordnung über die ganze Seite sowie links vom mittleren Trennungsstrich abgedruckt sind.

(3) Die grenzüberschreitende Beförderung unterliegt den Regeln des Europäischen Übereinkommens vom 30. September 1957 über die internationale Beförderung gefährlicher Güter auf der Straße (ADR-Übereinkommen) (BGBl. 1969 II S. 1489), deren Übersetzung in deutscher Sprache sich aus den in den Anlagen A und B zu dieser Verordnung über die ganze Seite sowie rechts vom mittleren Trennungsstrich abgedruckten Vorschriften ergibt. Im übrigen gelten die Vorschriften dieser Verordnung für grenzüberschreitende Beförderungen nur, soweit dies ausdrücklich bestimmt ist.

(4) Folgende Vorschriften der Anlagen A und B gelten in der für innerstaatliche Beförderungen anzuwendenden Fassung auch für grenzüberschreitende Beförderungen:

Anlage A

Randnummer 2002 Abs. 3 Satz 2,

Anlage B

Randnummer 10 003,
           10 118 Abs. 5 Satz 4,
           10 130 Abs. 1 Satz 4 und 5,

           10 204 Abs. 4,
           10 240 Abs. 5,
           10 260 Abs. 3,
           10 315 Abs. 7 Satz 1,
           10 353 Satz 3,
           10 381 Abs. 1, Abs. 2 Buchstabe e und Abs. 3,

Randnummer 10 385 Abs. 1 Satz 1 und Abs. 3,
           10 500 Abs. 10 (ausgenommen die Vorschriften über die Warntafelhalterung) und 11,

Randnummer 11 311 Satz 2,
           11 401 Abs. 4,
           51 220 Abs. 4 Satz 1,
           52 401 Satz 3,
           71 500 Abs. 2 Satz 2 2. Halbsatz und Satz 3,

Randnummer 211 170 Satz 2,
           211 172 Abs. 6,
           211 270 Satz 3,
           211 371 Satz 2,
           211 673 Satz 2,
           211 771 Satz 2.

§ 2
Begriffsbestimmungen

(1) Im Sinne dieser Verordnung

1. sind gefährliche Güter die den in der Anlage A Randnummer 2002 Abs. 2 in Verbindung mit Absatz 1 Sätze 3 bis 5 aufgeführten einzelnen Klassen zugehörenden Güter;

2. ist Beförderer, wer das Fahrzeug für die Ortsveränderung des Gutes verwendet;

3. ist Absender, wer mit dem Beförderer einen Beförderungsvertrag abschließt; wird kein Beförderungsvertrag abgeschlossen, so gilt der Beförderer als Absender;

4. ist Verlader, wer als unmittelbarer Besitzer das Gut dem Beförderer zur Beförderung übergibt oder selbst befördert;

5. ist Fahrzeugführer, wer das Fahrzeug lenkt;

6. sind behördlich anerkannte Sachverständige, soweit in den Anlagen A und B nicht ausdrücklich etwas anderes bestimmt ist, die Sachverständigen nach § 9 Abs. 3 Nr. 2.

(2) Absatz 1 gilt auch für grenzüberschreitende Beförderungen.

§ 3

Zulassung zur Beförderung

(1) Gefährliche Güter dürfen auf der Straße nur befördert werden, wenn sie nach der Anlage A Randnummer 2002 Abs. 1 Sätze 3 bis 5 zur Beförderung zugelassen sind. Der Verlader darf gefährliche Güter dem Beförderer nur übergeben, wenn sie zur Beförderung zugelassen sind. Der Beförderer ist verpflichtet, anhand der ihm vorgelegten Begleitpapiere nachzuprüfen, ob die gefährlichen Güter nach der Anlage A Randnummer 2002 Abs. 1 Sätze 3 bis 5 zur Beförderung zugelassen sind.

(2) Absatz 1 gilt auch für grenzüberschreitende Beförderungen.

§ 4

Sicherheitspflichten

(1) Die an der Beförderung gefährlicher Güter Beteiligten haben die nach Art und Ausmaß der vorhersehbaren Gefahren erforderlichen Vorkehrungen zu treffen, um Schadensfälle zu verhindern und bei Eintritt eines Schadens dessen Umfang so gering wie möglich zu halten.

(2) Der Absender muß den Beförderer und der Verlader muß den Fahrzeugführer auf das gefährliche Gut und dessen Bezeichnung (Benennung, Klasse, Ziffer und ggf. Buchstabe der Stoffaufzählung) sowie ggf. auf die Erlaubnispflicht (§ 7) hinweisen. Wird der Absender im Auftrage eines anderen tätig, so hat der Auftraggeber den Absender in gleicher Weise zu unterrichten. Die Sorgfaltspflichten des Beförderers werden hierdurch nicht berührt.

(3) Wer eigenverantwortlich Versandstücke zum Zwecke der Beförderung gefährlicher Güter verpackt oder verpacken läßt, muß die Vorschriften über

1. die Verpackung nach der Anlage A Klassen 1 a bis 6.2 und 8, jeweils Abschnitt 2. A.1 und 2, sowie der Klasse 7 Blätter 1 bis 11, jeweils Nummer 2,

2. das Zusammenpacken nach der Anlage A Klassen 1 a bis 6.2 und 8, jeweils Abschnitt 2. A.3, sowie Anlage A Anhang A.6 Randnummer 3650,

3. die Kennzeichnung nach der Anlage A Klassen 1 a bis 6.2 und 8, jeweils Abschnitt 2.A.4, sowie der Klasse 7 Blätter 1 bis 11, jeweils Nummern 1 und 6,

4. die Verpackung nach der Anlage A Klasse 9 Abschnitt 2.A und die Vorschriften der Randnummer 2020 Abs. 2 bis 4

beachten.

(4) Der Verlader muß bei der Übergabe gefährlicher Güter zur Beförderung prüfen, ob deren Verpackung unbeschädigt ist. Ein Versandstück, dessen Verpackung beschädigt, insbesondere undicht ist, so daß gefährliches Gut austritt oder austreten kann, darf zur Beförderung erst übergeben werden, wenn der Mangel beseitigt worden ist.

(5) Der Fahrzeugführer darf kein Versandstück befördern, dessen Verpackung beschädigt, insbesondere undicht ist, so daß gefährliches Gut austritt oder austreten kann.

(6) Der Verlader darf gefährliche Güter zur Beförderung in loser Schüttung oder in Containern nur übergeben und der Beförderer sie nur befördern, wenn die Beförderungsart nach Anlage B Randnummer 10 003 Abs. 1 zulässig ist.

(7) Die Vorschriften der Anlage B Randnummer 10 003 über

1. Bau und Ausrüstung der Fahrzeuge (Randnummer 10 003 Abs. 2) muß der Halter,

2. Beladen, Zusammenladen und Handhabung (Randnummer 10 003 Abs. 3 und 4) muß der Verlader, Beförderer, Fahrzeugführer oder Beifahrer, über Entladen (Randnummer 10 003 Abs. 4) muß der Beförderer, Fahrzeugführer, Beifahrer oder Empfänger,

3. Durchführung der Beförderung und Überwachung beim Parken (Randnummer 10 003 Abs. 3) muß der Fahrzeugführer

beachten.

(8) Die Absätze 1, 2, 3 Nr. 1 und 2 und die Absätze 4, 6 und 7 gelten auch für grenzüberschreitende Beförderungen.

§ 5

Ausnahmen

(1) Die nach Landesrecht zuständigen Stellen können auf Antrag für Einzelfälle oder allgemein für bestimmte Antragsteller Ausnahmen von dieser Verordnung zulassen.

(2) Ausnahmen dürfen nur zugelassen werden, wenn

1. der technische Fortschritt dies rechtfertigt, das Gut sonst von der Beförderung ausgeschlossen wäre oder die Einhaltung einer Bestimmung unzumutbar ist und

2. sichergestellt ist, daß Sicherheitsvorkehrungen, die nach den von dem Gut ausgehenden Gefahren erforderlich sind, dem Stand von Wissenschaft und Technik entsprechen; entsprechen die Sicherheitsvorkehrungen nicht dem Stand von Wissenschaft und Technik, so muß die Zulassung der Ausnahme im Hinblick auf die verbleibenden Gefahren als vertretbar angesehen werden können.

(3) Über die erforderlichen Sicherheitsvorkehrungen ist bei Abweichungen von den Anlagen A und B vom Antragsteller ein Gutachten von Sachverständigen für gefährliche Güter, für Fahrzeug- und Behälterbau oder für andere mit der Beförderung gefährlicher Güter zusammenhängende Fragen vorzulegen. In den Fällen des Absatzes 2 Nr. 2 2. Halbsatz müssen in diesem Gutachten auch die verbleibenden Gefahren dargestellt werden; außerdem muß begründet werden, weshalb die Zulassung der Ausnahme im Hinblick auf die verbleibenden Gefahren als vertretbar angesehen wird. Die nach Landesrecht zuständige Stelle kann die Vorlage weiterer Gutachten auf Kosten des Antragstellers verlangen oder im Benehmen mit dem Antragsteller weitere Gutachten selbst anfordern.

(4) Werden Ausnahmen nach Absatz 1 zugelassen, so sind diese schriftlich und unter dem Vorbehalt des Widerrufs für den Fall zu erteilen, daß sich die auferlegten Sicherheitsvorkehrungen als unzureichend zur Ein-

schränkung der von der Beförderung ausgehenden Gefahren herausstellen. Ausnahmen dürfen höchstens für die Dauer von drei Jahren zugelassen werden.

(5) Der Bundesminister der Verteidigung, der Bundesminister des Innern, die Innenminister (-senatoren) der Länder und die für die Kampfmittelbeseitigung zuständigen obersten Landesbehörden oder die von ihnen bestimmten Stellen können von den §§ 2 bis 4 Abs. 3 bis 7, den §§ 6, 7 und 11 sowie der Anlage A Randnummer 2002 Abs. 3 und 4 und der Anlage B Randnummern 10 240 Abs. 5, 10 260 Abs. 3 und 4, 10 315, 10 381 und 10 500 Ausnahmen zulassen, soweit Gründe der Verteidigung, polizeiliche Aufgaben, Aufgaben der Feuerwehren oder Aufgaben der Kampfmittelräumung dies erfordern und die öffentliche Sicherheit gebührend berücksichtigt ist. Absatz 2 Nr. 2 ist anzuwenden.

§ 6

Baumusterzulassungen, Prüfbescheinigungen

(1) Festverbundene Tanks, Aufsetztanks und Gefäßbatterien sind nach dem Verfahren der Anlage B Anhang B.1 a Randnummer 211 140 und Tankcontainer nach dem Verfahren der Anlage B Anhang B.1 b Randnummer 212 140 zuzulassen. Die Zulassung wird für ein Baumuster erteilt. Die Baumusterzulassung ist zu erteilen, wenn das Baumuster des festverbundenen Tanks, des Aufsetztanks und der Gefäßbatterien den Anforderungen der Anlage B Anhang B.1 a oder das Baumuster des Tankcontainers den Anforderungen der Anlage B Anhang B.1 b entspricht. In Zulassung muß bestimmt werden, für welche gefährlichen Güter der Tank verwendet werden darf. Die Baumusterzulassung kann außer nach den Vorschriften der Verwaltungsverfahrensgesetze widerrufen werden, soweit dies zur Abwehr der von der Beförderung gefährlicher Güter ausgehenden Gefahren nach § 2 Abs. 1 des Gesetzes über die Beförderung gefährlicher Güter erforderlich ist. Sie kann unter den gleichen Voraussetzungen inhaltlich beschränkt, mit einer Bedingung erlassen oder mit einer Auflage, Änderung oder Ergänzung der Auflage versehen werden.

(2) Vor der erstmaligen Inbetriebnahme eines Tankfahrzeugs, eines Aufsetztanks, einer Gefäßbatterie oder eines Tankcontainers sind diese nach Anlage B Anhang B. 1 a oder Anhang B. 1 b zu prüfen. Tankfahrzeuge sind außerdem daraufhin zu prüfen, ob sie den Vorschriften der Anlage B, I. und II. Teil, entsprechen. Genügen das Tankfahrzeug, der Aufsetztank oder die Gefäßbatterie den erwähnten Vorschriften, ist vom amtlichen oder amtlich anerkannten Sachverständigen nach § 9 Abs. 3 Nr. 2 eine Prüfbescheinigung nach dem Muster in Anlage B Anhang B. 3 a auszustellen. In die Prüfbescheinigung sind auch Bedingungen und Auflagen der Baumusterzulassung nach Absatz 1 Satz 6 zu übernehmen, soweit sie von den an der Beförderung Beteiligten zu beachten sind. Die Zulassungsstelle nach § 23 der Straßenverkehrs-Zulassungs-Ordnung oder der Sachverständige nach § 9 Abs. 3 Nr. 2 hat im Fahrzeugschein des Tankfahrzeugs durch Stempelaufdruck zu vermerken: „Baumuster zugelassen nach GGVS".

(3) Tankfahrzeuge, Aufsetztanks, Gefäßbatterien und Tankcontainer unterliegen den in der Anlage B Anhang B. 1 a Randnummern 211 151 und 211 152 sowie Anhang B. 1 b Randnummern 212 151 und 212 152 vorgesehenen wiederkehrenden Prüfungen. Werden die Prüfungsanforderungen erfüllt, so ist – außer bei Tankcontainern – vom amtlichen oder amtlich anerkannten Sachverständigen nach § 9 Abs. 3 Nr. 2 ein entsprechender Vermerk in die Prüfbescheinigung einzutragen.

(4) Beförderungseinheiten der Fahrzeugklasse B. III (Anlage B Randnummer 11 205 Abs. 2 Buchstabe c), Trägerfahrzeuge von Aufsetztanks sowie Sattelzugmaschinen, die zum Betrieb von Tankfahrzeugen oder Trägerfahrzeugen von Aufsetztanks bestimmt sind, sind vor der ersten Inbetriebnahme daraufhin zu prüfen, ob sie für eine ordnungsgemäße Kennzeichnung nach Anlage B Randnummer 10 500 ausgerüstet sind sowie der Anlage B, I. und II. Teil jeweils Abschnitt 2, für die Beförderung der gefährlichen Güter, für die sie verwendet werden sollen, entsprechen. Genügen die Fahrzeuge den erwähnten Vorschriften, ist vom amtlichen oder amtlich anerkannten Sachverständigen für den Kraftfahrzeugverkehr nach § 9 Abs. 3 Nr. 3 eine Prüfbescheinigung auszustellen, und zwar für Beförderungseinheiten der Fahrzeugklasse B. III nach Anlage B Anhang B. 3 b und für die übrigen Fahrzeuge nach Anlage B Anhang B. 3 a; der Sachverständige oder die Zulassungsstelle nach § 23 der Straßenverkehrs-Zulassungs-Ordnung vermerken durch Stempelaufdruck im Fahrzeugschein „Geprüft nach § 6 Abs. 4 der GGVS".

(5) Die elektrische Ausrüstung nach Anlage B Anhang B. 2 Randnummer 220 000 der Tankfahrzeuge, der Beförderungseinheiten der Fahrzeugklasse B. III, der Trägerfahrzeuge von Aufsetztanks sowie der Sattelzugmaschinen von Tankfahrzeugen und Trägerfahrzeugen von Aufsetztanks ist wiederkehrend zu prüfen. Die Prüffrist beträgt für Beförderungseinheiten der Fahrzeugklasse B. III fünf Jahre und für die übrigen Fahrzeuge drei Jahre. Entspricht die elektrische Ausrüstung der Anlage B, ist von dem nach § 9 Abs. 3 Nr. 2 oder 3 zuständigen Sachverständigen bei Tankfahrzeugen in der Prüfbescheinigung nach Absatz 2, bei den übrigen Fahrzeugen in der Prüfbescheinigung nach Absatz 4 ein entsprechender Prüfvermerk einzutragen.

(6) In der Hauptuntersuchung nach § 29 der Straßenverkehrs-Zulassungs-Ordnung von Tankfahrzeugen, Beförderungseinheiten der Fahrzeugklasse B. III, Trägerfahrzeugen von Aufsetztanks sowie Sattelzugmaschinen von Tankfahrzeugen und Trägerfahrzeugen von Aufsetztanks, in deren Fahrzeugschein ein Vermerk nach den Absätzen 2 oder 4 eingetragen ist, ist durch äußere Besichtigung zu prüfen, ob diese Fahrzeuge für eine ordnungsgemäße Kennzeichnung nach Anlage B Randnummer 10 500 ausgerüstet sind und ob die Vorschriften der Anlage B, I. und II. Teil jeweils Abschnitt 2, eingehalten sind. Bei Tankfahrzeugen ist ferner durch die äußere Besichtigung des Tanks festzustellen, ob dieser Mängel aufweist und ob die wiederkehrenden Prüfungen nach Absatz 3 in der Bescheinigung nach Absatz 2 bestätigt worden sind. Die Prüfplakette darf nur zugeteilt werden, wenn das Fahrzeug der Straßenverkehrs-Zulassungs-Ordnung entspricht, für eine ordnungsgemäße Kennzeichnung nach Anlage B Randnummer 10 500 ausgerüstet ist und keine durch äußere Besichtigung erkennbaren sicherheitstechnischen Mängel festgestellt worden sind.

(7) Der Beförderer darf Tankfahrzeuge, Aufsetztanks, Gefäßbatterien, Beförderungseinheiten der Fahrzeugklasse B. III, Trägerfahrzeuge von Aufsetztanks sowie Sattelzugmaschinen von Tankfahrzeugen und Trägerfahrzeugen von Aufsetztanks nur zur Beförderung der gefährlichen Güter verwenden, die in der Prüfbescheinigung nach den Absätzen 2 oder 4 oder in der Erklärung nach Anlage B Anhang B. 3 c aufgeführt sind. Tankfahrzeuge, Beförderungseinheiten der Fahrzeugklasse B. III, Trägerfahrzeuge von Aufsetztanks sowie Sattelzugmaschinen von Tankfahrzeugen und Trägerfahrzeugen von Aufsetztanks dürfen zur Beförderung gefährlicher Güter außerdem nur verwendet werden, wenn ein Vermerk nach den Absätzen 2 oder 4 im Fahrzeugschein eingetragen ist. Der Fahrzeugführer hat Fahrzeugscheine von Anhängern, die einen solchen Vermerk tragen, stets mitzuführen. Der Verlader hat dafür zu sorgen, daß gefährliche Güter zur Beförderung in festverbundenen Tanks, Aufsetztanks, Gefäßbatterien oder Beförderungseinheiten der Fahrzeugklasse B. III dem Fahrzeugführer oder Beförderer nur übergeben werden, wenn die nach den Absätzen 2 und 4 für die Tanks und die Fahrzeuge (einschließlich Sattelzugmaschinen) vorgeschriebenen Prüfbescheinigungen mit den erforderlichen Prüfvermerken oder die Erklärungen nach Anlage B Anhang B. 3 c vorliegen und in ihnen das zu befördernde Gut bezeichnet ist.

(8) Der Vermerk im Fahrzeugschein nach den Absätzen 2 oder 4 ist auf Antrag des Halters von der Zulassungsstelle nach § 23 der Straßenverkehrs-Zulassungs-Ordnung zu streichen. Damit erlischt das Recht zur Beförderung gefährlicher Güter mit dem betreffenden Fahrzeug.

(9) Wer den Tankcontainer befüllt, darf nur solche Güter einfüllen und sie mit dem Tankcontainer zur Beförderung übergeben, die in der Baumusterzulassung oder in der Erklärung nach Anlage B Anhang B. 3 c aufgeführt sind und muß etwaige Auflagen der Baumusterzulassung für das zu befördernde Gut beachten.

§ 7

**Beförderungserlaubnis
für Güter der Listen I und II**

(1) Die Beförderung der in der Anlage B Anhang B. 8 Randnummer 280 001 Listen I und II aufgeführten Güter bedarf in dem in den Bemerkungen zu Randnummer 280 001 festgelegten Rahmen der Erlaubnis der Straßenverkehrsbehörde. Die Erlaubnis wird dem Beförderer erteilt, wenn die Anforderungen an den Bau, die Ausrüstung und die Prüfung der Beförderungsmittel nach dieser Verordnung oder, soweit es sich um grenzüberschreitende Beförderungen handelt, nach Anlage B des ADR-Übereinkommens (§ 1 Abs. 3 Satz 1) erfüllt sind. Die Erlaubnis kann mit Nebenbestimmungen versehen werden. Die Erlaubnis darf nur unter dem Vorbehalt erteilt werden, daß sie widerrufen wird, wenn sich die geltenden Sicherheitsvorschriften oder die Nebenbestimmungen als unzureichend zur Einschränkung der von der Beförderung ausgehenden Gefahren herausstellen.

(2) Soll die Beförderung in Tankfahrzeugen, Aufsetztanks, Gefäßbatterien oder Tankcontainern durchgeführt werden, die auf Grund der Übergangsregelung des § 11 zur Beförderung gefährlicher Güter weiterverwendet werden dürfen, aber noch nicht den technischen Anforderungen dieser Verordnung entsprechen, soll dies durch Nebenbestimmungen berücksichtigt werden. Zur Vorbereitung ihrer Entscheidung kann die Straßenverkehrsbehörde die Beibringung eines Gutachtens von Sachverständigen nach § 9 Abs. 3 auf Kosten des Antragstellers über die am Fahrzeug, am festverbundenen Tank, am Aufsetztank, an der Gefäßbatterie oder am Tankcontainer durch technische Maßnahmen getroffene Vorsorge anordnen.

(3) Bei Gütern der Anlage B Anhang B. 8 Randnummer 280 001 Liste I ist die Erlaubnis zu versagen, wenn das gefährliche Gut in einem Gleis- oder Hafenanschluß verladen und entladen werden kann, es sei denn, daß die Entfernung auf dem Schienen- oder Wasserweg mindestens doppelt so groß ist wie die tatsächliche Entfernung auf der Straße. Die Erlaubnis ist auf die Beförderung zum und vom nächsten geeigneten Bahnhof oder Hafen zu beschränken, wenn das gefährliche Gut in Tankcontainern verladen ist oder verladen werden kann, die gesamte Beförderungsstrecke im Geltungsbereich dieser Verordnung mehr als 200 Kilometer beträgt und das Gut auf dem größeren Teil dieser Strecke mit der Eisenbahn oder dem Schiff befördert werden kann.

(4) Der Geltungsbereich jeder Erlaubnis ist festzulegen. Geht die Fahrt über das Land hinaus, so hat die Straßenverkehrsbehörde diejenige höhere Verwaltungsbehörde, durch deren Bezirk die Fahrt in den anderen Ländern zuerst geht, zu den vorgesehenen Nebenbestimmungen zu hören. Ihre Zustimmung ist nur hinsichtlich des Fahrweges erforderlich. Die Erlaubnis kann für eine einzelne Fahrt oder für eine begrenzte oder unbegrenzte Zahl von Fahrten innerhalb einer bestimmten Zeit von höchstens drei Jahren erteilt werden.

(5) Der Beförderer hat den Erlaubnisbescheid dem Fahrzeugführer vor Beförderungsbeginn zu übergeben.

(6) Die Absätze 1 bis 5 gelten auch für grenzüberschreitende Beförderungen. Absatz 3 findet keine Anwendung auf Beförderungen von und nach Berlin (West) und den Verkehr mit der Deutschen Demokratischen Republik und Berlin (Ost).

§ 8

Sonderrechte

(1) Die Truppen der nichtdeutschen Vertragsstaaten des Zusatzabkommens vom 3. August 1959 zu dem Abkommen zwischen den Parteien des Nordatlantikvertrages über die Rechtsstellung ihrer Truppen hinsichtlich der in der Bundesrepublik Deutschland stationierten ausländischen Truppen, Anlage zum Gesetz zum NATO-Truppenstatut und zu den Zusatzvereinbarungen vom 18. August 1961 (BGBl. II S. 1183, 1218), wenden bei der Beförderung gefährlicher Güter auf der Straße in truppeneigenen Fahrzeugen ihre Vorschriften an, soweit diese gleichwertige oder höhere Anforderungen als diese Verordnung stellen. An die Stelle der Erlaubnis nach § 7 tritt der Beförderungsauftrag der zuständigen Behörde der Truppe. Soweit die Truppen diese Verordnung anwenden, bestimmt die Behörde der Truppe, die den Beförderungsauftrag erteilt, ob und in welchem

Umfang im Sinne des § 5 Abs. 5 von den Anforderungen dieser Verordnung abgewichen werden darf.

(2) Verpflichtungen der Bundesrepublik Deutschland aus zwischenstaatlichen Verträgen bleiben unberührt.

(3) Die Absätze 1 und 2 gelten auch für grenzüberschreitende Beförderungen.

§ 9

Zuständigkeiten

(1) Die Erlaubnis nach § 7 Abs. 1 erteilt für Einzelfahrten die Straßenverkehrsbehörde, in deren Bezirk die erlaubnispflichtige Beförderung beginnt. Die zeitlich befristete Erlaubnis für eine begrenzte oder unbegrenzte Zahl von Fahrten erteilt

1. die Straßenverkehrsbehörde, in deren Bezirk der Beförderer seinen Wohnort, seinen Sitz oder eine Zweigniederlassung hat oder,

2. falls Wohnort, Sitz oder Zweigniederlassung außerhalb des Geltungsbereichs dieser Verordnung liegen, die Straßenverkehrsbehörde, in deren Bezirk die erlaubnispflichtige Beförderung beginnt.

Ist neben der Erlaubnis eine Ausnahmezulassung erforderlich, so kann auch die für die Ausnahmezulassung nach § 5 zuständige Landesbehörde die Erlaubnis erteilen. Wird die Ladung außerhalb des Geltungsbereichs dieser Verordnung aufgenommen, so beginnt die erlaubnispflichtige Beförderung an der Grenzübergangsstelle.

(2) Welche Stelle Straßenverkehrsbehörde ist, richtet sich nach Landesrecht.

(3) Zuständig sind für

1. die Baumusterzulassung von festverbundenen Tanks, Aufsetztanks und Gefäßbatterien die nach Landesrecht zuständigen Behörden, für die Baumusterzulassung von Tankcontainern die Bundesanstalt für Materialprüfung, für die Baumusterprüfung die amtlichen oder amtlich für Prüfungen von Anlagen nach § 24 Abs. 3 Nr. 2 oder 9 der Gewerbeordnung anerkannten Sachverständigen nach § 24 c der Gewerbeordnung;

2. die sonstigen Prüfungen der Tanks und der Tankfahrzeuge und für die erstmaligen und wiederkehrenden Prüfungen von Druckgefäßen die amtlichen oder amtlich für Prüfungen von Anlagen nach § 24 Abs. 3 Nr. 2 oder 9 der Gewerbeordnung anerkannten Sachverständigen nach § 24 c der Gewerbeordnung sowie die nach Rechtsverordnungen auf Grund des § 24 Abs. 1 der Gewerbeordnung für die Prüfung dieser Anlagen amtlich anerkannten Sachverständigen;

3. die sonstigen Prüfungen von Fahrzeugen, ausgenommen Tankfahrzeuge, die amtlich anerkannten Sachverständigen für den Kraftfahrzeugverkehr;

4. die Untersuchungen der Fahrzeuge und Besichtigungen der Tanks nach § 6 Abs. 6 die für die Hauptuntersuchung nach § 29 der Straßenverkehrs-Zulassungs-Ordnung zuständigen Stellen oder Personen;

5. die Bauartprüfung und -zulassung von Verpackungen nach Anlage A Anhang A. 5 Randnummer 3550 Abs. 1 und die Baumusterprüfung nach Anlage A

Randnummer 2002 Abs. 13 die Bundesanstalt für Materialprüfung; sie kann die Bauartprüfung von Herstellern oder Verwendern einer Verpackung oder von sonstigen Prüfstellen anerkennen. Das Verfahren richtet sich nach den vom Bundesminister für Verkehr im Verkehrsblatt bekanntgegebenen Richtlinien über die Bauartprüfung, die Erteilung der Kennzeichnung und die Zulassung von Verpackungen für die Beförderung gefährlicher Güter, die sich auf diese Vorschriften beziehen.

(4) Für die Dienstbereiche der Bundeswehr und des Bundesgrenzschutzes werden, soweit dies Gründe der Verteidigung oder die Aufgaben des Bundesgrenzschutzes erfordern, die Zuständigkeiten hinsichtlich der Prüfungen der Tanks und der Fahrzeuge nach § 6 sowie hinsichtlich der Beförderungserlaubnis nach § 7 durch Sachverständige oder Dienststellen wahrgenommen, die der Bundesminister der Verteidigung oder der Bundesminister des Innern bestellt hat.

(5) Die Absätze 1 und 3 Nr. 1, 2 und 5 und Absatz 4 gelten auch für grenzüberschreitende Beförderungen.

§ 10

Ordnungswidrigkeiten

(1) Ordnungswidrig im Sinne des § 10 Abs. 1 Nr. 1 und Abs. 2 Satz 1 Nr. 1 des Gesetzes über die Beförderung gefährlicher Güter handelt, wer bei innerstaatlichen oder grenzüberschreitenden Beförderungen vorsätzlich oder fahrlässig

1. als Absender entgegen § 4 Abs. 2 Satz 1, auch in Verbindung mit Absatz 8, den Beförderer auf das gefährliche Gut, dessen Bezeichnung oder die Erlaubnispflicht nicht hinweist oder

2. als Verlader entgegen

   a) § 3 Abs. 1 Satz 2, auch in Verbindung mit Absatz 2, gefährliche Güter zur Beförderung übergibt,

   b) § 4 Abs. 2 Satz 1, auch in Verbindung mit Absatz 8, den Fahrzeugführer auf das gefährliche Gut, dessen Bezeichnung oder die Erlaubnispflicht nicht hinweist,

   c) § 4 Abs. 4 Satz 2, auch in Verbindung mit Absatz 8, das Versandstück ohne Beseitigung des Mangels zur Beförderung übergibt,

   d) § 4 Abs. 6, auch in Verbindung mit § 1 Abs. 4 und § 4 Abs. 8, dem Beförderer gefährliche Güter zur Beförderung übergibt,

   e) Anlage B Randnummer 10 385 Abs. 3, auch in Verbindung mit § 1 Abs. 4, nicht dafür sorgt, daß die schriftlichen Weisungen (Unfallmerkblätter) vor Beförderungsbeginn in den Besitz des Fahrzeugführers gelangen,

   f) Anlage B Randnummer 10 118 Abs. 5 Satz 4 oder 10 130 Abs. 1 Satz 4, auch in Verbindung mit § 1 Abs. 4, Gefahrzettel nicht anbringt,

   g) Anlage B Randnummer 10 500 Abs. 11 Satz 2, auch in Verbindung mit § 1 Abs. 4, Warntafeln nicht anbringt,

239

h) Anlage B Anhang B. 1 a Randnummer 211 172 Abs. 6 Satz 1, auch in Verbindung mit § 1 Abs. 4, den höchstzulässigen Füllungsgrad oder die höchstzulässige Masse der Füllung dern Fahrzeugführer nicht angibt oder

i) Anlage B Anhang B. 1 a Randnummer 211 172 Abs. 6 Satz 3, auch in Verbindung mit § 1 Abs. 4, nicht dafür sorgt, daß nicht befördert wird, oder

3. als Beförderer

a) entgegen § 3 Abs. 1 Satz 1, auch in Verbindung mit Absatz 2, gefährliche Güter befördert,

b) entgegen § 4 Abs. 6, auch in Verbindung mit § 1 Abs. 4 und § 4 Abs. 8, gefährliche Güter befördert,

c) entgegen § 7 Abs. 1 Satz 1, auch in Verbindung mit Absatz 6 Satz 1, gefährliche Güter ohne die erforderliche Erlaubnis befördert,

d) einer im Rahmen einer Erlaubnis nach § 7 Abs. 1 Satz 3, auch in Verbindung mit Absatz 6 Satz 1, erteilten vollziehbaren Auflage zuwiderhandelt,

e) entgegen § 7 Abs. 5, auch in Verbindung mit Absatz 6 Satz 1, den Erlaubnisbescheid vor Beförderungsbeginn nicht übergibt,

f) entgegen Anlage A Randnummer 2002 Abs. 3 Satz 2, auch in Verbindung mit § 1 Abs. 4, nicht dafür sorgt, daß das Beförderungspapier dem Fahrzeugführer vor Beförderungsbeginn übergeben wird,

g) entgegen Anlage B Randnummer 10 204 Abs. 4, auch in Verbindung mit § 1 Abs. 4, Vorschriften der Anlage B Randnummer 10 204 Abs. 1, 11 204, 41 204, 42 204, 43 204 oder 52 204 über die Fahrzeugarten nicht beachtet,

h) entgegen Anlage B Randnummer 10 315 Abs. 7 Satz 1, auch in Verbindung mit § 1 Abs. 4, nicht dafür sorgt, daß nur geschulte Fahrzeugführer eingesetzt werden,

i) einer Vorschrift der Anlage B Anhang B. 1 a Randnummern 211 270 bis 211 273, auch in Verbindung mit § 1 Abs. 4, über die wechselweise Verwendung der Tanks zuwiderhandelt oder

j) entgegen Anlage B Anhang B. 1 a Randnummer 211 371, 211 673 oder 211 771, auch in Verbindung mit § 1 Abs. 4, Tanks zur Beförderung verwendet oder

4. als Fahrzeugführer entgegen

a) § 4 Abs. 7 Nr. 3, auch in Verbindung mit Absatz 8 und § 1 Abs. 4, die Vorschriften über die Durchführung der Beförderung oder die Überwachung beim Parken nicht beachtet,

b) Anlage B Randnummer 10 240 Abs. 5, auch in Verbindung mit § 1 Abs. 4, Feuerlöschgeräte nicht mitführt oder zur Prüfung nicht vorzeigt oder nicht aushändigt,

c) Anlage B Randnummer 10 260 Abs. 1 in Verbindung mit Absatz 3, auch in Verbindung mit § 1 Abs. 4, Ausrüstungsgegenstände nicht mitführt oder zur Prüfung nicht vorzeigt oder nicht aushändigt,

d) Anlage B Randnummer 10 315 Abs. 1 oder 2 die vorgeschriebene Bescheinigung nicht besitzt,

e) Anlage B Randnummer 10 353 Satz 1 oder 2 in Verbindung mit Satz 3, auch in Verbindung mit § 1 Abs. 4, nicht für die Einhaltung der Vorschriften über das Betreten des Fahrzeugs mit Beleuchtungsgeräten sorgt,

f) Anlage B Randnummer 10 381 Abs. 1 oder 2 Satz 1 Buchstabe e Begleitpapiere nicht mitführt oder entgegen Absatz 3 Begleitpapiere zur Prüfung nicht vorzeigt oder nicht aushändigt, jeweils auch in Verbindung mit § 1 Abs. 4,

g) Anlage B Randnummer 10 500 Abs. 11 Satz 1, auch in Verbindung mit § 1 Abs. 4, nicht dafür sorgt, daß eine Warntafel oder Kennzeichnungsnummer angebracht, sichtbar gemacht, verdeckt oder entfernt wird,

h) Anlage B Randnummer 10 500 Abs. 11 Satz 3, auch in Verbindung mit § 1 Abs. 4, Gefahrzettel nicht anbringt, nicht sichtbar macht, nicht verdeckt oder nicht entfernt,

i) Anlage B Randnummer 10 507 Satz 1 die nächsten zuständigen Behörden nicht oder nicht rechtzeitig benachrichtigt oder benachrichtigen läßt,

j) Anlage B Randnummer 51 220 Abs. 4 Satz 1 in Verbindung mit Satz 3, auch in Verbindung mit § 1 Abs. 4, Wasser nicht mitführt oder

k) Anlage B Randnummer 71 500 Abs. 2 Satz 2 zweiter Halbsatz oder Satz 3, auch in Verbindung mit § 1 Abs. 4, die vorgeschriebenen Zettel nicht anbringt, nicht verdeckt oder nicht entfernt oder

5. als Beifahrer entgegen

a) Anlage B Randnummer 10 240 Abs. 5, auch in Verbindung mit § 1 Abs. 4, Feuerlöschgeräte nicht mitführt oder zur Prüfung nicht vorzeigt oder nicht aushändigt oder

b) Anlage B Randnummer 10 260 Abs. 1 in Verbindung mit Absatz 3, auch in Verbindung mit § 1 Abs. 4, Ausrüstungsgegenstände nicht mitführt oder zur Prüfung nicht vorzeigt oder nicht aushändigt oder

6. als Halter entgegen

a) § 4 Abs. 7 Nr. 1, auch in Verbindung mit Absatz 8 und § 1 Abs. 4, die Vorschriften über den Bau oder die Ausrüstung der Fahrzeuge nicht beachtet,

b) Anlage B Randnummer 10 500 Abs. 10, auch in Verbindung mit § 1 Abs. 4, für die dort vorgeschriebene Ausrüstung des Fahrzeugs nicht sorgt oder

c) Anlage B Anhang B. 1 a Randnummer 211 170, auch in Verbindung mit § 1 Abs. 4, Tanks ohne die vorgeschriebene Mindestwanddicke verwendet oder

7. als Auftraggeber des Absenders entgegen § 4 Abs. 2 Satz 2, auch in Verbindung mit Absatz 8, den Absender auf das gefährliche Gut, dessen Bezeichnung oder die Erlaubnispflicht nicht hinweist,

1. als Absender entgegen

   a) Anlage A Randnummer 2002 Abs. 3 Satz 2 dem Beförderer die in das Beförderungspapier einzutragenden Vermerke nicht mitteilt,

   b) Anlage A Anhang A. 9 Randnummer 3901 Abs. 3 die vorgeschriebenen Gefahrzettel nicht anbringt,

   c) Anlage B Randnummer 71 500 Abs. 2 Satz 2 erster Halbsatz die vorgeschriebenen Zettel nicht anbringt oder

   d) Anlage B Anhang B. 1 a Randnummer 211 174 Satz 3 die Dichtheit der Verschlußeinrichtung nicht prüft oder

2. als Beförderer entgegen

   a) Anlage B Randnummer 10 385 Abs. 3 nicht dafür sorgt, daß das beteiligte Personal in der Lage ist, die Weisungen wirksam anzuwenden,

   b) Anlage B Randnummer 11 311 in Verbindung mit Randnummer 10 311 und § 1 Abs. 4 den Fahrzeugführer nicht durch einen zu seiner Ablösung befähigten Beifahrer begleiten läßt oder

   c) Anlage B Randnummer 11 401 Abs. 1, 2, 3 oder 52 401 in Verbindung mit Randnummer 11 401 Abs. 4 und § 1 Abs. 4 die Mengengrenzen nicht beachtet oder

3. als Fahrzeugführer entgegen Anlage B Randnummer 10 385 Abs. 1 Satz 1 in Verbindung mit § 1 Abs. 4 und mit Anlage B Randnummer 10 385 Abs. 2 Satz 2 eine Ausfertigung der Weisungen im Führerhaus nicht mitführt.

§ 11

Übergangsvorschriften

(1) Zu den nachstehend bezeichneten Bestimmungen dieser Verordnung gelten folgende Übergangsvorschriften:

1. Allgemeine Übergangsregelung:

Bis zum 31. Dezember 1985 dürfen innerstaatliche Beförderungen gefährlicher Güter nach den Vorschriften der Gefahrgutverordnung Straße in der Fassung der Bekanntmachung vom 29. Juni 1983 (BGBl. I S. 905) durchgeführt werden. Der Absender hat in diesen Fällen im Beförderungspapier bei der Bezeichnung des Gutes nach der Abkürzung „GGVS" das Wort „alt" einzutragen.

2. § 6 Abs. 1, 2 und 4, Anlage A Randnummer 2002 Abs. 3 Satz 5 und Abs. 13, Randnummern 2314, 2614, 2814, Anhang A. 5 und Anlage B Anhang B. 1 a Randnummer 211 171 Abs. 1 (Angabe von Klasse, Ziffer und Buchstaben der Klassen 3, 6.1 und 8):

Die vor Inkrafttreten dieser Verordnung für Stoffe der Klassen 3, 6.1 und 8 anzugebende Bezeichnung (Benennung, Klasse, Ziffer und Buchstaben) und die gegebenenfalls anzugebenden Vermerke dürfen weiterverwendet werden

   a) in Baumusterzulassungen nach § 6 Abs. 1, die bis zum Inkrafttreten dieser Verordnung erteilt sind, bis zum 30. Juni 1986;

   b) in Prüfbescheinigungen nach § 6 Abs. 2 und 4 und in Erklärungen nach Anlage B Anhang B. 3 c bis zur nächsten, nach dem 30. Juni 1986 stattfindenden wiederkehrenden Prüfung nach § 6 Abs. 3 oder 5. In diesen Fällen hat der Halter ab 1. Januar 1986 der Prüfbescheinigung und der Erklärung nach Anlage B Anhang B. 3 c eine von ihm unterschriebene Gegenüberstellung der zugelassenene Stoffe beizufügen, in der neben der Stoffbenennung jeweils die bis zum Inkrafttreten dieser Verordnung und die nach dieser Verordnung gültigen Klassen, Ziffern und Buchstaben anzugeben sind. Ordnungswidrig im Sinne des § 10 Abs. 1 Nr. 1 des Gesetzes über die Beförderung gefährlicher Güter handelt der Halter, der vorsätzlich oder fahrlässig entgegen Satz 2 eine Gegenüberstellung nicht oder mit unrichtigem Inhalt beifügt;

   c) in den Begleitpapieren abweichend von § 5 Abs. 4, § 7 Abs. 1, Anlage A Randnummer 2002 Abs. 3 Satz 5 und Anlage B Randnummer 10 385 Abs. 1 Nr. 1 bis zum 30. Juni 1986;

   d) in Baumusterzulassungen für Verpackungen, die bis zum Inkrafttreten dieser Verordnung erteilt sind, bis zum 31. Dezember 1986. Die in § 4 Abs. 3 genannten Personen sind verantwortlich, daß Verpackungen nur für die in der Baumusterzulassung angegebenen Stoffe verwendet werden. Ordnungswidrig im Sinne des § 10 Abs. 1 Nr. 1 des Gesetzes über die Beförderung gefährlicher Güter handelt, wer vorsätzlich oder fahrlässig entgegen Satz 2 nicht dafür sorgt, daß Verpackungen nur für die in der Baumusterzulassung angegebenen Stoffe verwendet werden.

3. § 6 Abs. 4 (Prüfbescheinigung):

Die besondere Zulassung nach § 6 der Verordnung über die Beförderung gefährlicher Güter auf der Straße in der Fassung der Bekanntmachung vom 28. September 1976 (BGBl. I S. 2888) für Sattelzugmaschinen, die keiner wiederkehrenden Prüfung zu unterziehen sind, gilt als Prüfbescheinigung nach § 6 Abs. 4. Der Vermerk im Fahrzeugschein „Besondere Zulassung für Gefahrguttransporte erteilt" gilt als Vermerk nach § 6 Abs. 4.

(2) Zu den nachstehend bezeichneten Bestimmungen der Anlage A gelten folgende Übergangsvorschriften:

1. Randnummer 2220 Abs. 1 und 2221 Abs. 1 (Gefäße für Kohlendioxid und Acetylen):

Kohlendioxid der Randnummer 2201 Ziffer 5 a) und Acetylen der Randnummer 2201 Ziffer 9 c) dürfen in Gefäßen befördert werden, die vor dem 1. Januar 1963 hergestellt sind, wenn von amtlichen oder amtlich anerkannten Sachverständigen nach § 9 Abs. 3 Nr. 2 dieser Verordnung geprüft worden ist, daß sie den Anforderungen des Artikels 2 der Verordnung zur Ablösung von Verordnungen nach § 24 der Gewerbeordnung vom 27. Februar 1980 – Druckbehälterordnung – (BGBl. I S. 173, 184) entsprechen. Für den bei der wiederkehrenden Prüfung anzuwendenden Prüfdruck und ihre höchstzulässige Füllung gelten die Werte, die für diese Gefäße nach der vorgenannten Verordnung zulässig sind.

241

8. entgegen § 4 Abs. 3 Nr. 1 oder 2, auch in Verbindung mit Absatz 8, eine dort aufgeführte Vorschrift über das Verpacken oder Zusammenpacken nicht beachtet,

9. als Empfänger entgegen

   a) Anlage B Randnummer 10 118 Abs. 5 Satz 4 oder 10 130 Abs. 1 Satz 5, auch in Verbindung mit § 1 Abs. 4, Gefahrzettel nicht verdeckt oder nicht entfernt oder

   b) Anlage B Randnummer 10 500 Abs. 11 Satz 2, auch in Verbindung mit § 1 Abs. 4, Warntafeln nicht entfernt oder

10. als Absender, Verlader, Beförderer, Fahrzeugführer, Beifahrer, Halter oder Empfänger das Rauchverbot der Anlage B Randnummer 10 374 nicht beachtet,

11. entgegen § 4 Abs. 7 Nr. 2, auch in Verbindung mit Absatz 8 und § 1 Abs. 4, als Verlader, Beförderer, Fahrzeugführer oder Beifahrer die Vorschriften über das Beladen, Zusammenladen oder die Handhabung oder als Beförderer, Fahrzeugführer, Beifahrer oder Empfänger die Vorschriften über das Entladen nicht beachtet oder

12. als Verlader, Beförderer, Fahrzeugführer, Beifahrer oder Empfänger einer Vorschrift der Anlage B Randnummer 31 410, 51 410, 61 410 oder 62 410 über Vorsichtsmaßnahmen bei Nahrungs-, Genuß- und Futtermitteln zuwiderhandelt.

(2) Ordnungswidrig im Sinne des § 10 Abs. 1 Nr. 1 des Gesetzes über die Beförderung gefährlicher Güter handelt, wer bei innerstaatlichen Beförderungen vorsätzlich oder fahrlässig

1. als Absender entgegen

   a) Anlage A Randnummer 2002 Abs. 3 Satz 1 ein Beförderungspapier nicht mitgibt oder

   b) Anlage A Randnummer 2010 Satz 2 oder Anlage B Randnummer 10 602 Satz 2 das Beförderungspapier nicht wie vorgeschrieben ausfüllt oder

2. als Verlader entgegen

   a) § 6 Abs. 7 Satz 4 nicht dafür sorgt, daß gefährliche Güter nur übergeben werden, wenn die Prüfbescheinigungen mit den erforderlichen Prüfvermerken oder die Erklärungen nach Anlage B Anhang B. 3 c vorliegen und in ihnen das zu befördernde Gut bezeichnet ist oder

   b) Anlage B Randnummer 71 500 Abs. 2 Satz 2 erster Halbsatz die vorgeschriebenen Zettel nicht anbringt oder

3. als Beförderer entgegen

   a) § 6 Abs. 7 Satz 1 oder 2 Beförderungsmittel verwendet,

   b) Anlage B Randnummer 10 260 Abs. 2 Satz 3, 21 260 Satz 3 oder 61 260 Satz 3 die erforderliche Schutzausrüstung nicht mitgibt,

   c) Anlage B Randnummer 10 311 Satz 1, 2 oder 3 in Verbindung mit Satz 7 oder entgegen Anlage B Randnummer 11 311 einen Beifahrer nicht mitgibt oder

   d) Anlage B Randnummer 11 401, 41 401 oder 52 401 Mengengrenzen nicht beachtet oder

4. als Fahrzeugführer entgegen

   a) § 4 Abs. 5 beschädigte Versandstücke befördert,

   b) § 6 Abs. 7 Satz 3 den Fahrzeugschein von Anhängern nicht mitführt,

   c) Anlage B Randnummer 10 260 Abs. 2 oder 4 in Verbindung mit Absatz 3 die Schutzausrüstung nicht mitführt oder zur Prüfung nicht vorzeigt oder nicht aushändigt,

   d) Anlage B Randnummer 10 385 Abs. 1, 5 Satz 1 in Verbindung mit Absatz 6 schriftliche Weisungen (Unfallmerkblätter) nicht oder nicht an der vorgeschriebenen Stelle mitführt,

   e) Anlage B Randnummer 10 385 Abs. 4 die erforderlichen Maßnahmen nicht trifft oder

   f) Anlage B Randnummer 10 385 Abs. 8 Satz 2 andere Unfallmerkblätter nicht wie vorgeschrieben aufbewahrt oder

5. als Beifahrer entgegen

   a) Anlage B Randnummer 10 260 Abs. 2 oder 4 in Verbindung mit Absatz 3 die Schutzausrüstung nicht mitführt oder zur Prüfung nicht vorzeigt oder nicht aushändigt oder

   b) Anlage B Randnummer 10 385 Abs. 4 die erforderlichen Maßnahmen nicht trifft oder

6. als Halter entgegen Anlage B Anhang B. 1 a Randnummer 211 153 oder Anhang B. 1 b Randnummer 212 153 eine außerordentliche Prüfung nicht durchführen läßt,

7. entgegen § 4 Abs. 3 Nr. 3 oder 4 eine dort aufgeführte Vorschrift über das Kennzeichnen oder Verpacken nicht beachtet oder

8. als Absender, Verlader, Beförderer, Fahrzeugführer, Beifahrer, Halter oder Empfänger entgegen

   a) Anlage B Randnummer 11 354 Satz 1 mit Feuer oder offenem Licht umgeht oder

   b) Anlage B Randnummer 11 354 Satz 2 Zündhölzer oder Feuerzeuge mitnimmt oder

9. als Betroffener einer im Rahmen

   a) einer Baumusterzulassung nach § 6 Abs. 1 Satz 6,

   b) einer Ausnahmezulassung nach § 5 oder

   c) einer Erklärung nach Anlage B Anhang B. 3 c

   erteilten vollziehbaren Auflage zuwiderhandelt oder

10. entgegen § 6 Abs. 9 Tankcontainer befüllt oder zur Beförderung übergibt oder einer vollziehbaren Auflage der Baumusterzulassung zuwiderhandelt oder

11. als verantwortliche Person nach Anlage B Randnummer 10 385 Abs. 1 Satz 3 Nr. 6 entgegen Randnummer 10 385 Abs. 1 Satz 3 in die schriftlichen Weisungen (Unfallmerkblätter) Angaben nicht, nicht richtig oder nicht vollständig aufnimmt.

(3) Ordnungswidrig im Sinne des § 10 Abs. 2 Satz 1 Nr. 1 des Gesetzes über die Beförderung gefährlicher Güter handelt, wer bei grenzüberschreitenden Beförderungen vorsätzlich oder fahrlässig

2. Randnummern 2312, 2612 und 2812 (Bezettelung der Versandstücke):

Soweit in den Randnummern 2312, 2612 und 2812 andere Gefahrzettel vorgeschrieben sind, dürfen bis zum 30. Juni 1986 an den Versandstücken die für den jeweiligen Stoff bis zum Inkrafttreten dieser Verordnung in der Anlage A Randnummern 2307, 2632 und 2824 vorgeschriebenen Gefahrzettel angebracht sein.

(3) Zu den nachstehend bezeichneten Bestimmungen der Anlage B gelten folgende Übergangsvorschriften:

1. Randnummer 10 260 Abs. 1 Satz 2 (Prüfzeichen für Warnleuchten):

Die Bestimmung gilt für Warnleuchten, die nach dem 1. November 1983 hergestellt werden.

2. Randnummer 10 315 (Bescheinigung für Klassen 3, 6.1 und 8):

Bescheinigungen, die vor dem Inkrafttreten dieser Verordnung für die Klassen 3, 6.1 oder 8 ausgestellt wurden, gelten bis zum nächsten Fortbildungslehrgang jeweils für Beförderungen von Stoffen der Klassen 3, 6.1 und 8.

3. Randnummer 10 315 Abs. 3 Satz 1 (auf einzelne Klassen beschränkte Schulung):

Ist vor dem 1. September 1983 eine Bescheinigung für einzelne Stoffe ausgestellt worden, so kann dem Inhaber auf Antrag während der Geltungsdauer eine Bescheinigung für die betreffende Klasse erteilt werden.

4. I. und II. Teil, Abschnitt 2 (Besondere Anforderungen an die Fahrzeuge und ihre Ausrüstung):

Fahrzeuge, die bis zum 31. August 1981 gebaut und in Verkehr gebracht wurden und die nicht den besonderen Anforderungen an die Fahrzeuge und ihre Ausrüstung (Anlage B, I. und II. Teil, Abschnitte 2) entsprechen, dürfen bis zum 31. August 1985 weiterverwendet werden, wenn sie der Verordnung über die Beförderung gefährlicher Güter auf der Straße in der Fassung der Bekanntmachung vom 28. September 1976 (BGBl. I S. 2888) entsprechen.

5. Anhang B. 1 a (Festverbundene Tanks, Aufsetztanks und Gefäßbatterien):

a) Festverbundene Tanks, Aufsetztanks und Gefäßbatterien, die bis zum 31. August 1981 gebaut und in den Verkehr gebracht wurden und die nicht der Anlage B Anhang B. 1 a entsprechen, dürfen bis zum 31. August 1985 weiterverwendet werden, wenn sie der Verordnung über die Beförderung gefährlicher Güter auf der Straße in der Fassung der Bekanntmachung vom 28. September 1976 (BGBl. I S. 2888) oder den Regelvorschriften des ADR-Übereinkommens für diese Güter entsprechen. Festverbundene Tanks, Aufsetztanks und Gefäßbatterien für die Beförderung von Gasen der Klasse 2 dürfen unter den Voraussetzungen des Satzes 1 bis zum 31. August 1991 weiterverwendet werden. Die Weiterverwendung über den in den Sätzen 1 und 2 genannten Zeitpunkt ist für Tanks für Stoffe der Klasse 2 unbefristet, für Tanks für Stoffe der Klassen 3 bis 8 bis 31. August 1994 zulässig, wenn die Ausrüstung

der Tanks der Anlage B Anhang B. 1 a entspricht. Die Wanddicken der Tanks für Stoffe der Klassen 3 bis 8 müssen jedoch mindestens einem Berechnungsdruck von 0,4 MPa (4 bar) (Überdruck) bei Baustahl und 200 kPa (2 bar) (Überdruck) bei Aluminium und Aluminiumlegierungen entsprechen. Für Tankquerschnitte, die nicht kreisförmig sind, wird der für die Berechnung dienende Durchmesser auf der Grundlage eines Kreises festgelegt, dessen Fläche dem tatsächlichen Querschnitt des Tanks entspricht. Die wiederkehrenden Prüfungen sind in diesem Fall nach Anlage B Anhang B. 1 a, I. und II. Teil jeweils Abschnitt 5, durchzuführen. Soweit ab 1. September 1979 ein höherer Prüfdruck vorgeschrieben ist, genügt bei Tanks aus Aluminium und Aluminiumlegierungen ein Prüfdruck von 200 kPa (2 bar) (Überdruck).

b) Unbefristet dürfen weiterverwendet werden festverbundene Tanks, Aufsetztanks und Gefäßbatterien für Stoffe der Klassen 3 bis 8, die in Wanddicke und Ausrüstung der Anlage B Anhang B. 1 a entsprechen.

c) Festverbundene Tanks, Aufsetztanks und Gefäßbatterien, die vor dem 1. August 1985 nach den Vorschriften des Anhangs B. 1 a, die zwischen dem 1. September 1979 und dem 30. Juni 1985 in Kraft waren, gebaut wurden, jedoch nicht den ab 1. August 1985 geltenden Vorschriften entsprechen, dürfen auch nach diesem Zeitpunkt verwendet werden.

6. Anhang B. 1 b (Tankcontainer):

a) Tankcontainer mit einem Fassungsraum von mindestens 1 000 Liter, die vor dem 1. September 1976 gebaut worden sind und die nicht der Anlage B Anhang B. 1 b entsprechen, dürfen weiterverwendet werden, wenn keine sicherheitstechnischen Bedenken bestehen und dies durch eine Bescheinigung der Bundesanstalt für Materialprüfung nachgewiesen wird.

b) Tankcontainer, die der Druckgasverordnung vom 20. Juni 1968 (BGBl. I S. 730), zuletzt geändert durch Artikel 2 der Verordnung vom 21. Juli 1976 (BGBl. I S. 1889), in der bis zum 30. Juni 1980 geltenden Fassung oder der Verordnung über brennbare Flüssigkeiten in der Fassung der Bekanntmachung vom 5. Juni 1970 (BGBl. I S. 689, 1449), geändert durch § 68 Abs. 5 des Gesetzes vom 15. März 1974 (BGBl. I S. 721), entsprechen und die bis zum 31. August 1978 hergestellt wurden, dürfen weiterverwendet werden.

c) Tankcontainer, die vor dem 1. August 1985 nach den Vorschriften des Anhangs B. 1 b, die zwischen dem 1. September 1979 und dem 30. Juni 1985 in Kraft waren, gebaut wurden, jedoch nicht den ab 1. August 1985 geltenden Vorschriften entsprechen, dürfen auch nach diesem Zeitpunkt verwendet werden.

§ 12

Anwendung anderer Vorschriften

(1) Andere Rechtsvorschriften über die Beförderung gefährlicher Güter auf der Straße bleiben unberührt.

(2) Insbesondere bleiben in der jeweils geltenden Fassung unberührt:

1. das Atomgesetz in der Fassung der Bekanntmachung vom 31. Oktober 1976 (BGBl. I S. 3053),

2. das Gesetz über die Kontrolle von Kriegswaffen vom 20. April 1961 (BGBl. I S. 444),

3. das Waffengesetz in der Fassung der Bekanntmachung vom 8. März 1976 (BGBl. I S. 432),

4. das Sprengstoffgesetz vom 13. September 1976 (BGBl. I S. 2737),

5. das Abfallbeseitigungsgesetz in der Fassung der Bekanntmachung vom 5. Januar 1977 (BGBl. I S. 41, 288),

6. das Chemikaliengesetz vom 16. September 1980 (BGBl. I S. 1718),

7. das Straßenverkehrsgesetz vom 19. Dezember 1952 (BGBl. I S. 837),

8. das Wasserhaushaltsgesetz in der Fassung der Bekanntmachung vom 16. Oktober 1976 (BGBl. I S. 3017),

9. das Gesetz über Umweltstatistiken in der Fassung der Bekanntmachung vom 14. März 1980 (BGBl. I S. 311),

10. das Pflanzenschutzgesetz in der Fassung der Bekanntmachung vom 2. Oktober 1975 (BGBl. I S. 2591; 1976 I S. 1059; 1979 I S. 652)

und die auf diesen Gesetzen beruhenden Rechtsverordnungen,

11. die Druckbehälterverordnung vom 27. Februar 1980 (BGBl. I S. 184) und

12. die Verordnung über brennbare Flüssigkeiten vom 27. Februar 1980 (BGBl. I S. 229).

§ 13

Berlin-Klausel

Diese Verordnung gilt nach § 14 des Dritten Überleitungsgesetzes in Verbindung mit § 14 des Gesetzes über die Beförderung gefährlicher Güter auch im Land Berlin.

§ 14

Inkrafttreten, Außerkrafttreten

(1) Diese Verordnung tritt am Tage nach der Verkündung in Kraft.

(2) Gleichzeitig treten außer Kraft:

1. Die Gefahrgutverordnung Straße in der Fassung der Bekanntmachung vom 29. Juni 1983 (BGBl. I S. 905) – ausgenommen § 10 Abs. 4, § 11 Abs. 5 sowie die §§ 17 und 20 – mit Anlagen A und B und

2. die ADR-Bußgeldverordnung vom 7. Mai 1979 (BGBl. I S. 524).

Bonn, den 22. Juli 1985

Der Bundesminister für Verkehr
Dr. W. Dollinger

Verzeichnis der in Rn. 10 500 aufgezählten Stoffe

Verzeichnis der Stoffe und der Kennzeichnungsnummern

(1) Die Nummer zur Kennzeichnung der Gefahr besteht aus zwei oder drei Ziffern. Die Ziffern weisen im allgemeinen auf folgende Gefahren hin: **250 000**

2 Entweichen von Gas durch Druck oder durch chemische Reaktion

3 Entzündbarkeit von Flüssigkeiten (Dämpfen) und Gasen

4 Entzündbarkeit fester Stoffe

5 Oxydierende (brandfördernde) Wirkung

6 Giftigkeit

8 Ätzwirkung

9 Gefahr einer spontanen heftigen Reaktion

Die Verdoppelung einer Ziffer weist auf die Zunahme der entsprechenden Gefahr hin.

Wenn die Gefahr eines Stoffes ausreichend von einer einzigen Ziffer angegeben werden kann, wird dieser Ziffer eine Null angefügt.

Folgende Ziffernkombinationen haben jedoch eine besondere Bedeutung: 22, 333, 423, 44 und 539 (siehe Absatz 2).

Wenn der Nummer zur Kennzeichnung der Gefahr der Buchstabe „X" vorangestellt ist, reagiert der Stoff in gefährlicher Weise mit Wasser.

(2) Die in Absatz 3 aufgeführten Nummern zur Kennzeichnung der Gefahr haben folgende Bedeutung:

   20 inertes Gas
   22 tiefgekühltes Gas
  223 tiefgekühltes brennbares Gas
  225 tiefgekühltes oxydierendes (brandförderndes) Gas
   23 brennbares Gas
  236 brennbares Gas, giftig
  239 brennbares Gas, das spontan zu einer heftigen Reaktion führen kann
   25 oxydierendes (brandförderndes) Gas
   26 giftiges Gas
  265 giftiges Gas, oxydierend (brandfördernd)
  266 sehr giftiges Gas
  268 giftiges Gas, ätzend
  286 ätzendes Gas, giftig
   30 entzündbare Flüssigkeit (Flammpunkt von 21 °C bis 100 °C)
   33 leicht entzündbare Flüssigkeit (Flammpunkt unter 21 °C)
X333 selbstentzündliche Flüssigkeit, der mit Wasser gefährlich reagiert
  336 leicht entzündbare Flüssigkeit, giftig
  338 leicht entzündbare Flüssigkeit, ätzend
X338 leicht entzündbarer Flüssigkeit, ätzend, die mit Wasser gefährlich reagiert
  339 leicht entzündbare Flüssigkeit, die spontan zu einer heftigen Reaktion führen kann
   39 entzündbare Flüssigkeit, die spontan zu einer heftigen Reaktion führen kann
   40 entzündbarer fester Stoff
X423 entzündbarer fester Stoff, der mit Wasser gefährlich reagiert, wobei brennbare Gase entweichen
   44 entzündbarer fester Stoff, der sich bei erhöhter Temperatur in geschmolzenem Zustand befindet
  446 entzündbarer fester Stoff, giftig, der sich bei erhöhter Temperatur in geschmolzenem Zustand befindet
   46 entzündbarer fester Stoff, giftig
   50 oxydierender (brandfördernder) Stoff
  539 entzündbares organisches Peroxid
  558 stark oxydierender (brandfördernder) Stoff, ätzend
  559 stark oxydierender (brandfördernder) Stoff, der spontan zu einer heftigen Reaktion führen kann
  589 oxydierender (brandfördernder) Stoff, ätzend, der spontan zu einer heftigen Reaktion führen kann
   60 giftiger oder gesundheitsschädlicher Stoff
   63 giftiger oder gesundheitsschädlicher Stoff, entzündbar (Flammpunkt von 21 °C bis 55 °C)
  638 giftiger oder gesundheitsschädlicher Stoff, entzündbar (Flammpunkt von 21 °C bis 55 °C), ätzend
   66 sehr giftiger Stoff
  663 sehr giftiger Stoff, entzündbar (Flammpunkt nicht über 55 °C)
   68 giftiger oder gesundheitsschädlicher Stoff, ätzend
   69 giftiger oder gesundheitsschädlicher Stoff, der spontan zu einer heftigen Reaktion führen kann
   80 ätzender oder schwach ätzender Stoff
X80 ätzender oder schwach ätzender Stoff, der mit Wasser gefährlich reagiert
   83 ätzender oder schwach ätzender Stoff, entzündbar (Flammpunkt von 21 °C bis 55 °C)
  839 ätzender oder schwach ätzender Stoff, entzündbar (Flammpunkt von 21 °C bis 55 °C), der spontan zu einer heftigen Reaktion führen kann
   85 ätzender oder schwach ätzender Stoff, oxydierend (brandfördernd)
  856 ätzender oder schwach ätzender Stoff, oxydierend (brandfördernd) und giftig
   86 ätzender oder schwach ätzender Stoff, giftig

88 stark ätzender Stoff
X88 stark ätzender Stoff, der mit Wasser gefährlich reagiert
883 stark ätzender Stoff, entzündbar (Flammpunkt von 21 °C bis 55 °C)
885 stark ätzender Stoff, oxydierend (brandfördernd)
886 stark ätzender Stoff, giftig
X886 stark ätzender Stoff, giftig, der mit Wasser gefährlich reagiert
89 ätzender oder schwach ätzender Stoff, der spontan zu einer heftigen Reaktion führen kann

(3) Die Kennzeichnungsnummern nach Rn. 10 500 sind in den nachstehenden Verzeichnissen I und II aufgeführt.

Bem. 1: Die Kennzeichnungsnummern für die orangefarbenen Tafeln sind zuerst im Verzeichnis I zu suchen. Wenn für Stoffe der Klassen 3, 6.1 und 8 der Name des zu befördernden Stoffes oder die Sammelbezeichnung, unter die er fällt, im Verzeichnis I nicht aufgeführt ist, so sind die Kennzeichnungsnummern dem Verzeichnis II zu entnehmen.

Bem. 2: Die nach den Rn. 10 130 und 10 500 (6) vorgeschriebene Bezettelung geht der vorgeschriebenen Bezettelung in der Spalte e der Verzeichnisse I und II vor.

Verzeichnis I

Verzeichnis der mit ihrem chemischen Namen bezeichneten Stoffe oder der Sammelbezeichnungen, denen eine besondere „Nummer zur Kennzeichnung des Stoffes" (Spalte d) zugeteilt ist [wegen Lösungen und Gemischen von Stoffen siehe auch Rn. 2002 (8) und (9)].

Dieses Verzeichnis enthält auch Stoffe, die in den Stoffaufzählungen der Klassen nicht aufgezählt sind, aber unter die in Spalte (b) genannten Klassen und Ziffern fallen. Für in diesem Verzeichnis nicht aufgeführte Stoffe der Klassen 3, 6.1 und 8, siehe Verzeichnis II. Die Stoffe sind in alphabetischer Reihenfolge aufgeführt, wobei weder Ziffern, griechische Buchstaben, Pluralformen noch Präpositionen berücksichtigt sind.

Das Zeichen „++" in Spalte e bedeutet:

Bezettelung der Tankcontainer und Gefäßbatterien nach den Vorschriften der Rn. 21 130. Bezettelung der Fahrzeuge mit festverbundenen Tanks oder der Aufsetztanks nach den Vorschriften der Rn. 21 500.

Das Zeichen „–" in Spalte e bedeutet:

Keine Bezettelung vorgeschrieben.

Bezeichnung des Stoffes	Klasse und Ziffer der Stoffaufzählung	Nummer zur Kennzeichnung der Gefahr (obere Hälfte)	Nummer zur Kennzeichnung des Stoffes (untere Hälfte)	Gefahrzettel
(a)	(b)	(c)	(d)	(e)
Abfallnitriersäuregemische	8, 3 b)	80	1826	8
Abfallschwefelsäure	8, 1 b)	80	1832	8
Acetal (1,1-Diäthoxyäthan)	3, 3 b)	33	1088	3
Acetaldehyd (Äthanal)	3, 1 a)	33	1089	3
Acetoin (Acetylmethylcarbinol)	3, 31 c)	30	2621	3
Aceton	3, 3 b)	33	1090	3
Acetoncyanhydrin	6.1, 11 a)	66	1541	6.1
Acetonitril (Methylcyanid)	3, 11 b)	336	1648	3+6.1
Acetylaceton: siehe 2,4-Pentandion				
Acetylbromid	8, 36 b)	80	1716	8
Acetylchlorid	3, 25 b)	X338	1717	3+8
Acetylendichlorid: siehe 1,2-Dichloräthylen				
Acetylentetrabromid: siehe 1,1,2,2-Tetrabromäthan				
Acetylentetrachlorid: siehe 1,1,2,2-Tetrachloräthan				
Acetylmethylcarbinol: siehe Acetoin				
Acrolein	3, 17 a)	336	1092	3+6.1
Acrylamid	6.1, 12 c)	60	2074	6.1 A
Acrylamid, Lösungen von	6.1, 12 c)	60	2074	6.1 A
Acrylnitril (Vinylcyanid)	3, 11 a)	336	1093	3+6.1
Acrylsäure	8, 32 b)	89	2218	8+3
Acrylsäureäthylester: siehe Äthylacrylat				
Acrylsäuremethylester: siehe Methylacrylat				
Adiponitril	6.1, 12 c)	60	2205	6.1 A
Äthan	2, 5 b)	23	1035	3
Äthan, tiefgekühlt, verflüssigt	2, 7 b)	223	1961	3
Äthanal: siehe Acetaldehyd				
Äthanol: siehe Äthylalkohol				
Äthanolamin und seine Lösungen	8, 54 c)	80	2491	8
Äthylacetat	3, 3 b)	33	1173	3
Äthylacrylat	3, 3 b)	339	1917	3
Äthyläther	3, 2 a)	33	1155	3
Äthylalkohol (Äthanol) und seine wässerigen Lösungen mit mehr als 70 % Alkohol	3, 3 b)	33	1170	3

Bezeichnung des Stoffes (a)	Klasse und Ziffer der Stoffaufzählung (b)	Nummer zur Kennzeichnung der Gefahr (obere Hälfte) (c)	Nummer zur Kennzeichnung des Stoffes (untere Hälfte) (d)	Gefahrzettel (e)
Äthylalkohol (Äthanol), wässerige Lösungen von, mit einer Konzentration von 24 % bis einschließlich 70 %	3, 31 c)	30	1170	3
Äthylamin, wasserfrei	2, 3 bt)	236	1036	3+6.1
Äthylamin, wässerige Lösungen von				
– mit einem Siedepunkt von höchstens 35 °C	3, 22 a)	338	2270	3+8
– mit einem Siedepunkt über 35 °C	3, 22 b)	338	2270	3+8
Äthylamylketon	3, 31 c)	30	2271	3
2-Äthylanilin	6.1, 12 c)	60	2273	6.1 A
N-Äthylanilin	6.1, 12 c)	60	2272	6.1 A
Äthylbenzol, technisch	3, 3 b)	33	1175	3
N-Äthyl-N-benzylanilin	6.1, 12 c)	60	2274	6.1 A
Äthylbromacetat	6.1, 16 b)	63	1603	6.1+3
Äthylbromid	6.1, 15 b)	60	1891	6.1
2-Äthylbutanol	3, 32 c)	30	2275	–
2-Äthylbutylacetat	3, 31 c)	30	1177	3
Äthylbutyläther	3, 3 b)	33	1179	3
Äthylbutyrat	3, 31 c)	30	1180	3
Äthylcarbonat: siehe Diäthylcarbonat				
Äthylchloracetat	6.1, 16 b)	63	1181	6.1+3
Äthylchlorformiat	3, 16 a)	336	1182	3+6.1
Äthylchlorid	2, 3 bt)	236	1037	++
Äthylcrotonat	3, 3 b)	33	1862	3
Äthylcyanacetat	6.1, 12 c)	60	2666	6.1 A
Äthyldichlorsilan	4.3, 4 b)	X338	1183	4.3+3+8
Äthylen	2, 5 b)	23	1962	3
Äthylen, tiefgekühlt, verflüssigt	2, 7 b)	223	1038	3
Äthylenchlorhydrin (2-Chloräthanol)	6.1, 16 b)	60	1135	6.1
Äthylendiamin	8, 53 b)	83	1604	8+3
Äthylendibromid: siehe 1,2-Dibromäthan				
Äthylendichlorid: siehe 1,2-Dichloräthan				
Äthylenglykoldiäthyläther: siehe 1,2-Diäthoxyäthan				
Äthylenglykolmonoäthylätheracetat: siehe Äthylglykolacetat				
Äthylenglykolmonobutyläther	6.1, 13 c)	60	2369	6.1 A
Äthylenglykolmonomethylätheracetat: siehe Methylglykolacetat				
Äthylenimin	3, 12	336	1185	3+6.1
Äthylenoxid mit höchstens 10 Masse-% Kohlendioxid	2, 4 ct)	236	1041	3+6.1
Äthylenoxid mit mehr als 10 % aber höchstens 50 Masse-% Kohlendioxid	2, 6 ct)	236	1041	3+6.1
Äthylenoxid mit Kohlendioxid: siehe auch Kohlendioxid mit Äthylenoxid				
Äthylenoxid mit Stickstoff	2, 4 ct)	236	1040	3+6.1
Äthylfluid	6.1, 31 a)	66	1649	6.1
Äthylformiat	3, 3 b)	33	1190	3
Äthylglykol (Glykolmonoäthyläther)	3, 31 c)	30	1171	3
Äthylglykolacetat (Äthylenglykolmonoäthylätheracetat)	3, 31 c)	30	1172	3
2-Äthylhexanal	3, 31 c)	30	1191	3
2-Äthylhexylamin	8, 53 c)	83	2276	8+3
2-Äthylhexylchlorformiat	6.1, 16 b)	68	2748	6.1+8
Äthylidenchlorid: siehe 1,1-Dichloräthan				
Äthylisobutyrat	3, 3 b)	33	2385	3
Äthyllactat	3, 31 c)	30	1192	3
Äthylmerkaptan	3, 18 b)	336	2363	3+6.1
Äthylmethacrylat	3, 3 b)	339	2277	3
Äthylorthoformiat (Triäthylorthoformiat)	3, 31 c)	30	2524	3
Äthyloxalat	6.1, 13 c)	60	2525	6.1 A
Äthylphenyldichlorsilan	8, 37 b)	83	2435	8+3
1-Äthylpiperidin	3, 3 b)	33	2386	3
Äthylpropionat	3, 3 b)	33	1195	3
Äthylpropyläther	3, 3 b)	33	2615	3
Äthylschwefelsäure	8, 34 b)	80	2571	8
Äthylsiliciumdichlorid: siehe Äthyldichlorsilan				
Äthylsilikat	3, 31 c)	30	1292	3

Bezeichnung des Stoffes (a)	Klasse und Ziffer der Stoffaufzählung (b)	Nummer zur Kennzeichnung der Gefahr (obere Hälfte) (c)	Nummer zur Kennzeichnung des Stoffes (untere Hälfte) (d)	Gefahrzettel (e)
Äthyltoluidine	6.1, 12 b)	60	2754	6.1
Äthyltrichlorsilan	3, 21 a)	X338	1196	3+8
Ätzkali: siehe Kaliumhydroxid				
Ätznatron: siehe Natriumhydroxid				
Aldol (beta-Hydroxybutyraldehyd)	6.1, 13 b)	60	2839	6.1
Aldehyde, soweit in diesem Anhang nicht namentlich genannt				
– mit einem Flammpunkt unter 21 °C	3, 3 b)	33	1989	3
– mit einem Flammpunkt von 21 °C bis 55 °C (die Grenzwerte inbegriffen)	3, 31 c)	30	1989	3
– mit einem Flammpunkt über 55 °C	3, 32 c)	30	1989	–
Alkalische anorganische Stoffe, Lösungen von, soweit in diesem Anhang nicht namentlich genannt				
– ätzend	8, 42 b)	80	1719	8
– schwach ätzend	8, 42 c)	80	1719	8
Alkohole, flüssig, nicht giftig, rein oder in Gemischen, soweit in diesem Anhang nicht namentlich genannt				
– mit einem Flammpunkt von 21 °C bis 55 °C (die Grenzwerte inbegriffen)	3, 31 c)	30	1987	3
– mit einem Flammpunkt über 55 °C	3, 32 c)	30	1987	–
Alkylierte Phenole, C_2–C_8 Homologe, soweit in diesem Anhang nicht namentlich genannt	6.1, 14 c)	60	2430	6.1 A
Alkylsulfonsäuren, soweit in diesem Anhang nicht namentlich genannt				
– mit mehr als 5 % freier Schwefelsäure	8, 1 b)	80	2584	8
– mit höchstens 5 % freier Schwefelsäure, ätzend	8, 34 b)	80	2586	8
– mit höchstens 5 % freier Schwefelsäure, schwach ätzend	8, 34 c)	80	2586	8
Allylacetat	3, 17 b)	336	2333	3+6.1
Allyläthyläther	3, 17 b)	336	2335	3+6.1
Allylalkohol	6.1, 13 a)	663	1098	6.1+3
Allylamin	3, 15 a)	336	2334	3+6.1
Allylbromid	3, 16 a)	336	1099	3+6.1
Allylchlorformiat	8, 64 a)	88	1722	8
Allylchlorid	3, 16 a)	336	1100	3+6.1
Allylformiat	3, 17 a)	336	2336	3+6.1
Allylglycidyläther	3, 31 c)	30	2219	3
Allylisothiocyanat	6.1, 20 b)	69	1545	6.1+3
Allyltrichlorsilan	8, 37 b)	839	1724	8+3
Aluminiumalkyle:				
– Aluminiumtriäthyl	4.2, 3	X333	1102	4.2+4.3
– Aluminiumtriisobutyl	4.2, 3	X333	1930	4.2+4.3
– Aluminiumtrimethyl	4.2, 3	X333	1103	4.2+4.3
Aluminiumalkylhalogenide	4.2, 3	X333	2221	4.2+4.3
Aluminiumalkylhalogenide, Lösungen von	4.2, 3	X333	2220	4.2+4.3
Aluminiumbromid, wasserfrei	8, 22 b)	80	1725	8
Aluminiumbromid, wässerige Lösungen von	8, 5 c)	80	2580	8
Aluminiumchlorid, wasserfrei	8, 22 b)	80	1726	8
Aluminiumchlorid, wässerige Lösungen von	8, 5 c)	80	2581	8
Ameisensäure mit mehr als 70 % reiner Säure	8, 32 b)	80	1779	8
Ameisensäure mit 50 bis 70 % reiner Säure	8, 32 c)	80	1779	8
Ameisensäureäthylester: siehe Äthylformiat				
Ameisensäuremethylester: siehe Methylformiat				
Ameisensäurepropylester: siehe Propylformiat				
N-Aminoäthylpiperazin	8, 53 c)	80	2815	8
Aminophenole	6.1, 12 c)	60	2512	6.1 A
1-Aminopropan: siehe n-Propylamin				
2-Aminopropan: siehe Isopropylamin				
bis-Aminopropylamin (Dipropylentriamin, 3,3'-Imino-bis-propylamin)	8, 53 c)	80	2269	8
Ammoniak	2, 3 at)	268	1005	++
Ammoniak in Wasser gelöst, mit über 40 % bis höchstens 50 Masse-% Ammoniak (NH_3)	2, 9 at)	268	2073	++
Ammoniak in Wasser gelöst, mit über 35 % bis höchstens 40 Masse-% Ammoniak (NH_3)	2, 9 at)	268	2073	++

Bezeichnung des Stoffes	Klasse und Ziffer der Stoffaufzählung	Nummer zur Kennzeichnung der Gefahr (obere Hälfte)	Nummer zur Kennzeichnung des Stoffes (untere Hälfte)	Gefahrzettel
(a)	(b)	(c)	(d)	(e)
Ammoniaklösungen mit mindestens 10 % und höchstens 35 % Ammoniak (NH$_3$)	8, 43 c)	80	2672	8
Ammoniumbifluorid	8, 26 b)	80	1727	8+6.1
Ammoniumbifluorid, Lösungen von	8, 26 b)	80	2817	8+6.1
Ammoniumbisulfat mit 3 % und mehr freier Schwefelsäure	8, 23 b)	80	2506	8
Ammoniumfluorid	6.1, 65 c)	60	2505	6.1 A
Ammoniumnitrat, wässerige Lösungen von, konzentriert und aufgeheizt	5.1, 6 a)	589	2426	5+8
Ammoniumpolysulfid, Lösungen von	8, 45 b)	86	2818	8
Ammoniumsilicofluorid	6.1, 66 c)	60	2854	6.1 A
Ammoniumsulfid, Lösungen von	8, 45 b)	86	2683	8
Amylacetate	3, 31 c)	30	1104	3
n-Amylalkohol	3, 31 c)	30	1105	3
sec-Amylalkohol	3, 31 c)	30	1105	3
tert-Amylalkohol	3, 3 b)	33	1105	3
n-Amylamin	3, 22 b)	338	1106	3+8
Amylbutyrate	3, 31 c)	30	2620	3
Amylchlorid (1-Chlorpentan)	3, 3 b)	33	1107	3
Amylmerkaptan	3, 3 b)	33	1111	3
Amylmethylketon	3, 31 c)	30	1110	3
Amylnitrat	3, 31 c)	30	1112	3
Amyltrichlorsilan	8, 37 b)	80	1728	8
Anilin	6.1, 11 b)	60	1547	6.1
Anisidine	6.1, 12 c)	60	2431	6.1 A
Anisol: siehe Phenylmethyläther				
Anisoylchlorid	8, 35 b)	80	1729	8
Antimonpentachlorid (SbCl$_5$)	8, 21 b)	80	1730	8
Antimonpentachlorid, nicht wässerige Lösungen von	8, 21 b)	80	1731	8
Antimonpentafluorid	8, 26 b)	86	1732	8+6.1
Antimontrichlorid (SbCl$_3$)	8, 22 b)	80	1733	8
Argon, tiefgekühlt, verflüssigt	2, 7 a)	22	1951	–
Arsenbromid	6.1, 51 b)	60	1555	6.1
Arsenpentoxid	6.1, 51 b)	60	1559	6.1
Arsensäure, fest	6.1, 51 b)	60	1554	6.1
Arsensäure, flüssig	6.1, 51 a)	66	1553	6.1
Arsentrichlorid	6.1, 51 a)	66	1560	6.1
Arsentrioxid	6.1, 51 b)	60	1561	6.1
Arsenverbindungen, flüssige anorganische, soweit in diesem Anhang nicht namentlich genannt	6.1, 51 a)	66	1556	6.1
Arylsulfonsäuren, soweit in diesem Anhang nicht namentlich genannt – mit mehr als 5 % freier Schwefelsäure	8, 1 b)	80	2584	8
– mit höchstens 5 % freier Schwefelsäure, ätzend	8, 34 b)	80	2586	8
– mit höchstens 5 % freier Schwefelsäure, schwach ätzend	8, 34 c)	80	2586	8
Bariumcarbonat	6.1, 60 c)	60	1564	6.1 A
Bariumoxid	6.1, 60 c)	60	1884	6.1 A
Benzalchlorid (Benzylidenchlorid)	6.1, 17 b)	68	1886	6.1
Benzine: siehe Kohlenwasserstoffe				
Benzochinon	6.1, 14 b)	60	2587	6.1
Benzol	3, 3 b)	33	1114	3
Benzolsulfonylchlorid	8, 36 c)	80	2225	8
Benzonitril	6.1, 11 b)	60	2224	6.1
Benzothiol (Thiophenol)	6.1, 20 a)	663	2337	6.1+3
Benzotrichlorid (Trichlormethylbenzol)	8, 66 b)	80	2226	8
Benzotrifluorid	3, 3 b)	33	2338	3
Benzoylchlorid	8, 36 b)	80	1736	8
Benzylbromid	6.1, 15 b)	60	1737	6.1
Benzylchlorformiat	8, 64 a)	88	1739	8
Benzylchlorid	6.1, 15 b)	68	1738	6.1
Benzylcyanid (Phenylacetonitril)	6.1, 12 c)	60	2470	6.1 A
Benzyldimethylamin	8, 53 b)	83	2619	8+3
Benzylidenchlorid: siehe Benzalchlorid				
Bicycloheptadien	3, 3 b)	33	2251	3
1,2-Bis-(dimethylamino)äthan (Tetramethyläthylendiamin)	3, 31 c)	30	2372	3

Bezeichnung des Stoffes	Klasse und Ziffer der Stoff-aufzählung	Nummer zur Kenn-zeichnung der Gefahr (obere Hälfte)	Nummer zur Kenn-zeichnung des Stoffes (untere Hälfte)	Gefahrzettel
(a)	(b)	(c)	(d)	(e)
Blausäurelösungen, wässerige, mit höchstens 20 % reiner Säure	6.1, 2	663	1613	6.1+3
Bleiacetat (Bleizucker)	6.1, 62 c)	60	1616	6.1 A
Bleialkyle mit organischen Halogenverbindungen, Mischungen von	6.1, 31 a)	66	1649	6.1
Bleisulfat mit 3 % und mehr freier Schwefelsäure	8, 23 b)	80	1794	8
Bleiverbindungen, soweit in diesem Anhang nicht namentlich genannt	6.1, 62 c)	60	2291	6.1 A
Bleizucker: siehe Bleiacetat				
Bortribromid (Tribromboran) (BBr$_3$)	8, 21 a)	X88	2692	8
Bortrifluorid-Äther-Komplex	8, 33 b)	83	2604	8+3
Bortrifluorid Dihydrat	8, 33 b)	80	2851	8
Bortrifluorid-Essigsäure-Komplex	8, 33 b)	80	1742	8
Bortrifluorid-Propionsäure-Komplex	8, 33 b)	80	1743	8
Brom	8, 24	886	1744	8+6.1
Bromaceton	6.1, 16 b)	60	1569	6.1
omega-Bromacetophenon (Phenacylbromid)	6.1, 17 b)	60	2645	6.1
Bromacetylbromid	8, 36 b)	X80	2513	8
2-Bromäthyläthyläther	3, 3 b)	33	2340	3
Brombenzol	3, 31 c)	30	2514	3
Alpha-Brombenzylcyanid	6.1, 17 a)	66	1694	6.1
1-Brombutan: siehe n-Butylbromid				
2-Brombutan	3, 3 b)	33	2339	3
Bromchlordifluormethan (R 12B1)	2, 3 a)	20	1974	–
Bromchlormethan	6.1, 15 b)	60	1887	6.1
1-Brom-3-chlorpropan	6.1, 15 c)	60	2688	6.1 A
Bromessigsäure	8, 31 b)	80	1938	8
Bromessigsäuremethylester: siehe Methylbromacetat				
1-Brom-3-methylbutan	3, 3 b)	33	2341	3
Brommethylpropane	3, 3 b)	33	2342	3
Bromoform: siehe Tribrommethan				
Brompentafluorid	8, 26 a)	856	1745	8+6.1
2-Brompentan	3, 3 b)	33	2343	3
Brompropane	3, 3 b)	33	2344	3
Bromtrifluorid	8, 26 a)	856	1746	8+6.1
Bromtrifluormethan (R 13B1)	2, 5 a)	20	1009	–
Bromwasserstoff	2, 3 at)	286	1048	6.1+8
Bromwasserstofflösungen	8, 5 b)	80	1788	8
Butadiene	2, 3 c)	239	1010	3
Butan	2, 3 b)	23	1011	3
Butandion (Diacetyl)	3, 3 b)	33	2346	3
Butanol: siehe n-Butylalkohol				
n-Butanol-2: siehe sec-Butylalkohol				
tert-Butanol: siehe tert-Butylalkohol				
Butanon: siehe Methyläthylketon				
Buten-1	2, 3 b)	23	1012	3
cis-Buten-2	2, 3 b)	23	1012	3
trans-Buten-2	2, 3 b)	23	1012	3
Butin-2 (Dimethylacetylen, Crotonylen)	3, 1 a)	339	1144	3
Butoxyl (Methoxybutylacetat)	3, 31 c)	30	2708	3
n-Buttersäure	8, 32 c)	80	2820	8
Buttersäureäthylester: siehe Äthylbutyrat				
Buttersäureanhydrid	8, 32 c)	80	2739	8
Buttersäurechlorid: siehe Butyrylchlorid				
n-Buttersäuremethylester: siehe Methylbutyrat				
Buttersäurenitril: siehe Butyronitril				
n-Butylacetat	3, 31 c)	30	1123	3
sec-Butylacetat	3, 3 b)	33	1123	3
n-Butylacrylat	3, 31 c)	39	2348	3
n-Butyläther: siehe n-Dibutyläther				
n-Butylalkohol (Butanol)	3, 31 c)	30	1120	3
sec-Butylalkohol (n-Butanol-2)	3, 31 c)	30	1120	3
tert-Butylalkohol (tert-Butanol)	3, 3 b)	33	1120	3
n-Butylamin	3, 22 b)	338	1125	3+8
N-Butylaniline	6.1, 12 b)	60	2738	6.1
Butylbenzole	3, 31 c)	30	2709	3

Bezeichnung des Stoffes	Klasse und Ziffer der Stoffaufzählung	Nummer zur Kennzeichnung der Gefahr (obere Hälfte)	Nummer zur Kennzeichnung des Stoffes (untere Hälfte)	Gefahrzettel
(a)	(b)	(c)	(d)	(e)
n-Butylbromid (1-Brombutan)	3, 3 b)	33	1126	3
n-Butylchlorformiat	6.1, 16 b)	638	2743	6.1+3+8
Butylchloride	3, 3 b)	33	1127	3
tert-Butylcyclohexylchlorformiat	6.1, 17 c)	68	2747	6.1 A+8
Butylen: siehe Buten				
n-Butylformiat	3, 3 b)	33	1128	3
N,n-Butylimidazol	6.1, 12 b)	60	2690	6.1
n-Butylisocyanat	3, 14 b)	336	2485	3+6.1
tert-Butylisocyanat	3, 14 a)	336	2484	3+6.1
Butylmerkaptan	3, 3 b)	33	2347	3
n-Butylmethacrylat	3, 31 c)	39	2227	3
Butylmethyläther	3, 3 b)	33	2350	3
Butylphenole, in geschmolzenem Zustand	6.1, 14 c)	60	2229	6.1 A
Butylphenole, flüssig	6.1, 14 c)	60	2228	6.1 A
Butylpropionat	3, 31 c)	30	1914	3
Butyltoluole	3, 32 c)	30	2667	–
Butyltrichlorsilan	8, 37 b)	83	1747	8+3
Butylvinyläther	3, 3 b)	339	2352	3
Butyraldehyd	3, 3 b)	33	1129	3
Butyraldoxim	3, 32 c)	30	2840	–
Butyronitril (Buttersäurenitril)	3, 11 b)	336	2411	3+6.1
Butyrylchlorid (Buttersäurechlorid)	3, 25 b)	338	2353	3+8
Cäsiumhydroxid	8, 41 b)	80	2682	8
Cäsiumhydroxid, wässerige Lösung von	8, 42 b)	80	2681	8
Calciumarsenat	6.1, 51 b)	60	1573	6.1
Calciumchlorat, Lösungen von	5.1, 4 a)	50	2429	5
Chinolin	6.1, 12 c)	60	2656	6.1 A
Chlor	2, 3 at)	266	1017	++
Chloracetaldehyd	6.1, 16 b)	60	2232	6.1
Chloraceton	6.1, 16 b)	60	1695	6.1
omega-Chloracetophenon (Phenacylchlorid)	6.1, 17 b)	60	1697	6.1
Chloracetylchlorid	8, 36 b)	X80	1752	8
2-Chloräthanol: siehe Äthylenchlorhydrin				
Chloral: siehe Trichloracetaldehyd				
Chlorameisensäureäthylester: siehe Äthylchlorformiat,				
Chlorameisensäure-2-äthylhexylester: siehe 2-Äthylhexyl-chlorformiat				
Chlorameisensäure-tert-Butylcyclohexylester: siehe tert-Butylcyclohexylchlorformiat				
Chlorameisensäuremethylester: siehe Methylchlorformiat				
Chlorameisensäurephenylester: siehe Phenylchlorformiat				
Chloranisidine	6.1, 17 c)	60	2233	6.1 A
Chlorbenzol (Phenylchlorid)	3, 31 c)	30	1134	3
Chlorbenzotrifluoride	3, 31 c)	30	2234	3
Chlorbenzylchloride	6.1, 17 c)	60	2235	6.1 A
Chlorbleichlaugen: siehe Hypochloritlösungen				
1-Chlor-1,1-difluoräthan (R 142b)	2, 3 b)	23	2517	++
Chlordifluormethan (R 22)	2, 3 a)	20	1018	–
Chlordinitrobenzol	6.1, 12 b)	60	1577	6.1
Chloressigsäure (Monochloressigsäure), fest	8, 31 b)	80	1751	8
Chloressigsäure (Monochloressigsäure), in geschmolzenem Zustand	8, 31 b)	80	1750	8
Chloressigsäure (Monochloressigsäure), Lösungen von	8, 32 b)	80	1750	8
Chloressigsäureäthylester: siehe Äthylchloracetat				
Chloressigsäuremethylester: siehe Methylchloracetat				
Chloressigsäuremischungen (Monochloressigsäuremischungen)	8, 32 b)	80	1750	8
Chlorkohlenoxid (Phosgen)	2, 3 at)	266	1076	5+6.1 [1]) 6.1+8 [2])
Chlorkresole	6.1, 14 b)	60	2669	6.1

[1]) Gilt nur für grenzüberschreitende Beförderungen
[2]) Gilt nur für innerstaatliche Beförderungen

Bezeichnung des Stoffes	Klasse und Ziffer der Stoffaufzählung	Nummer zur Kennzeichnung der Gefahr (obere Hälfte)	Nummer zur Kennzeichnung des Stoffes (untere Hälfte)	Gefahrzettel
(a)	(b)	(c)	(d)	(e)
Chlormethoxymethan: siehe Methylchlormethyläther				
Chlormethyläthyläther	3, 16 b)	336	2354	3+6.1
Chlormethylchlorformiat	6.1, 16 b)	638	2745	6.1+3+8
3-Chlor-4-methylphenylisocyanat	6.1, 19 b)	60	2236	6.1
Chlornitroaniline	6.1, 17 c)	60	2237	6.1 A
Chlornitrobenzole	6.1, 12 b)	60	1578	6.1
Chlornitrotoluole	6.1, 17 c)	60	2433	6.1 A
Chloroform	6.1, 15 b)	60	1888	6.1
Chloropren	3, 16 a)	336	1991	3+6.1
Chlorpentafluoräthan (R 115)	2, 3 a)	20	1020	–
1-Chlorpentan: siehe Amylchlorid				
2-Chlorphenol	6.1, 16 c)	68	2021	6.1 A
3-Chlorphenol	6.1, 17 c)	60	2020	6.1 A
4-Chlorphenol	6.1, 17 c)	60	2020	6.1 A
Chlorphenyltrichlorsilan	8, 37 b)	80	1753	8
Chlorpikrin	6.1, 16 a)	66	1580	6.1
1-Chlorpropan (Propylchlorid)	3, 2 b)	33	1278	3
2-Chlorpropan (Isopropylchlorid)	3, 2 b)	33	2356	3
3-Chlorpropandiol-1,2: siehe Glycerol-alpha-monochlorhydrin				
3-Chlor-1-propanol	6.1, 16 c)	60	2849	6.1 A
1-Chlor-2-propanol	6.1, 16 b)	63	2611	6.1+3
2-Chlorpropen	3, 1 a)	33	2456	3
2-Chlorpropionsäure	8, 32 c)	80	2511	8
2-Chlorpyridin	6.1, 11 b)	60	2822	6.1
Chlorschwefel: siehe Schwefelchlorid				
Chlorsilane, die in Berührung mit Wasser keine brennbaren Gase entwickeln, soweit in diesem Anhang nicht namentlich genannt				
– mit einem Flammpunkt unter 21 °C	3, 21 a)	X338	2985	3+8
– mit einem Flammpunkt von 21 °C bis 55 °C (die Grenzwerte inbegriffen)	8, 37 b)	83	2986	8+3
– mit einem Flammpunkt über 55 °C	8, 37 b)	80	2987	8
Chlorsulfonsäure [SO_2(OH)Cl]	8, 21 a)	88	1754	8
Chlortoluidine	6.1, 17 c)	60	2239	6.1 A
Chlortoluole	3, 31 c)	30	2238	3
1-Chlor-2,2,2-trifluoräthan (R 133 a)	2, 3 a)	20	1983	–
Chlortrifluoräthylen (R 1113)	2, 3 ct)	236	1082	++
Chlortrifluormethan (R 13)	2, 5 a)	20	1022	–
Chlorwasserstoff	2, 5 at)	286	1050	6.1+8
Chlorwasserstofflösungen: siehe Salzsäure				
Chromfluorid	8, 26 b)	80	1756	8+6.1
Chromfluorid, Lösungen von	8, 26 b)	80	1757	8+6.1
Chromoxychlorid: siehe Chromylchlorid				
Chromsäure, Lösungen von	8, 11 b)	80	1755	8
Chromschwefelsäure	8, 1 a)	88	2240	8
Chromylchlorid (Chromoxychlorid) (CrO_2Cl_2)	8, 21 a)	88	1758	8
Crotonaldehyd	3, 3 b)	33	1143	3
Crotonylen: siehe Butin-2				
Cumol (Isopropylbenzol)	3, 31 c)	30	1918	3
Cumolhydroperoxid mit einem Peroxidgehalt von höchstens 95 %	5.2, 10	539	2116	5
Cyanide, Lösungen anorganischer	6.1, 41 a)	66	1935	6.1
Cyanurchlorid	8, 27 c)	80	2670	8
Cyclobutylchlorformiat	6.1, 16 b)	638	2744	6.1+3+8
1,5,9-Cyclododecatrien	6.1, 24 c)	60	2518	6.1 A
Cycloheptan	3, 3 b)	33	2241	3
Cyclohepten	3, 3 b)	33	2242	3
Cyclohexan	3, 3 b)	33	1145	3
Cyclohexanon	3, 31 c)	30	1915	3
Cyclohexen	3, 3 b)	33	2256	3
Cyclohexenyltrichlorsilan	8, 37 b)	80	1762	8
Cyclohexylacetat	3, 32 c)	30	2243	–
Cyclohexylamin	8, 53 b)	83	2357	8+3
Cyclohexylisocyanat	6.1, 18 b)	63	2488	6.1+3
Cyclohexyltrichlorsilan	8, 37 b)	80	1763	8

Bezeichnung des Stoffes	Klasse und Ziffer der Stoffaufzählung	Nummer zur Kennzeichnung der Gefahr (obere Hälfte)	Nummer zur Kennzeichnung des Stoffes (untere Hälfte)	Gefahrzettel
(a)	(b)	(c)	(d)	(e)
Cyclooctadien	3, 31 c)	30	2520	3
Cyclooctatetraen	3, 31 c)	30	2358	3
Cyclopentan	3, 3 b)	33	1146	3
Cyclopentanol	3, 31 c)	30	2244	3
Cyclopentanon	3, 31 c)	30	2245	3
Cyclopenten	3, 2 b)	33	2246	3
Cyclopropan	2, 3 b)	23	1027	3
Cymole (Methylisopropylbenzole)	3, 31 c)	30	2046	3
Decahydronaphthalin (Decalin)	3, 32 c)	30	1147	–
n-Decan	3, 31 c)	30	2247	3
Diacetonalkohol, technisch	3, 3 b)	33	1148	3
Diacetyl: siehe Butandion				
1,1-Diäthoxyäthan: siehe Acetal				
1,2-Diäthoxyäthan (Äthylenglykoldiäthyläther	3, 31 c)	30	1153	3
Diäthoxymethan	3, 3 b)	33	2373	3
3,3-Diäthoxypropen	3, 3 b)	33	2374	3
N,N-Diäthyläthanolamin: siehe Diäthylaminoäthanol				
N,N-Diäthylendiamim	8,53 b)	83	2685	8+3
Diäthylamin	3, 22 b)	338	1154	3+8
Diäthylaminoäthanol (N,N-Diäthyläthanolamin)	3, 32 c)	30	2686	–
Diäthylaminopropylamin	8, 53 c)	80	2684	8
N,N-Diäthylanilin	6.1, 12 c)	60	2432	6.1 A
Diäthylbenzole	3, 32 c)	30	2049	–
Diäthylcarbonat (Äthylcarbonat)	3, 31 c)	30	2366	3
Diäthyldichlorsilan	8, 37 b)	83	1767	8+3
Diäthylendiamin (Piperazin)	8, 52 c)	80	2579	8
1,4-Diäthylendioxid: siehe Dioxan				
Diäthylentriamin	8, 53 b)	80	2079	8
Diäthylketon	3, 3 b)	33	1156	3
Diäthylschwefel: siehe Diäthylsulfid				
Diäthylsulfat	6.1, 14 b)	60	1594	6.1
Diäthylsulfid (Diäthylschwefel)	3, 18 b)	336	2375	3+6.1
Diäthylthiophosphorylchlorid	8, 36 b)	80	2751	8
Diallyläther	3, 17 b)	336	2360	3+6.1
Diallylamin	3, 22 b)	338	2359	3+8
Diaminodiphenylmethan, in geschmolzenem Zustand	6.1, 12 c)	60	2651	6.1 A
n-Diamylamin	6.1, 12 c)	60	2841	6.1 A
Dibenzyldichlorsilan	8, 37 b)	80	2434	8
1,2-Dibromäthan (Äthylendibromid)	6.1, 15 b)	60	1605	6.1
Dibrombenzole	3, 32 c)	30	2711	–
1,2-Dibrombutanon-3	6.1, 16 b)	60	2648	6.1
1,2-Dibrom-3-chlorpropan	6.1, 15 c)	60	2872	6.1 A
Dibrommethan: siehe Methylenbromid				
Dibutyläthanolamin	6.1, 12 c)	60	2873	6.1 A
n-Dibutyläther (n-Butyläther)	3, 31 c)	30	1149	3
n-Dibutylamin	8, 53 b)	83	2248	8+3
symm. Dichloraceton	6.1, 16 b)	63	2649	6.1+3
Dichloracetylchlorid	8, 36 b)	X80	1765	8
1,1-Dichloräthan (Äthylidenchlorid)	3, 3 b)	33	2362	3
1,2-Dichloräthan (Äthylendichlorid)	3, 16 b)	336	1184	3+6.1
2,2'-Dichloräthyläther	6.1, 16 b)	63	1916	6.1+3
1,1-Dichloräthylen: siehe Vinylidenchlorid				
1,2-Dichloräthylen	3,3 b)	33	1150	3
Dichloraniline	6.1, 12 b)	60	1590	6.1
1,2-Dichlorbenzol	6.1, 15 c)	60	1591	6.1 A
Dichlordifluormethan (R 12)	2, 3 a)	20	1028	–
Dichlordifluormethan mit 12 Masse-% Äthylenoxid	2, 4 ct)	236	1028	++
Dichlordiphenylsilan (Diphenyldichlorsilan)	8, 37 b)	80	1769	8
Dichloressigsäure	8, 32 b)	80	1764	8
Dichloressigsäuremethylester: siehe Methyldichloracetat				
Dichlorfluormethan (R 21)	2, 3 a)	20	1029	–
alpha-Dichlorhydrin (1,3-Dichlorpropanol-2)	6.1, 16 b)	60	2750	6.1
Dichlorisopropyläther	6.1, 16 b)	60	2490	6.1
Dichlormethan: siehe Methylenchlorid				
1,1-Dichlor-1-nitroäthan	6.1, 16 b)	60	2650	6.1

Bezeichnung des Stoffes	Klasse und Ziffer der Stoffaufzählung	Nummer zur Kennzeichnung der Gefahr (obere Hälfte)	Nummer zur Kennzeichnung des Stoffes (untere Hälfte)	Gefahrzettel
(a)	(b)	(c)	(d)	(e)
Dichlorpentane	3, 31 c)	30	1152	3
Dichlorphenole	6.1, 17 c)	60	2021	6.1 A
3,4-Dichlorphenylisocyanat	6.1, 19 b)	60	2250	6.1
Dichlorphenyltrichlorsilan	8, 37 b)	80	1766	8
1,3-Dichlorpropanol-2: siehe alpha-Dichlorhydrin				
1,3-Dichlorpropen	3, 31 c)	30	2047	3
1,2-Dichlor-1,1,2,2-tetrafluoräthan (R 114)	2, 3 a)	20	1958	–
Dicyclohexylamin	8, 53 c)	80	2565	8
Dicyclopentadien	3, 31 c)	30	2048	3
Dieselöle: siehe Kohlenwasserstoffe				
1,1-Difluoräthan (R 152 a)	2, 3 b)	23	1030	++
1,1-Difluoräthylen (Vinylidenfluorid)	2, 5 c)	239	1959	3
Difluorphosphorsäure, wasserfrei	8, 10 b)	80	1768	8
2,3-Dihydropyran	3, 3 b)	33	2376	3
Diisobutylamin	3, 31 c)	30	2361	3
Diisobutylene	3, 3 b)	33	2050	3
Diisobutylketon	3, 31 c)	30	1157	3
Diisooctylphosphat	8, 38 c)	80	1902	8
N,N-Diisopropyläthanolamin	8, 53 c)	80	2825	8
Diisopropyläther	3, 3 b)	33	1159	3
Diisopropylamin	3, 22 b)	338	1158	3+8
Diisopropylbenzolhydroperoxid (Isopropylcumylhydroperoxid) mit 45 % eines Gemisches aus Alkoholen und Ketonen	5.2, 18	539	2171	5
Diketen	3, 31 c)	39	2521	3
1,1-Dimethoxyäthan	3, 3 b)	33	2377	3
1,2-Dimethoxyäthan	3, 3 b)	33	2252	3
Dimethoxymethan (Methylal)	3, 2 b)	33	1234	3
Dimethylacetylen: siehe Butin-2				
Dimethyläthanolamin (Dimethylaminoäthanol)	3, 31 c)	30	2051	3
Dimethyläther	2, 3 b)	23	1033	3
Dimethylamin, wasserfrei	2, 3 bt)	236	1032	3+6.1
Dimethylamin, wässerige Lösungen von				
– mit einem Siedepunkt von höchstens 35 °C	3, 22 a)	338	1160	3+8
– mit einem Siedepunkt über 35 °C	3, 22 b)	338	1160	3+8
Dimethylaminoacetonitril	6.1, 11 b)	63	2378	6.1+3
Dimethylaminoäthanol: siehe Dimethyläthanolamin				
Dimethylaminoäthylmethacrylat	6.1, 11 b)	69	2522	6.1
N,N-Dimethylanilin	6.1, 11 b)	60	2253	6.1
Dimethylbenzole: siehe Xylole				
1,3-Dimethylbutylamin	3, 3 b)	33	2379	3
N,N-Dimethylcarbamoylchlorid	8, 36 b)	80	2262	8
Dimethylcarbonat	3, 3 b)	33	1161	3
Dimethylcyclohexane	3, 3 b)	33	2263	3
N,N-Dimethylcyclohexylamin	8, 53 b)	83	2264	8+3
Dimethyldiäthoxysilan	3, 3 b)	33	2380	3
Dimethyldichlorsilan	3, 21 a)	X338	1162	3+8
Dimethyldioxane				
– mit einem Flammpunkt unter 21 °C	3, 3 b)	33	2707	3
– mit einem Flammpunkt von 21 °C bis 55 °C (die Grenzwerte inbegriffen)	3, 31 c)	30	2707	3
– mit einem Flammpunkt über 55 °C	3, 32 c)	30	2707	–
Dimethyldisulfid	3, 3 b)	33	2381	3
N,N-Dimethylformamid	3, 32 c)	30	2265	–
1,1-Dimethylhydrazin	3, 23 a)	338	1163	3+8
1,2-Dimethylhydrazin	3, 15 a)	336	2382	3+6.1
Dimethylpropylamin	3, 22 b)	338	2266	3+8
Dimethylsulfat	6.1, 13 a)	66	1595	6.1
Dimethylsulfid	3, 2 b)	33	1164	3
Dimethylthiophosphorylchlorid	8, 36 c)	80	2267	8
Dinitroaniline	6.1, 12 b)	60	1596	6.1
Dinitrobenzole	6.1, 12 b)	60	1597	6.1
Dinitro-ortho-kresol (DNOC)	6.1, 75 b)	60	1598	6.1
Dinitrotoluole, fest	6.1, 12 b)	60	2038	6.1
Dinitrotoluole, geschmolzen	6.1, 12 b)	60	1600	6.1
Dioxan (1,4-Diäthylendioxid)	3, 3 b)	33	1165	3

Bezeichnung des Stoffes	Klasse und Ziffer der Stoffaufzählung	Nummer zur Kennzeichnung der Gefahr (obere Hälfte)	Nummer zur Kennzeichnung des Stoffes (untere Hälfte)	Gefahrzettel
(a)	(b)	(c)	(d)	(e)
Dioxolan	3, 3 b)	33	1166	3
Dipenten	3, 31 c)	30	2052	3
Diphenyldichlorsilan: siehe Dichlordiphenylsilan				
Diphenylmethan-4,4 -diisocyanat	6.1, 19 c)	60	2489	6.1 A
Diphenylmethylbromid	8, 65 b)	80	1770	8
Dipropyläther	3, 3 b)	33	2384	3
Dipropylamin	3, 22 b)	338	2383	3+8
Dipropylentriamin: siehe bis-Aminopropylamin				
Dipropylketon	3, 31 c)	30	2710	3
Distickstoffoxid (N_2O)	2, 5 a)	25	1070	5
Distickstoffoxid (N_2O), tiefgekühlt	2, 7 a)	225	2201	5
Ditertiäres Butylperoxid	5.2, 1	539	2102	5
DNOC: siehe Dinitro-ortho-kresol				
Dodecyltrichlorsilan	8, 37 b)	80	1771	8
Druckfarben				
– mit einem Flammpunkt unter 21 °C	3, 5	33	1210	3
– mit einem Flammpunkt von 21 °C bis 55 °C (die Grenzwerte inbegriffen)	3, 31 c) *)	30	1210	3
– mit einem Flammpunkt über 55 °C	3, 32 c) *)	30	1210	–
Eisenpentacarbonyl	6.1, 3	663	1994	6.1+3
Eisentrichlorid, wasserfrei ($FeCl_3$)	8, 22 c)	80	1773	8
Eisentrichlorid, wässerige Lösungen von	8, 5 c)	80	2582	8
Eisessig: siehe Essigsäure				
Epibromhydrin	6.1, 16 a)	66	2558	6.1
Epichlorhydrin	6.1, 16 b)	63	2023	6.1+3
1,2-Epoxy-3-äthoxy-propan	3, 31 c)	30	2752	3
Erdgas (Naturgas), tiefgekühlt, verflüssigt	2, 8 b)	223	1972	3
Essigsäure (Eisessig) und ihre wässerigen Lösungen mit mehr als 80 % reiner Säure	8, 32 b)	83	2789	8+3
Essigsäure mit 50 bis 80 % reiner Säure	8, 32 c)	80	2790	8
Essigsäureamylester: siehe Amylacetate				
Essigsäureanhydrid	8, 32 b)	83	1715	8+3
Essigsäure-n-butylester: siehe n-Butylacetat				
Farbstoffe:				
– mit einem Flammpunkt unter 21 °C	3, 5	33	1263	3
– mit einem Flammpunkt von 21 °C bis 55 °C (die Grenzwerte inbegriffen)	3, 31 c) *)	30	1263	3
– mit einem Flammpunkt über 55 °C	3, 32 c) *)	30	1263	–
Fluorbenzol	3, 3 b)	33	2387	3
Fluorborsäure, wässerige Lösungen von, mit höchstens 78 % reiner Säure (HBF_4)	8, 8 b)	80	1775	8
Fluorphosphorsäure, wasserfrei	8, 10 b)	80	1776	8
Fluorsulfonsäure	8, 10 a)	88	1777	8
Fluortoluole	3, 3 b)	33	2388	3
Fluorwasserstoff, wasserfrei	8, 6	886	1052	8+6.1
Flußsäure, wässerige Lösungen von, mit mehr als 85 % Fluorwasserstoff	8, 6	886	1790	8+6.1
Flußsäure, wässerige Lösungen von, mit mehr als 60 % aber höchstens 85 % Fluorwasserstoff	8, 7 a)	886	1790	8+6.1
Flußsäure, wässerige Lösungen von, mit höchstens 60 % Fluorwasserstoff	8, 7 b)	886	1790	8+6.1
Formaldehyd, wässerige Lösungen von, (z. B. Formalin) mit mindestens 5 % Formaldehyd, auch mit höchstens 35 % Methanol				
– mit einem Flammpunkt von 21 °C bis 55 °C (die Grenzwerte inbegriffen)	8, 63 c)	83	1198	8+3
– mit einem Flammpunkt über 55 °C	8, 63 c)	80	2209	8
Fumarylchlorid	8, 36 b)	80	1780	8
Furan	3, 1 a)	33	2389	3
Furfural (Furfuraldehyd)	3, 32 c)	30	1199	–
Furfurylalkohol	6.1, 13 c)	60	2874	6.1 A
Furfurylamin	8, 53 c)	83	2526	8+3

*) Siehe jedoch die Bemerkung unter Abschnitt D der Rn. 2301

Bezeichnung des Stoffes	Klasse und Ziffer der Stoff- aufzählung	Nummer zur Kenn- zeichnung der Gefahr (obere Hälfte)	Nummer zur Kenn- zeichnung des Stoffes (untere Hälfte)	Gefahrzettel
(a)	(b)	(c)	(d)	(e)
Gemisch R 500	2, 4 a)	20	2602	–
Gemisch R 502	2, 4 a)	20	1973	–
Gemisch R 503	2, 6 a)	20	2599	–
Gemische F 1, F 2 und F 3	2, 4 a)	20	1078	–
Gemische von Ätznatron und Ätzkalk: siehe Natronkalk				
Gemische von Butadien-1,3 und Kohlenwasserstoffen	2, 4 c)	239	1010	++
Gemische von Kohlenwasserstoffen (verflüssigte Gase) (Gemische A, A 0, A 1, B und C)	2, 4 b)	23	1965	3
Gemische von Methylacetylen und Propadien mit Kohlen- wasserstoffen (Gemische P 1 und P 2)	2, 4 c)	239	1060	3
Gemische von Methylbromid und Chlorpikrin (verflüssigtes Gas)	2, 4 at)	26	1581	++
Gemische von Methylchlorid und Chlorpikrin (verflüssigtes Gas)	2, 4 bt)	236	1582	++
Gemische von Methylchlorid und Methylenchlorid (ver- flüssigtes Gas)	2, 4 bt)	236	1912	++
Glycerol-alpha-monochlorhydrin (3-Chlorpropandiol-1,2)	6.1, 17 c)	60	2689	6.1 A
Glycidylaldehyd	6.1, 13 b)	63	2622	6.1+3
Glykolmonoäthyläther: siehe Äthylglykol				
Harze, gelöst in entzündbaren flüssigen Stoffen				
– mit einem Flammpunkt unter 21 °C	3, 5	33	1866	3
– mit einem Flammpunkt von 21 °C bis 55 °C (die Grenz- werte inbegriffen)	3, 31 c) *)	30	1866	3
– mit einem Flammpunkt über 55 °C	3, 32 c) *)	30	1866	–
Heizöle: siehe Kohlenwasserstoffe				
Helium, tiefgekühlt, verflüssigt	2, 7 a)	22	1963	–
Heptane	3, 3 b)	33	1206	3
Heptene	3, 3 b)	33	2278	3
Hexachloraceton	6.1, 17 c)	60	2661	6.1 A
Hexachlorbenzol	6.1, 17 c)	60	2729	6.1 A
Hexachlorbutadien	6.1, 17 c)	60	2279	6.1 A
Hexachlorcyclopentadien	6.1, 17 a)	66	2646	6.1
Hexadecyltrichlorsilan	8, 37 b)	80	1781	8
Hexadiene	3, 3 b)	33	2458	3
Hexafluoracetonhydrat	6.1, 17 b)	60	2552	6.1
Hexafluoräthan (R 116)	2, 5 a)	20	2193	–
Hexafluorphosphorsäure	8, 10 b)	80	1782	8
Hexafluorpropylen (R 1216)	2, 3 at)	26	1858	++
Hexaldehyd	3, 31 c)	30	1207	3
Hexamethylendiamin	8, 52 c)	80	2280	8
Hexamethylendiamin, Lösungen von	8, 53 b)	80	1783	8
Hexamethylendiisocyanat	6.1, 19 b)	60	2281	6.1
Hexamethylenimin	3, 22 b)	338	2493	3+8
Hexane	3, 3 b)	33	1208	3
Hexen-1	3, 3 b)	33	2370	3
Hexyltrichlorsilan	8, 37 b)	80	1784	8
Hydrazin, wässerige Lösungen von, mit höchstens 64 % Hydrazin	8, 44 b)	86	2030	8+6.1
Hydrochinon	6.1, 14 c)	60	2662	6.1 A
Hydrogensulfide, wässerige Lösungen von, soweit in diesem Anhang nicht namentlich genannt	8, 45 c)	80	1719	8
beta-Hydroxybutyraldehyd: siehe Aldol				
Hydroxylaminsulfat	8, 27 c)	80	2865	8
Hypochloritlösungen (Chlorbleichlaugen) mit 16 % oder mehr aktivem Chlor	8, 61 b)	85	1791	8
Hypochloritlösungen (Chlorbleichlaugen) mit mehr als 5 % aber weniger als 16 % aktivem Chlor	8, 61 c)	85	1791	8
3,3´-Imino-bis-propylamin: siehe bis-Aminopropylamin				
Isoamylformiat	3, 31 c)	30	1109	3
Isobutan	2, 3 b)	23	1969	3
Isobutanol: siehe Isobutylalkohol				
Isobuten	2, 3 b)	23	1055	3

*) Siehe jedoch die Bemerkung unter Abschnitt B der Rn. 2301·

Bezeichnung des Stoffes	Klasse und Ziffer der Stoffaufzählung	Nummer zur Kennzeichnung der Gefahr (obere Hälfte)	Nummer zur Kennzeichnung des Stoffes (untere Hälfte)	Gefahrzettel
(a)	(b)	(c)	(d)	(e)
Isobuttersäure	8, 32 c)	80	2520	8
Isobuttersäureanhydrid	8, 32 c)	80	2530	8
Isobuttersäurenitril: siehe Isobutyronitril				
Isobutylacetat	3, 3 b)	33	1213	3
Isobutylacrylat	3, 31 c)	39	2527	3
Isobutylalkohol (Isobutanol)	3, 31 c)	30	1212	3
Isobutylamin	3, 22 b)	338	1214	3+8
Isobutylentrimer: siehe Triisobutylen				
Isobutylformiat	3, 3 b)	33	2393	3
Isobutylisobutyrat	3, 31 c)	30	2528	3
Isobutylisocyanat	3, 14 b)	336	2486	3+6.1
Isobutylmethacrylat	3, 31 c)	39	2283	3
Isobutylpropionat	3, 31 c)	30	2394	3
Isobutylvinyläther	3, 3 b)	339	1304	3
Isobutyraldehyd	3, 3 b)	33	2045	3
Isobutyronitril (Isobuttersäurenitril)	3, 11 b)	336	2284	3+6.1
Isobutyrylchlorid	3, 25 b)	338	2395	3+8
Isocyanate, Lösungen von, mit einem Flammpunkt unter 21 °C	3, 14 b)	336	2478	3+6.1
Isocyanatbenzotrifluoride	6.1, 18 b)	60	2285	6.1
3-Isocyanatmethyl-3,5,5-trimethylcyclohexylisocyanat: siehe Isophorondiisocyanat				
Isododecan (Pentamethylheptan)	3, 31 c)	30	2286	3
Isopentan	3, 1 a)	33	1265	3
Isophorondiamin	8, 53 c)	80	2289	8
Isophorondiisocyanat (3-Isocyanatomethyl-3,5,5-trimethylcyclohexylisocyanat)	6.1, 19 c)	60	2290	6.1 A
Isopren	3, 2 a)	339	1218	3
Isopropenylacetat	3, 3 b)	33	2403	3
Isopropylacetat	3, 3 b)	33	1220	3
Isopropyläthylen: siehe 3-Methylbuten-1				
Isopropylalkohol: siehe Propanol-2				
Isopropylamin (2-Aminopropan)	3, 22 a)	338	1221	3+8
Isopropylbenzol: siehe Cumol				
Isopropylbutyrat	3, 3 b)	33	2405	3
Isopropylchlorid: siehe 2-Chlorpropan				
Isopropylcumylhydroperoxid: siehe Di-isopropylbenzolhydroperoxid				
Isopropylisobutyrat	3, 3 b)	33	2406	3
Isopropylisocyanat	3, 14 a)	336	2483	3+6.1
Isopropylnitrat	3, 3 b)	33	1222	3
Isopropylpropionat	3, 3 b)	33	2409	3
Jodwasserstofflösungen	8, 5 b)	80	1787	8
Kalilaugen: siehe Kaliumhydroxid, Lösungen von				
Kalium	4 3, 1 a)	X423	2257	4.3
Kaliumarsenat	6 1, 51 b)	60	1677	6.1
Kaliumarsenit	6.1, 51 b)	60	1678	6.1
Kaliumbifluorid	8, 26 b)	80	1811	8+6.1
Kaliumbisulfat mit 3 % und mehr freier Schwefelsäure	8, 23 b)	80	2509	8
Kaliumchlorat, Lösungen von	5.1, 4 a)	50	2427	5
Kaliumfluorid	6.1, 65 c)	60	1812	6.1 A
Kaliumhydroxid (Ätzkali)	8, 41 b)	80	1813	8
Kaliumhydroxid, Lösungen von (Kalilaugen)	8, 42 b)	80	1814	8
Kaliumoxid	8, 41 b)	80	2033	8
Kaliumsulfid mit mindestens 30 % Kristallwasser	8, 45 b)	80	1847	8
Kaliumsulfid, wässerige Lösungen von	8, 45 c)	80	1847	8
Kieselfluorwasserstoffsäure: siehe Silicofluorwasserstoffsäure				
Kohlendioxid	2, 5 a)	20	1013	–
Kohlendioxid, tiefgekühlt, verflüssigt	2, 7 a)	22	2187	–
Kohlendioxid mit höchstens 6 Masse-% Äthylenoxid	2, 6 c)	239	1952	++
Kohlendioxid mit mehr als 6 bis höchstens 35 Masse-% Äthylenoxid	2, 6 c)	239	1041	++

Bezeichnung des Stoffes	Klasse und Ziffer der Stoffaufzählung	Nummer zur Kennzeichnung der Gefahr (obere Hälfte)	Nummer zur Kennzeichnung des Stoffes (untere Hälfte)	Gefahrzettel
(a)	(b)	(c)	(d)	(e)
Kohlendioxid mit mehr als 1 und nicht mehr als 10 Masse-% Sauerstoff	2, 6 a)	20	1014	–
Kohlenwasserstoffe, flüssige, rein oder als Mischung, soweit in diesem Anhang nicht namentlich genannt				
– mit einem Flammpunkt unter 21 °C	3, 3 b)	33	1203	3
– mit einem Flammpunkt von 21 °C bis 55 °C (die Grenzwerte inbegriffen)	3, 31 c)	30	1223	3
– mit einem Flammpunkt über 55 °C	3, 32 c)	30	1202	–
Kollodium, Semikollodium und andere Nitrozelluloselösungen, Lösungen von				
– mit einem Flammpunkt unter 21 °C und einem Siedepunkt von höchstens 35 °C	3, 4 a)	33	2059	3
– mit einem Flammpunkt unter 21 °C und einem Siedepunkt über 35 °C	3, 4 b)	33	2059	3
– mit einem Flammpunkt von 21 °C bis 55 °C (die Grenzwerte inbegriffen)	3, 33 c)	30	2060	3
– mit einem Flammpunkt über 55 °C	3, 34 c)	30	2060	–
Kresole	6.1, 14 b)	60	2076	6.1
Kresylsäure	6.1, 14 b)	60	2022	6.1
Krypton, tiefgekühlt, verflüssigt	2, 7 a)	22	1970	–
Kupferäthylendiamin, Lösungen von	8, 53 b)	86	1761	8
Lacke und Lackfarben				
– mit einem Flammpunkt unter 21 °C	3, 5	33	1263	3
– mit einem Flammpunkt von 21 °C bis 55 °C (die Grenzwerte inbegriffen)	3, 31 c) *)	30	1263	3
– mit einem Flammpunkt über 55 °C	3, 32 c) *)	30	1263	–
Legierungen von Natrium und Kalium	4.3, 1 a)	X423	1422	4.3
Lithiumhydroxid	8, 41 b)	80	2680	8
Luft, tiefgekühlt, verflüssigt	2, 8 a)	225	1003	5
Magnesiumarsenat	6.1, 51 b)	60	1622	6.1
Maleinsäureanhydrid	8, 31 c)	80	2215	8
Malonsäuredinitril	6.1, 12 b)	60	2647	6.1
p-Menthanhydroperoxid mit einem Peroxidgehalt von höchstens 95 %	5.2, 14	539	2125	5
Merkaptoäthanol (Thioglykol)	6.1, 20 b)	60	2966	6.1
Mesitylen (1,3,5-Trimethylbenzol)	3, 31 c)	30	2325	3
Mesityloxid	3, 31 c)	30	1229	3
Methacrylaldehyd	3, 17 b)	336	2396	3+6.1
Methacrylsäure	8, 32 c)	89	2531	8
Methallylalkohol	3, 31 c)	30	2614	3
Methan, tiefgekühlt, verflüssigt	2, 7 b)	223	1972	3
Methanol: siehe Methylalkohol				
Methoxyäthanol	3, 31 c)	30	1188	3
Methoxybutylacetat: siehe Butoxyl				
Methoxymethylisocyanat	3, 14 a)	336	2605	3+6.1
4-Methoxy-4-methylpentan-2-on	3, 31 c)	30	2293	3
Methylacetat	3, 3 b)	33	1231	3
Methylacrylat	3, 3 b)	339	1919	3
Methyläthylketon (Butanon)	3, 3 b)	33	1193	3
2-Methyl-5-äthylpyridin	6.1, 11 c)	60	2300	6.1 A
Methylal: siehe Dimethoxymethan				
Methylalkohol (Methanol)	3, 17 b)	336	1230	3+6.1
Methylallylchlorid	3, 3 b)	33	2554	3
Methylamin, wasserfrei	2, 3 bt)	236	1061	++
Methylamin, wässerige Lösungen von				
– mit einem Siedepunkt von höchstens 35 °C	3, 22 a)	338	1235	3+8
– mit einem Siedepunkt über 35 °C	3, 22 b)	338	1235	3+8
Methylamylacetat	3, 31 c)	30	1233	3
Methylamylalkohol (Methylisobutylcarbinol)	3, 31 c)	30	2053	3
N-Methylanilin	6.1, 11 c)	60	2294	6.1 A
Methylbromacetat	6.1, 16 b)	63	2643	6.1+3
Methylbromid	2, 3 at)	26	1062	6.1
3-Methylbutan-2-on	3, 3 b)	33	2397	3
2-Methylbuten-1	3, 1 a)	33	2459	3

*) Siehe jedoch die Bemerkung unter Abschnitt D der Rn. 2301.

Bezeichnung des Stoffes	Klasse und Ziffer der Stoffaufzählung	Nummer zur Kennzeichnung der Gefahr (obere Hälfte)	Nummer zur Kennzeichnung des Stoffes (untere Hälfte)	Gefahrzettel
(a)	(b)	(c)	(d)	(e)
3-Methylbuten-1 (Isopropyläthylen)	3, 1 a)	33	2561	3
2-Methylbuten-2	3, 2 b)	33	2460	3
Methyl-tert-butyläther	3, 3 b)	33	2398	3
Methylbutyrat	3, 3 b)	33	1237	3
Methylchloracetat	6.1, 16 b)	63	2295	6.1+3
Methylchlorformiat	3, 16 a)	336	1238	3+6.1
Methylchlorid	2, 3 bt)	236	1063	3+6.1
Methylchlormethyläther (Chlormethoxymethan)	3, 16 b)	336	1239	3+6.1
Methylcyanid: siehe Acetonitril				
Methylcyclohexan	3, 3 b)	33	2296	3
Methylcyclohexanon	3, 31 c)	30	2297	3
Methylcyclopentan	3, 3 b)	33	2298	3
Methyldichloracetat	6.1, 16 c)	60	2299	6.1 A
Methyldichlorsilan	4.3, 4 b)	X338	1242	4.3+3+8
Methylenbromid (Dibrommethan)	6.1, 15 c)	60	2664	6.1 A
Methylenchlorid (Dichlormethan)	6.1, 15 c)	60	1593	6.1 A
Methylformiat	3, 1 a)	33	1243	3
Methylfuran	3, 3 b)	33	2301	3
Methylglykolacetat (Äthylenglykolmonomethylätheracetat)	3, 31 c)	30	1189	3
5-Methylhexan-2-on	3, 31 c)	30	2302	3
Methylhydrazin	3, 23 a)	338	1244	3+8
Methylisobutylcarbinol: siehe Methylamylalkohol				
Methylisobutylketon	3, 3 b)	33	1245	3
Methylisopropylbenzole: siehe Cymole				
Methylisothiocyanat	6.1, 20 c)	63	2477	6.1 A+3
Methylisovalerat	3, 3 b)	33	2400	3
Methyljodid	6.1, 15 b)	60	2644	6.1
Methylmerkaptan	2, 3 bt)	236	1064	3+6.1
Methylmethacrylat	3, 3 b)	339	1247	3
Methylmorpholine				
– mit einem Flammpunkt unter 21 °C	3, 22 b)	338	2535	3+8
– mit einem Flammpunkt von 21 °C oder mehr	8, 53 b	83	2535	8+3
Methylpentadiene	3, 3 b)	33	2461	3
3-Methyl-2-penten-4-in-1-ol: siehe 1-Pentol				
Methylphenyldichlorsilan	8, 37 b)	83	2437	8+3
1-Methylpiperidin	3, 3 b)	33	2399	3
Methylpropionat	3, 3 b)	33	1248	3
Methylpropyläther	3, 2 b)	33	2612	3
Methylpropylketon	3, 3 b)	33	1249	3
Methylpyridine: siehe Picoline				
alpha-Methylstyrol	3, 31 c)	30	2303	3
Methyltetrahydrofuran	3, 3 b)	33	2536	3
Methyltrichloracetat	6.1, 16 c)	60	2533	6.1 A
Methyltrichlorsilan	3, 21 a)	X338	1250	3+8
2-Methylvaleraldehyd	3, 3 b)	33	2367	3
Methylvinylketon	3, 3 b)	339	1251	3
Milchsäureäthylester: siehe Äthylacetat				
Mischungen von Schwefelsäure mit mehr als 30 % reiner Salpetersäure	8, 3 a)	885	1796	8
Mischungen von Schwefelsäure mit höchstens 30 % reiner Salpetersäure	8, 3 b)	88	1796	8
Molybdänpentachlorid (MoCl₅)	8, 22 c)	80	2508	8
Monochloracetonitril	6.1, 11 b)	60	2668	6.1
Monochloraniline, fest	6.1, 12 b)	60	2018	6.1
Monochloraniline, flüssig	6.1, 12 b)	60	2019	6.1
Monochloressigsäure, fest: siehe Chloressigsäure				
Monochloressigsäure, in geschmolzenem Zustand: siehe Chloressigsäure, in geschmolzenem Zustand				
Monochloressigsäure, Lösungen von: siehe Chloressigsäure, Lösungen von				
Mononitroaniline	6.1, 12 b)	60	1661	6.1
Mononitrobenzol	6.1, 12 b)	60	1662	6.1
Mononitrotoluole	6.1, 12 b)	60	1664	6.1
Morpholin	3, 31 c)	30	2054	3
Naphthalin in geschmolzenem Zustand	4.1, 11 c)	44	2304	4.1
beta-Naphthylamin	6.1, 12 b)	60	1650	6.1

Bezeichnung des Stoffes	Klasse und Ziffer der Stoff- aufzählung	Nummer zur Kenn- zeichnung der Gefahr (obere Hälfte)	Nummer zur Kenn- zeichnung des Stoffes (untere Hälfte)	Gefahrzettel
(a)	(b)	(c)	(d)	(e)
Natrium	4.3, 1 a)	X423	1428	4.3
Natriumaluminat, Lösungen von	8, 42 b)	80	1819	8
Natriumarsenat	6.1, 51 b)	60	1685	6.1
Natriumarsenit, fest	6.1, 51 b)	60	2027	6.1
Natriumarsenit, wässerige Lösungen von				
– giftig	6.1, 51 b)	60	1686	6.1
– gesundheitsschädlich	6.1, 51 c)	60	1686	6.1 A
Natriumbifluorid	8, 26 b)	80	2439	8+6.1
Natriumbisulfat mit 3 % und mehr freier Schwefelsäure	8, 23 b)	80	1821	8
Natriumbisulfat, wässerige Lösungen von	8, 1 b)	80	2837	8
Natriumchlorat, fest	5.1, 4 a)	50	1495	5
Natriumchlorat, Lösungen von	5.1, 4 a)	50	2428	5
Natriumchlorit, Lösungen von	5.1, 4 c)	50	1908	5
Natriumfluorid	6.1, 65 c)	60	1690	6.1 A
Natriumhydrogensulfid mit mindestens 25 % Kristall- wasser	8, 45 b)	80	2949	8
Natriumhydroxid (Ätznatron)	8, 41 b)	80	1823	8
Natriumhydroxid, Lösungen von (Natronlaugen)	8, 42 b)	80	1824	8
Natriummethylat, alkoholische Lösungen von	3, 24 b)	338	1289	3+8
Natriumoxid	8, 41 b)	80	1825	8
Natriumpentachlorphenolat	6.1, 17 b)	60	2567	6.1
Natriumsulfid mit mindestens 30 % Kristallwasser	8, 45 b)	80	1849	8
Natriumsulfid, wässerige Lösungen von	8, 45 c)	80	1849	8
Natronkalk (Gemische von Ätznatron und Ätzkalk)	8, 41 c)	80	1907	8
Natronlaugen: siehe Natriumhydroxid, Lösungen von				
Naturgas: siehe Erdgas				
Neon, tiefgekühlt, verflüssigt	2, 7 a)	22	1913	–
Nickeltetracarbonyl	6.1, 3	663	1259	6.1+3
Nikotinsulfat	6.1, 77 b)	60	1658	6.1
Nitroäthan	3, 31 c)	30	2842	3
Nitroanisole	6.1, 12 c)	60	2730	6.1 A
Nitrobenzolsulfonsäure	8, 34 b)	80	2305	8
Nitrobenzotrifluoride	6.1, 12 b)	60	2306	6.1
Nitrobrombenzole	6.1, 12 c)	60	2732	6.1 A
3-Nitro-4-chlorbenzotrifluorid	6.1, 12 b)	60	2307	6.1
Nitrokresole	6.1, 12 c)	60	2446	6.1 A
Nitrophenole	6.1, 12 c)	60	1663	6.1 A
Nitropropane	3, 31 c)	30	2608	3
Nitrosylschwefelsäure	8, 1 b)	88	2308	8
Nitroxylole	6.1, 12 b)	60	1665	6.1
Nitrozelluloselösungen: siehe Kollodiumlösungen				
Nonan	3, 31 c)	30	1920	3
Nonyltrichlorsilan	8, 37 b)	80	1799	8
Octadecyltrichlorsilan	8, 37 b)	80	1800	8
Octadiene				
– mit einem Flammpunkt unter 21 °C	3, 3 b)	33	2309	3
– mit einem Flammpunkt von 21 °C bis 55 °C (die Grenz- werte inbegriffen)	3, 31 c)	30	2309	3
Octafluorcyclobutan (RC 318)	2, 3 a)	20	1976	–
Octane	3, 3 b)	33	1262	3
Octyltrichlorsilan	8, 37 b)	83	1801	8+3
Oleum (rauchende Schwefelsäure)	8, 1 a)	X886	1831	8+6.1
Oxalate, wasserlöslich	6.1, 67 c)	60	2449	6.1 A
Paraldehyd	3, 31 c)	30	1264	3
Pentachloräthan	6.1, 15 b)	60	1669	6.1
Pentamethylheptan: siehe Isododecan				
n-Pentan	3, 2 b)	33	1265	3
2,4-Pentandion (Acetylaceton)	3, 31 c)	30	2310	3
Penten-1 (Propyläthylen)	3, 1 a)	33	1108	3
1-Pentol (3-Methyl-2-penten-4-in-1-ol)	8, 66 b)	80	2705	8
Perchloräthylen: siehe Tetrachloräthylen				
Perchlormethylmerkaptan	6.1, 16 a)	66	1670	6.1
Perchlorsäure, wässerige Lösungen von, mit höchstens 50 % reiner Säure ($HClO_4$)	8, 4 b)	85	1802	8

Bezeichnung des Stoffes	Klasse und Ziffer der Stoffaufzählung	Nummer zur Kennzeichnung der Gefahr (obere Hälfte)	Nummer zur Kennzeichnung des Stoffes (untere Hälfte)	Gefahrzettel
(a)	(b)	(c)	(d)	(e)
Perchlorsäure, wässerige Lösungen von, mit mehr als 50 % aber höchstens 72,5 % reiner Säure ($HClO_4$)	5.1, 3	558	1873	5
Pestizide, organische Phosphorverbindungen				
– fest	6.1, 71 a)	66	2783	6.1
	71 b)	60	2783	6.1
	71 c)	60	2783	6.1 A
– flüssig, mit einem Flammpunkt unter 21 °C	3, 19	336	2784	3+6.1
	6	33	2784	3+6.1 A
– flüssig, mit einem Flammpunkt von 21 °C bis 55 °C .	6.1, 71 a)	663	3017	6.1+3
	71 b)	63	3017	6.1+3
	71 c)	63	3017	6.1 A+3
– flüssig, nicht entzündbar oder mit einem Flammpunkt über 55 °C	6.1, 71 a)	66	3018	6.1
	71 b)	60	3018	6.1
	71 c)	60	3018	6.1 A
Pestizide, chlorierte Kohlenwasserstoffe				
– fest	6.1, 72 a)	66	2761	6.1
	72 b)	60	2761	6.1
	72 c)	60	2761	6.1 A
– flüssig, mit einem Flammpunkt unter 21 °C	3, 19	336	2762	3+6.1
	6	33	2762	3+6.1 A
– flüssig, mit einem Flammpunkt von 21 °C bis 55 °C .	6.1, 72 a)	663	2995	6.1+3
	72 b)	63	2995	6.1+3
	72 c)	63	2995	6.1 A+3
– flüssig, nicht entzündbar oder mit einem Flammpunkt über 55 °C	6.1, 72 a)	66	2996	6.1
	72 b)	60	2996	6.1
	72 c)	60	2996	6.1 A
Pestizide, Derivate der Chlorphenoxyessigsäure				
– fest	6.1, 73 a)	66	2765	6.1
	73 b)	60	2765	6.1
	73 c)	60	2765	6.1 A
– flüssig, mit einem Flammpunkt unter 21 °C	3, 19	336	2766	3+6.1
	6	33	2766	3+6.1 A
– flüssig, mit einem Flammpunkt von 21 °C bis 55 °C .	6.1, 73 a)	663	2999	6.1+3
	73 b)	63	2999	6.1+3
	73 c)	63	2999	6.1 A+3
– flüssig, nicht entzündbar oder mit einem Flammpunkt über 55 °C	6.1, 73 a)	66	3000	6.1
	73 b)	60	3000	6.1
	73 c)	60	3000	6.1 A
Pestizide, Karbamate				
– fest	6.1, 76 a)	66	2757	6.1
	76 b)	60	2757	6.1
	76 c)	60	2757	6.1 A
– flüssig, mit einem Flammpunkt unter 21 °C	3, 19	336	2758	3+6.1
	6	33	2758	3+6.1 A
– flüssig, mit einem Flammpunkt von 21 °C bis 55 °C .	6.1, 76 a)	663	2991	6.1+3
	76 b)	63	2991	6.1+3
	76 c)	63	2991	6.1 A+3
– flüssig, nicht entzündbar oder mit einem Flammpunkt über 55 °C	6.1, 76 a)	66	2992	6.1
	76 b)	60	2992	6.1
	76 c)	60	2992	6.1 A
Pestizide, Thiokarbamate				
– fest	6.1, 76 a)	66	2771	6.1
	76 b)	60	2771	6.1
	76 c)	60	2771	6.1 A
– flüssig, mit einem Flammpunkt unter 21 °C	3, 19	336	2772	3+6.1
	6	33	2772	3+6.1 A
– flüssig, mit einem Flammpunkt von 21 °C bis 55 °C .	6.1, 76 a)	663	3005	6.1+3
	76 b)	63	3005	6.1+3
	76 c)	63	3005	6.1 A+3
– flüssig, nicht entzündbar oder mit einem Flammpunkt über 55 °C	6.1, 76 a)	66	3006	6.1
	76 b)	60	3006	6.1
	76 c)	60	3006	6.1 A

Bezeichnung des Stoffes	Klasse und Ziffer der Stoff- aufzählung	Nummer zur Kenn- zeichnung der Gefahr (obere Hälfte)	Nummer zur Kenn- zeichnung des Stoffes (untere Hälfte)	Gefahrzettel
(a)	(b)	(c)	(d)	(e)
Pestizide, Organozinnverbindungen				
– fest	6.1, 79 a)	66	2786	6.1
	79 b)	60	2786	6.1
	79 c)	60	2786	6.1 A
– flüssig, mit einem Flammpunkt unter 21 °C	3, 19	336	2787	3+6.1
	6	33	2787	3+6.1 A
– flüssig, mit einem Flammpunkt von 21 °C bis 55 °C .	6.1, 79 a)	663	3019	6.1+3
	79 b)	63	3019	6.1+3
	79 c)	63	3019	6.1 A+3
– flüssig, nicht entzündbar oder mit einem Flammpunkt über 55 °C	6.1, 79 a)	66	3020	6.1
	79 b)	60	3020	6.1
	79 c)	60	3020	6.1 A
Pestizide, Bipyridylium Derivate				
– fest	6.1, 82 a)	66	2781	6.1
	82 b)	60	2781	6.1
	82 c)	60	2781	6.1 A
– flüssig, mit einem Flammpunkt unter 21 °C	3, 19	336	2782	3+6.1
	6	33	2782	3+6.1 A
– flüssig, mit einem Flammpunkt von 21 °C bis 55 °C .	6.1, 82 a)	663	3015	6.1+3
	82 b)	63	3015	6.1+3
	82 c)	63	3015	6.1 A+3
– flüssig, nicht entzündbar oder mit einem Flammpunkt über 55 °C	6.1, 82 a)	66	3016	6.1
	82 b)	60	3016	6.1
	82 c)	60	3016	6.1 A
Pestizide, anorganische Arsenverbindungen				
– fest	6.1, 84 a)	66	2759	6.1
	84 b)	60	2759	6.1
	84 c)	60	2759	6.1 A
– flüssig, mit einen Flammpunkt unter 21 °C	3, 19	336	2760	3+6.1
	6	33	2760	3+6.1 A
– flüssig, mit einem Flammpunkt von 21 °C bis 55 °C .	6.1, 84 a)	663	2993	6.1+3
	84 b)	63	2993	6.1+3
	84 c)	63	2993	6.1 A+3
– flüssig, nicht entzündbar oder mit einem Flammpunkt über 55 °C	6.1, 84 a)	66	2994	6.1
	84 b)	60	2994	6.1
	84 c)	60	2994	6.1 A
Pestizide, anorganische Quecksilberverbindungen				
– fest	6.1, 86 a)	66	2777	6.1
	86 b)	60	2777	6.1
	86 c)	60	2777	6.1 A
– flüssig, mit einem Flammpunkt unter 21 °C	3, 19	336	2778	3+6.1
	6	33	2778	3+6.1 A
– flüssig, mit einem Flammpunkt von 21 °C bis 55 °C .	6.1, 86 a)	663	3011	6.1+3
	86 b)	63	3011	6.1+3
	86 c)	63	3011	6.1 A+3
– flüssig, nicht entzündbar oder mit einem Flammpunkt über 55 °C	6.1, 86 a)	66	3012	6.1
	86 b)	60	3012	6.1
	86 c)	60	3012	6.1 A
Pestizide, anorganische Kupferverbindungen				
– fest	6.1, 87 a)	66	2775	6.1
	87 b)	60	2775	6.1
	87 c)	60	2775	6.1 A
– flüssig, mit einem Flammpunkt unter 21 °C	3, 19	336	2776	3+6.1
	6	33	2776	3+6.1 A
– flüssig, mit einem Flammpunkt von 21 °C bis 55 °C .	6.1, 87 a)	663	3009	6.1+3
	87 b)	63	3009	6.1+3
	87 c)	63	3009	6.1 A+3
– flüssig, nicht entzündbar oder mit einem Flammpunkt über 55 °C	6.1, 87 a)	66	3010	6.1
	87 b)	60	3010	6.1
	87 c)	60	3010	6.1 A

Bezeichnung des Stoffes	Klasse und Ziffer der Stoff-aufzählung	Nummer zur Kenn-zeichnung der Gefahr (obere Hälfte)	Nummer zur Kenn-zeichnung des Stoffes (untere Hälfte)	Gefahrzettel
(a)	(b)	(c)	(d)	(e)
Phenacylbromid: siehe omega-Bromacetophenon				
Phenacylchlorid: siehe omega-Chloracetophenon				
Phenetidine	6.1, 12 c)	60	2311	6.1 A
Phenol, geschmolzen	6.1, 13 b)	68	2312	6.1
Phenol, Lösungen von	6.1, 13 b)	68	2821	6.1
Phenolsulfonsäure, flüssig	8, 34 b)	80	1803	8
Phenylacetonitril: siehe Benzylcyanid				
Phenylacetylchlorid	8, 36 b)	80	2577	8
Phenylcarbylaminchlorid	6.1, 17 a)	66	1672	6.1
Phenylchlorformiat	6.1, 16 b)	68	2746	6.1+8
Phenylchlorid: siehe Chlorbenzol				
Phenylendiamine	6.1, 12 c)	60	1673	6.1 A
Phenylhydrazin	6.1, 12 b)	60	2572	6.1
Phenylisocyanat	6.1, 18 b)	63	2487	6.1+3
Phenylmethyläther (Anisol)	3, 31 c)	30	2222	3
Phenylphosphordichlorid	8, 36 b)	80	2798	8
Phenylthiophosphoryldichlorid	8, 36 b)	80	2799	8
Phenyltrichlorsilan	8, 37 b)	80	1804	8
Phosgen: siehe Chlorkohlenoxid				
Phosphor, weiß oder gelb				
in geschmolzenem Zustand	4.2, 1	446	2447	4.2
fest	4.2, 1	46	1381	4.2
Phosphoroxybromid (POBr$_3$)	8, 22 b)	80	1939	8
Phosphoroxybromid (POBr$_3$), geschmolzen	8, 22 b)	80	2576	8
Phosphoroxychlorid (Phosphorylchlorid) (POCl$_3$)	8, 21 b)	80	1810	8
Phosphorpentachlorid (PCl$_5$)	8, 22 b)	80	1806	8
Phosphorpentasulfid	4.1, 8	40	1340	4.1
Phosphorpentoxid: siehe Phosphorsäureanhydrid				
Phosphorsäure	8, 11 c)	80	1805	8
Phosphorsäureanhydrid (Phosphorpentoxid)	8, 27 b)	80	1807	8
Phosphorsäuremonobutylester	8, 38 c)	80	1718	8
Phosphrosäuremonoisopropylester	8, 38 c)	80	1793	8
Phosphorsesquisulfid	4.1, 8	40	1341	4.1
Phosphortribromid (PBr$_3$)	8, 21 b)	80	1808	8
Phosphortrichlorid (PCl$_3$)	8, 21 b)	80	1809	8
Phosphorylchlorid: siehe Phosphoroxychlorid				
Phthalsäureanhydrid	8, 31 c)	80	2214	8
Picoline (Methylpyridine)	3, 31 c)	30	2313	3
Pinanhydroperoxid mit einem Peroxidgehalt von höchstens 95 %	5.2, 15	539	2162	5
alpha-Pinen	3, 31 c)	30	2368	3
Piperazin: siehe Diäthylendiamin				
Piperidin	3, 22 b)	338	2401	3+8
Pivaloylchlorid (Pivalinsäurechlorid)	8, 36 b)	83	2438	8+3
Propan	2, 3 b)	23	1978	3
n-Propanol, technisch	3, 3 b)	33	1274	3
Propanol-2 (Isopropylalkohol)	3, 3 b)	33	1219	3
Propen	2, 3 b)	23	1077	3
Propionaldehyd	3, 3 b)	33	1275	3
Propionitril	3, 11 b)	336	2404	3+6.1
Propionsäure mit 50 % oder mehr reiner Säure	8, 32 c)	80	1848	8
Propionsäureanhydrid	8, 32 c)	80	2496	8
Propionylchlorid (Propionsäurechlorid)	3, 25 b)	338	1815	3+8
n-Propylacetat	3, 3 b)	33	1276	3
Propyläthylen: siehe Penten-1				
n-Propylamin (1-Aminopropan)	3, 22 b)	338	1277	3+8
n-Propylbenzol	3, 31 c)	30	2364	3
Propylchlorid: siehe 1-Chlorpropan				
Propylen: siehe Propen				
Propylendiamin	8, 53 b)	83	2258	8+3
Propylendichlorid	3, 3 b)	33	1279	3
Propylenimin	3, 12	336	1921	3+6.1
Propylenoxid	3, 2 a)	33	1280	3
Propylentetramer: siehe Tetrapropylen				
Propylentrimer: siehe Tripropylen				
Propylformiate	3, 3 b)	33	1281	3

Bezeichnung des Stoffes	Klasse und Ziffer der Stoff- aufzählung	Nummer zur Kenn- zeichnung der Gefahr (obere Hälfte)	Nummer zur Kenn- zeichnung des Stoffes (untere Hälfte)	Gefahrzettel
(a)	(b)	(c)	(d)	(e)
n-Propylisocyanat	3, 14 a)	336	2482	3+6.1
Propylmerkaptan	3, 3 b)	33	2402	3
Propyltrichlorsilan	8, 37 b)	83	1816	8+3
Pyridin	3, 15 b)	336	1282	3+6.1
Pyrosulfurylchlorid ($S_2O_5Cl_2$)	8, 21 b)	80	1817	8
Pyrrolidin	3, 22 b)	338	1922	3+8
Quecksilber-II-acetat	6.1, 52 b)	60	1629	6.1
Quecksilber-II-chlorid	6.1 52 b)	60	1624	6.1
R 12: siehe Dichlordifluormethan				
R 12B1: siehe Bromchlordifluormethan				
R 13: siehe Chlortrifluormethan				
R 13B1: siehe Bromtrifluormethan				
R 21: siehe Dichlorfluormethan				
R 22: siehe Chlordifluormethan				
R 23: siehe Trifluormethan				
R 114: siehe 1,2-Dichlor-1,1,2,2-tetrafluoräthan				
R 115: siehe Chlorpentafluoräthan				
R 116: siehe Hexafluoräthan				
R 133 a: siehe 1-Chlor-2,2,2-trifluoräthan				
R 142 b: siehe 1-Chlor-1,1-difluoräthan				
R 152 a: siehe 1,1-Difluoräthan				
R 500: siehe Gemisch R 500				
R 502: siehe Gemisch R 502				
R 503: siehe Gemisch R 503				
R 1113: siehe Chlortrifluoräthylen				
R 1216: siehe Hexafluorpropylen				
RC 318: siehe Octafluorcyclobutan				
Resorcin	6.1, 14 c)	60	2876	6.1 A
Säuremischungen von Schwefelsäure und Fluorwasser- stoffsäure	8, 7 a)	886	1786	8+6.1
Salpetersäure, rotrauchende	8, 2 a)	856	2032	8
Salpetersäure mit mehr als 70 % reiner Säure	8, 2 a)	885	2032	8
Salpetersäure mit höchstens 70 % reiner Säure	8, 2 b)	80	2031	8
Salpetersäure, Mischungen mit Schwefelsäure: siehe Mischungen von Schwefelsäure, mit Salpetersäure				
Salzsäure (Chlorwasserstofflösungen)	8, 5 b)	80	1789	8
Sauerstoff, tiefgekühlt, verflüssigt	2, 7 a)	225	1073	5
Schwefel	4.1, 2 a)	40	1350	4.1
Schwefel, in geschmolzenem Zustand	4.1, 2 b)	44	2448	4.1
Schwefelchlorid (Chlorschwefel) (S_2Cl_2)	8, 21 a)	88	1828	8
Schwefeldichlorid (SCl_2)	8, 21 a)	X88	1828	8
Schwefeldioxid	2, 3 at)	26	1079	++
Schwefelhexafluorid	2, 5 a)	20	1080	–
Schwefelkohlenstoff	3, 18 a)	336	1131	3+6.1
Schwefelsäure	8, 1 b)	80	1830	8
Schwefelsäureanhydrid (Schwefeltrioxid)	8, 1 a)	X88	1829	8
Schwefelsäure, Mischungen mit Salpetersäure: siehe Mischungen von Schwefelsäure mit Salpetersäure				
Schwefelsäure, rauchende: siehe Oleum				
Schwefeltrioxid: siehe Schwefelsäureanhydrid				
Schwefelwasserstoff	2, 3 bt)	236	1053	3+6.1
Selenate	6.1, 55 a)	66	2630	6.1
Selendisulfid	6.1, 55 b)	60	2657	6.1
Selenite	6.1, 55 a)	66	2630	6.1
Selenmetall	6.1, 55 c)	60	2658	6.1 A
Selensäure	8, 11 a)	88	1905	8
Siliciumchloroform: siehe Trichlorsilan				
Siliciumtetrachlorid ($SiCl_4$)	8, 21 b)	80	1818	8
Silicofluorwasserstoffsäure (Kieselfluorwasserstoffsäure) (H_2SiF_6)	8, 9 b)	80	1778	8
Stickstoff, tiefgekühlt, verflüssigt	2, 7 a)	22	1977	–
Stickstoffdioxid (NO_2) (Stickstoffperoxid, Stickstofftetro- xid) (N_2O_4)	2, 3 at)	265	1067	6.1+5

Bezeichnung des Stoffes	Klasse und Ziffer der Stoffaufzählung	Nummer zur Kennzeichnung der Gefahr (obere Hälfte)	Nummer zur Kennzeichnung des Stoffes (untere Hälfte)	Gefahrzettel
(a)	(b)	(c)	(d)	(e)
Styrol (Vinylbenzol)	3, 31 c)	39	2055	3
Sulfide, wässerige Lösungen von, soweit in diesem Anhang nicht namentlich genannt	8, 45 c)	80	1719	8
Sulfurylchlorid (SO_2Cl_2)	8, 21 a)	X88	1834	8
Teere, flüssig	3, 32 c)	30	1999	–
Terpen-Kohlenwasserstoffe, soweit in diesem Anhang nicht namentlich genannt				
– mit einem Flammpunkt von 21 °C bis 55 °C (die Grenzwerte inbegriffen)	3, 31 c)	30	2319	3
– mit einem Flammpunkt über 55 °C	3, 32 c)	30	2319	–
Terpentin	3, 31 c)	30	1299	3
Terpinolen	3, 31 c)	30	2541	3
Tetraäthylblei	6.1, 31 a)	66	1649	6.1
Tetraäthylenpentamin	8, 53 c)	80	2320	8
1,1,2,2-Tetrabromäthan (Acetylentetrabromid)	6.1, 17 c)	60	2504	6.1 A
Tetrabromkohlenstoff	6.1, 15 c)	60	2516	6.1 A
1,1,2,2-Tetrachloräthan (Acetylentetrachlorid)	6.1, 15 b)	60	1702	6.1
Tetrachloräthylen (Perchloräthylen)	6.1, 15 c)	60	1897	6.1 A
Tetrachlorkohlenstoff	6.1, 15 b)	60	1846	6.1
Tetrachlorphenole	6.1, 17 c)	60	2020	6.1 A
1,2,3,6-Tetrahydrobenzaldehyd	3, 32 c)	30	2498	–
Tetrahydrofuran	3, 3 b)	33	2056	3
Tetrahydrophthalsäureanhydrid	8, 31 c)	80	2698	8
1,2,3,6-Tetrahydropyridin	3, 3 b)	33	2410	3
Tetrahydrothiophen (Thiophan)	3, 3 b)	33	2412	3
Tetramethoxysilan: siehe Tetramethylorthosilikat				
Tetramethyläthylendiamin: siehe 1,2-Bisdimethylaminoäthan				
Tetramethylammoniumhydroxid	8, 51 b)	80	1835	8
Tetramethylblei	6.1, 31 a)	663	1649	6.1+3
Tetramethylorthosilikat (Tetramethoxysilan)	3, 17 a)	336	2606	3+6.1
Tetramethylsilan	3, 1 a)	33	2749	3
Tetranitromethan, frei von brennbaren Verunreinigungen	5.1, 2	559	1510	5
Tetrapropylen (Propylentetramer)	3, 32 c)	30	2850	–
Tetrapropyl-ortho-titanat	3, 31 c)	30	2413	3
Thia-4-pentanal	6.1, 20 c)	60	2785	6.1 A
Thioessigsäure	3, 3 b)	33	2436	3
Thioglykol: siehe Merkaptoäthanol				
Thioglykolsäure	8, 32 b)	80	1940	8
Thionylchlorid ($SOCl_2$)	8, 21 a)	X88	1836	8
Thiophan: siehe Tetrahydrothiophen				
Thiophen	3, 3 b)	33	2414	3
Thiophenol: siehe Benzothiol				
Thiophosgen	6.1, 20 b)	60	2474	6.1
Thiophosphorylchlorid ($PSCl_3$)	8, 21 b)	80	1837	8
Titantetrachlorid ($TiCl_4$)	8, 21 b)	80	1838	8
Titantrichlorid, Gemische von, in nicht pyrophorer Form	8, 22 b)	80	2869	8
Toluidine	6.1, 12 b)	60	1708	6.1
Toluol	3, 3 b)	33	1294	3
Toluolsulfonsäuren, fest	8, 34 c)	80	2585	8
Toluolsulfonsäuren, Lösungen von	8, 34 c)	80	2586	8
2,4-Toluylendiamin	6.1, 12 c)	60	1709	6.1 A
2,4-Toluylendiisocyanat und isomere Gemische	6.1, 19 b)	60	2078	6.1
Triäthylamin	3, 22 b)	338	1296	3+8
Triäthylborat	3, 3 b)	33	1176	3
Triäthylentetramin	8, 53 b)	80	2259	8
Triäthylorthoformiat: siehe Äthylorthoformiat				
Triäthylphosphit	3, 31 c)	30	2323	3
Triallylamin	3, 31 c)	30	2610	3
Triallylborat	6.1, 13 c)	60	2609	6.1 A
Tribromboran: siehe Bortribromid				
Tribrommethan (Bromoform)	6.1, 15 c)	60	2515	6.1 A
Tributylamin	8, 53 c)	80	2542	8
Trichloracetaldehyd (Chloral)	6.1, 16 b)	60	2075	6.1
Trichloracetylchlorid	8, 36 b)	X80	2442	8

Bezeichnung des Stoffes (a)	Klasse und Ziffer der Stoff- aufzählung (b)	Nummer zur Kenn- zeichnung der Gefahr (obere Hälfte) (c)	Nummer zur Kenn- zeichnung des Stoffes (untere Hälfte) (d)	Gefahrzettel (e)
1,1,1-Trichloräthan	6.1, 15 c)	60	2831	6.1 A
Trichloräthylen	6.1, 15 c)	60	1710	6.1 A
Trichlorbenzole	6.1, 17 c)	60	2321	6.1 A
Trichlorbuten	6.1, 17 b)	60	2322	6.1
Trichloressigsäure	8, 31 b)	80	1839	8
Trichloressigsäure, Lösungen von	8, 32 b)	80	2564	8
Trichloressigsäuremethylester: siehe Methyltrichloracetat				
Trichlormethylbenzol: siehe Benzotrichlorid				
Trichlorphenole	6.1, 17 c)	60	2020	6.1 A
Trichlorsilan (Siliciumchloroform)	4.3, 4 a)	X338	1295	4.3+3+8
1,1,1-Trifluoräthan	2, 3 b)	23	2035	++
Trifluoressigsäure	8, 32 a)	88	2699	8
Trifluormethan (R 23)	2, 5 a)	20	1984	–
Triisobutylen (Isobutylentrimer)	3, 31 c)	30	2324	3
Trikresylphosphat, mit mehr als 3 % ortho-Isomer	6.1, 23 b)	60	2574	6.1
Trimethylamin, wasserfrei	2, 3 bt)	236	1083	3+6.1
Trimethylamin, wässerige Lösungen von				
– mit einem Siedepunkt von höchstens 35 °C	3, 22 a)	338	1297	3+8
– mit einem Siedepunkt über 35 °C	3, 22 b)	338	1297	3+8
1,3,5-Trimethylbenzol: siehe Mesitylen				
Trimethylborat	3, 3 b)	33	2416	3
Trimethylchlorsilan	3, 21 a)	X338	1298	3+8
Trimethylcyclohexylamin	8, 53 c)	80	2326	8
Trimethylhexamethylendiamine	8, 53 c)	80	2327	8
Trimethylhexamethylendiisocyanat und isomere Gemische	6.1, 19 c)	60	2328	6.1 A
Trimethylphosphit	3, 31 c)	30	2329	3
Tripropylamin	8, 53 b)	83	2260	8+3
Tripropylen (Propylentrimer)	3, 31 c)	30	2057	3
Undecan	3, 32 c)	30	2330	–
Valeraldehyd	3, 3 b)	33	2058	3
Valerylchlorid (Valeriansäurechlorid)	8, 36 b)	80	2502	8
Vanadiumoxytrichlorid (VOCl$_3$)	8, 21 b)	80	2443	8
Vanadiumoxytrichlorid (VOCl$_3$), wässerige Lösungen von	8, 5 b)	80	2443	8
Vanadiumpentoxid	6.1, 58 b)	60	2862	6.1
Vanadiumtetrachlorid (VCl$_4$)	8, 21 a)	88	2444	8
Vanadiumtrichlorid (VCl$_3$)	8, 22 c)	80	2475	8
Vinylacetat	3, 3 b)	339	1301	3
Vinyläthyläther	3, 2 b)	339	1302	3
Vinylbenzol: siehe Styrol				
Vinylbromid	2, 3 ct)	236	1085	++
Vinylbutyrat	3, 3 b)	339	2838	3
Vinylchloracetat	6.1, 16 b)	60	2589	6.1
Vinylchlorid	2, 3 c)	239	1086	3
Vinylcyanid: siehe Acrylnitril				
Vinylfluorid	2, 5 c)	230	1860	++
Vinylidenchlorid (1,1-Dichloräthylen)	3, 1 a)	339	1303	3
Vinylidenfluorid: siehe 1,1-Difluoräthylen				
Vinyl-Isobutyläther	3, 3 b)	339	1304	3
Vinylmethyläther	2, 3 ct)	236	1087	++
Vinyltoluole, isomere Gemische	3, 31 c)	39	2618	3
Vinyltrichlorsilan	3, 21 a)	X338	1305	3+8
Wasserstoff, tiefgekühlt, verflüssigt	2, 7 b)	223	1966	++
Wasserstoffperoxid, stabilisiert und in wässerigen Lösungen mit mehr als 60 % Wasserstoffperoxid, stabilisiert	5.1, 1	559	2015	5
Wasserstoffperoxid, wässerige Lösungen von, mit mindestens 20 % bis höchstens 60 % Wasserstoffperoxid	8, 62 b)	85	2014	8+5
Wasserstoffperoxid, wässerige Lösungen von, mit mindestens 8 % und weniger als 20 % Wasserstoffperoxid	8, 62 c)	85	2984	8+5
Xenon	2, 5 a)	20	2036	–
Xenon, tiefgekühlt, verflüssigt	2, 7 a)	22	2591	–
Xylenole	6.1, 14 b)	60	2261	6.1

Bezeichnung des Stoffes	Klasse und Ziffer der Stoffaufzählung	Nummer zur Kennzeichnung der Gefahr (obere Hälfte)	Nummer zur Kennzeichnung des Stoffes (untere Hälfte)	Gefahrzettel
(a)	(b)	(c)	(d)	(e)
Xylidine	6.1, 12 b)	60	1711	6.1
Xylole (Dimethylbenzole)	3, 31 c)	30	1307	3
Xylylbromid	6.1, 17 b)	60	1701	6.1
Zinkchlorid (ZnCl$_2$)	8, 22 c)	80	2331	8
Zinkchlorid (ZnCl$_2$), wässerige Lösungen von	8, 5 c)	80	1840	8
Zinntetrachlorid, wasserfrei (SnCl$_4$)	8, 21 b)	80	1827	8
Zinntetrachloridpentahydrat (SnCl$_4 \cdot$ 5H$_2$O)	8, 22 c)	80	2440	8
Zirkoniumtetrachlorid (ZrCl$_4$)	8, 22 c)	80	2503	8

Verzeichnis II

Verzeichnis der Stoffe der Klassen 3, 6.1 und 8, die im Verzeichnis I nicht namentlich aufgeführt sind oder nicht unter eine dort aufgeführte Sammelbezeichnung fallen, jedoch diesen Klassen zuzuordnen sind, und denen keine besondere „Nummer zur Kennzeichnung des Stoffes" zugeteilt ist.

Die Stoffe sind entsprechend den von ihnen während der Beförderung ausgehenden Gefahren nach Klassen und Ziffern der Stoffaufzählung zu Gruppen zusammengefaßt.

Bem. Dieses Verzeichnis gilt nur für Stoffe der Klassen 3, 6.1 und 8, die nicht im Verzeichnis I aufgeführt sind.

Gruppe der Stoffe	Klasse und Ziffer der Stoffaufzählung	Nummer zur Kennzeichnung der Gefahr (obere Hälfte)	Nummer zur Kennzeichnung des Stoffes (untere Hälfte)	Gefahrzettel
(a)	(b)	(c)	(d)	(e)
Nicht giftige und nicht ätzende flüssige Stoffe, mit einem Flammpunkt unter 21 °C	3, 1 bis 5	33	1993	3
Stoffe und Präparate zur Schädlingsbekämpfung mit gesundheitsschädlicher Wirkung, mit einem Flammpunkt unter 21 °C	3, 6	33	3021	3+6.1 A
Entzündbare giftige flüssige Stoffe, mit einem Flammpunkt unter 21 °C	3, 11, 14 bis 18, 20	336	1992	3+6.1
Stoffe und Präparate zur Schädlingsbekämpfung mit sehr giftiger oder giftiger Wirkung, mit einem Flammpunkt unter 21 °C	3, 19	336	3021	3+6.1
Entzündbare ätzende flüssige Stoffe, mit einem Flammpunkt unter 21 °C	3, 21 bis 26	338	2924	3+8
Nicht giftige und nicht ätzende entzündbare flüssige Stoffe, mit einem Flammpunkt von 21 °C bis 100 °C	3, 31	30	1993	3
	32	30	1993	–
Sehr giftige flüssige Stoffe, entzündbar, mit einem Flammpunkt von 21 °C bis 55 °C	6.1, Buchstabe a) der Ziffern 11, 13, 15, 16, 18, 20, 22 und 24	663	2929	6.1+3
Giftige flüssige Stoffe, entzündbar, mit einem Flammpunkt von 21 °C bis 55 °C	6.1, Buchstabe b) der Ziffern 11, 13, 15, 16, 18, 20, 22 und 24	63	2929	6.1+3
Gesundheitsschädliche, flüssige Stoffe, entzündbar, mit einem Flammpunkt von 21 °C bis 55 °C	6.1, Buchstabe c) der Ziffern 11, 13, 15, 16, 18, 20, 22 und 24	63	2929	6.1 A+3
Sehr giftige flüssige Stoffe, nicht entzündbar oder mit einem Flammpunkt über 55 °C	6.1, Buchstabe a) der Ziffern 11 bis 24, 51, 55 und 68	66	2810	6.1

Gruppe der Stoffe	Klasse und Ziffer der Stoffaufzählung	Nummer zur Kennzeichnung der Gefahr (obere Hälfte)	Nummer zur Kennzeichnung des Stoffes (untere Hälfte)	Gefahrzettel
(a)	(b)	(c)	(d)	(e)
Giftige flüssige Stoffe, nicht entzündbar oder mit einem Flammpunkt über 55 °C	6.1, Buchstabe b) der Ziffern 11 bis 24, 51 bis 55, 57 bis 68	60	2810	6.1
Gesundheitsschädliche, flüssige Stoffe, nicht entzündbar oder mit einem Flammpunkt über 55 °C	6.1, Buchstabe c) der Ziffern 11 bis 24, 51 bis 55, 57 bis 68	60	2810	6.1 A
Sehr giftige feste Stoffe, entzündbar	6.1, Buchstabe a) der Ziffern 11 bis 24	66	2930	6.1
Giftige feste Stoffe, entzündbar	6.1, Buchstabe b) der Ziffern 11 bis 24	60	2930	6.1
Gesundheitsschädliche feste Stoffe, entzündbar	6.1, Buchstabe c) der Ziffern 11 bis 24	60	2930	6.1 A
Sehr giftige feste Stoffe, nicht entzündbar	6.1, Buchstabe a) der Ziffern 51, 55 und 68	66	2811	6.1
Giftige feste Stoffe, nicht entzündbar	6.1, Buchstabe b) der Ziffern 51 bis 55, 57 bis 68	60	2811	6.1
Gesundheitsschädliche feste Stoffe, nicht entzündbar	6.1, Buchstabe c) der Ziffern 51 bis 55, 57 bis 68	60	2811	6.1 A
Flüssige Stoffe und Präparate zur Schädlingsbekämpfung, mit sehr giftiger Wirkung, entzündbar, mit einem Flammpunkt von 21 °C bis 55 °C	6.1, Buchstabe a) der Ziffern 74, 75, 77, 78, 80, 81, 83, 85 und 88	663	2903	6.1+3
Flüssige Stoffe und Präparate zur Schädlingsbekämpfung mit giftiger Wirkung, entzündbar, mit einem Flammpunkt von 21 °C bis 55 °C	6.1, Buchstabe b) der Ziffern 74, 75, 77, 78, 80, 81, 83, 85 und 88	63	2903	6.1+3
Flüssige Stoffe und Präparate zur Schädlingsbekämpfung mit gesundheitsschädlicher Wirkung, entzündbar, mit einem Flammpunkt von 21 °C bis 55 °C	6.1, Buchstabe c) der Ziffern 74, 75, 77, 78, 80, 81, 83, 85 und 88	63	2903	6.1 A+3
Flüssige Stoffe und Präparate zur Schädlingsbekämpfung mit sehr giftiger Wirkung, nicht entzündbar oder mit einem Flammpunkt über 55 °C	6.1, Buchstabe a) der Ziffern 74, 75, 77, 78, 80, 81, 83, 85 und 88	66	2902	6.1
Flüssige Stoffe und Präparate zur Schädlingsbekämpfung mit giftiger Wirkung, nicht entzündbar oder mit einem Flammpunkt über 55 °C	6.1, Buchstabe b) der Ziffern 74, 75, 77, 78, 80, 81, 83, 85 und 88	60	2902	6.1
Flüssige Stoffe und Präparate zur Schädlingsbekämfung mit gesundheitsschädlicher Wirkung, nicht entzündbar oder mit einem Flammpunkt über 55 °C	6.1, Buchstabe c) der Ziffern 74, 75, 77, 78, 80, 81, 83, 85 und 88	60	2902	6.1 A
Feste Stoffe und Präparate zur Schädlingsbekämpfung mit sehr giftiger Wirkung	6.1, Buchstabe a) der Ziffern 74, 75, 77, 78, 80, 81, 83, 85 und 88	66	2588	6.1

Gruppe der Stoffe	Klasse und Ziffer der Stoffaufzählung	Nummer zur Kennzeichnung der Gefahr (obere Hälfte)	Nummer zur Kennzeichnung des Stoffes (untere Hälfte)	Gefahrzettel
(a)	(b)	(c)	(d)	(e)
Feste Stoffe und Präparate zur Schädlingsbekämpfung mit giftiger Wirkung	6.1, Buchstabe b) der Ziffern 74, 75, 77, 78, 80, 81, 83, 85 und 88	60	2588	6.1
Feste Stoffe und Präparate zur Schädlingsbekämpfung mit gesundheitsschädlicher Wirkung	6.1, Buchstabe c) der Ziffern 74, 75, 77, 78, 80, 81, 83, 85 und 88	60	2588	6.1 A
Stark ätzende flüssige Stoffe, entzündbar, mit einem Flammpunkt von 21 °C bis 55 °C	8, Buchstabe a) der Ziffern 32, 33, 36, 37, 64 und 66	883	2920	8+3
Ätzende flüssige Stoffe, entzündbar, mit einem Flammpunkt von 21 °C bis 55 °C	8, Buchstabe b) der Ziffern 32 bis 34, 36 bis 39, 51, 53, 54, 64 und 66	83	2920	8+3
Schwach ätzende flüssige Stoffe, entzündbar, mit einem Flammpunkt von 21 °C bis 55 °C	8, Buchstabe c) der Ziffern 32 bis 34, 36 bis 39, 51, 53, 54, 64 und 66	83	2920	8+3
Stark ätzende flüssige Stoffe, nicht entzündbar oder mit einem Flammpunkt über 55 °C	8, Buchstabe a) der Ziffern 1, 3, 10, 11, 21, 27, 32, 33, 36, 37, 64 und 66	88	1760	8
Stark ätzende flüssige Stoffe, nicht entzündbar oder mit einem Flammpunkt über 55 °C	8, 26 a)	88	1760	8+6.1
Ätzende flüssige Stoffe, nicht entzündbar oder mit einem Flammpunkt über 55 °C	8, Buchstabe b) der Ziffern 1, 3, 5, 10, 11, 21, 23, 27, 32 bis 34, 36 bis 39, 51, 53, 54, 64 und 66	80	1760	8
Ätzende flüssige Stoffe, nicht entzündbar oder mit einem Flammpunkt über 55 °C	8, 26 b)	80	1760	8+6.1
Schwach ätzende flüssige Stoffe, nicht entzündbar oder mit einem Flammpunkt über 55 °C	8, Buchstabe c) der Ziffern 1, 3, 5, 10, 11, 21, 23, 27, 32 bis 34, 36 bis 39, 51, 53, 54, 64 und 66	80	1760	8
Schwach ätzende flüssige Stoffe, nicht entzündbar oder mit einem Flammpunkt über 55 °C	8, 26 c)	80	1760	8+6.1
Stark ätzende feste Stoffe, entzündbar	8, Buchstabe a) der Ziffern 64 und 65	88	2921	8
Ätzende feste Stoffe, entzündbar	8, Buchstabe b) der Ziffern 31, 33 bis 35, 37 bis 39, 51, 52, 54, 64 und 65	80	2921	8
Schwach ätzende feste Stoffe, entzündbar	8, Buchstabe c) der Ziffern 31, 33 bis 35, 37 bis 39, 51, 52, 54, 64 und 65	80	2921	8
Stark ätzende feste Stoffe, nicht entzündbar	8, Buchstabe a) der Ziffern 8, 11, 27 und 65	88	1759	8

Gruppe der Stoffe	Klasse und Ziffer der Stoff- aufzählung	Nummer zur Kenn- zeichnung der Gefahr (obere Hälfte)	Nummer zur Kenn- zeichnung des Stoffes (untere Hälfte)	Gefahr- zettel
(a)	(b)	(c)	(d)	(e)
Stark ätzende feste Stoffe, nicht entzündbar	8, 26 a)	88	1759	8+6.1
Ätzende feste Stoffe, nicht entzündbar	8, Buchstabe b) der Ziffern 11, 22, 27, 31, 33 bis 35, 37 bis 39, 41, 45 und 65	80	1759	8
Ätzende feste Stoffe, nicht entzündbar	8, 26 b)	80	1759	8+6.1
Schwach ätzende feste Stoffe, nicht entzündbar .	8, Buchstabe c) der Ziffern 11, 22, 27, 31, 33 bis 35, 37 bis 39, 41, 45 und 65	80	1759	8
Schwach ätzende feste Stoffe, nicht entzündbar .	8, 26 c)	80	1759	8+6.1

250 001 Die Kennzeichnungsnummern müssen auf der Tafel wie folgt dargestellt sein:

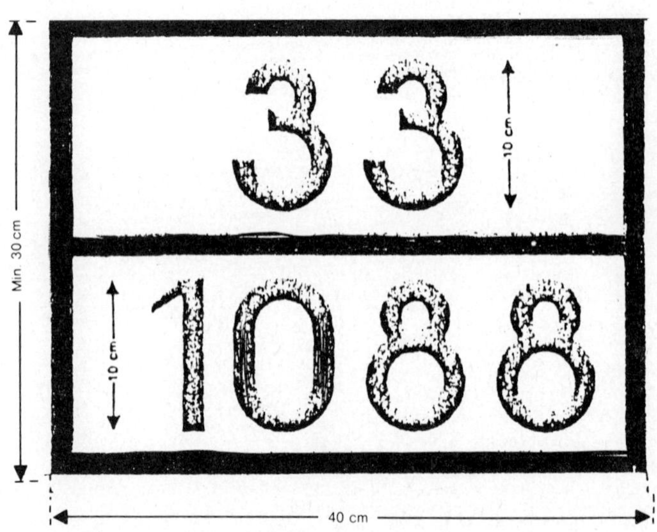

Nummer
zur Kennzeichnung
der Gefahr
(2 oder 3 Ziffern)

Nummer
zur Kennzeichnung
des Stoffes
(4 Ziffern)

Untergrund: orangefarben.
Rand, Querstrich und Ziffern schwarz mit 15 mm Strichbreite.

**250 002-
259 999**

Anhang B.8

Listen I und II

**der gefährlichen Güter,
deren Beförderung auf der Straße
nach § 7 dieser Verordnung
erlaubnispflichtig ist**

Bemerkungen:

1. Überschreitet die beförderte Menge je Kraftfahrzeug oder Lastzug die in Spalte 4 genannte Masse, so ist die Beförderung erlaubnispflichtig.

2. Werden verschiedene der nachstehend aufgeführten gefährlichen Güter in geringeren Mengen als den in Spalte 4 der Listen I und II angegebenen in einem Kraftfahrzeug oder Lastzug befördert, so ist zunächst die tatsächliche Masse jedes Gutes mit dem für dieses Gut in Spalte 5 angegebenen Faktor zu multiplizieren. Ist die Summe der so ermittelten Produkte größer als 10 000, so ist die Beförderung erlaubnispflichtig.

3. Die Beförderung von Gasen der Klasse 2 dieser Listen – ausgenommen Fluor [Rn. 2201 Ziff. 1 at)] und tiefgekühlte, verflüssigte Gase [Rn. 2201 Ziff. 7 b) und 8 b)] – ist nicht erlaubnispflichtig, wenn diese Gase in vorgeschriebenen Stahlflaschen mit einem Fassungsraum von höchstens 150 Liter oder Gefäßen mit einem Fassungsraum von mindestens 100 Liter bis höchstens 1 000 Liter enthalten sind.

*grenzüberschreitender
GGVS*

*Beachtung der nationalen
Reglungen der einzelnen
Staaten (CSR)*

Liste I *)

Stoffaufzählung nach Anlage A		Bezeichnung der Stoffe und Gegenstände	Menge in kg (Nettomasse des Stoffes oder Gegenstandes)	Faktor
Klasse und Rn.	Ziffer			
1	2	3	4	5
1 a Rn. 2101.	3 a)	Nitroglycerinpulver, nicht porös und nicht staubförmig	2 000	5
	3 b)	Nitroglycerinpulver, porös	100	100
	5	Nitrozellulosepulver		
	6 a)	Trinitrobenzoesäure, Trinitrokresol	500	20
	b)	Dinitrophenylglykoläthernitrat, flüssiges Trinitrotoluol – ausgenommen in Holzgefäßen –; Trinitrobenzol; Trinitrochlorbenzol (Pikrylchlorid); Trinitroanilin; Trinitroanisol; Tetranitroacridon; Tetranitrocarbazol; Tetranitrodiphenylaminsulfon; Tetranitronaphthalin; Hexanitrodiphenylsulfid		
	c)	die Stoffe unter a) und b) auch in Gemischen miteinander oder mit anderen aromatischen Nitroverbindungen, ausgenommen Mischungen aus Trinitrotoluol und Trinitroxylol		
	d)	Sprengstoffgemische, die aus den unter a), b) und c) bezeichneten organischen explosiven Nitroverbindungen auch ohne andere Zusätze bestehen, ausgenommen Mischungen aus Trinitrotoluol und Trinitroxylol		
	7 a)	Hexanitrodiphenylamin (Hexyl) und Pikrinsäure		
	b)	Mischungen von Pentaerythrittetranitrat und Trinitrotoluol (Pentolit) und Mischungen von Trimethylentrinitramin und Trinitrotoluol (Hexolit)		

*) Nur gültig für innerstaatliche Beförderungen.
Siehe jedoch § 7 Abs. 6 dieser Verordnung.

Stoffaufzählung nach Anlage A		Bezeichnung der Stoffe und Gegenstände	Menge in kg (Nettomasse des Stoffes oder Gegenstandes)	Faktor
Klasse und Rn.	Ziffer			
1	2	3	4	5
1 a Rn. 2101	7 c)	Pentaerythrittetranitrat (Penthrit, Nitropenta) und Trimethylentrinitramin (Hexogen), beide phlegmatisiert		
	8	Nitroverbindungen		
	a)	wasserlösliche, wie Trinitroresorzin (Trizin), soweit in Metallfässern verpackt		
	b)	wasserunlösliche, wie Trinitrophenylmethylnitramin (Tetryl)		
	c)	Tetrylkörper		
	9 a)	Pentaerythrittetranitrat (Penthrit, Nitropenta) und Trimethylentrinitramin (Hexogen); Cyclotetramethylentetranitramin (Oktogen)	500	20
	b)	Mischungen von Pentaerythrittetranitrat und Trinitrotoluol (Pentolit) und Mischungen von Trimethylentrinitramin und Trinitrotoluol (Hexolit)		
	c)	feuchte Mischungen von Pentaerythrittetranitrat oder Trimethylentrinitramin mit Wachs, Paraffin oder dem Wachs oder dem Paraffin ähnlichen Stoffen		
	d)	Penthritkörper		
	11 a)	Schwarzpulver		
	b)	schwarzpulverähnliche Sprengstoffe	1 000	10
	c)	Preßkörper aus Schwarzpulver oder schwarzpulverähnlichen Sprengstoffen		
	13	Chloratsprengstoffe und Perchloratsprengstoffe		
	14 a)	Dynamite und Sprengstoffe, die den Dynamiten ähnlich sind	500	20
	b)	Sprenggelatine und Gelatinedynamite		
	14 A.	Ammoniumperchlorat, trocken	500	20
1 b Rn. 2131	3	Knallkapseln der Eisenbahn	200	50
	5 a)	Sprengkapseln; Verbindungsstücke für Zündschnüre	2 000	5
	5 c)	Sprengkapseln in Verbindung mit Schwarzpulverzündschnur	5 000	2
	5 d)	Zündladungen (Detonatoren)	500	20
	5 e)	Zünder mit Sprengkapseln	2 000	5
	5 f)	Sprengkapseln mit Zündhütchen		
	7	Gegenstände mit Treibladung, Gegenstände mit Sprengladung, Gegenstände mit Treib- und Sprengladung, alle, soweit es sich um Gegenstände handelt, die der Gefahrklasse 1.1 der Vorschriften der Bundeswehr zuzuordnen sind	2 000	5
	10	Brunnentorpedos; Geräte mit Hohlladung	500	20
	11	Gegenstände mit Sprengladung, Gegenstände mit Treib- und Sprengladung, alle, soweit es sich um Gegenstände handelt, die der Gefahrklasse 1.1 der Vorschriften der Bundeswehr zuzuordnen sind	2 000	5
	12 a) und b)	Zündverstärker	500	20

Stoffaufzählung nach Anlage A		Bezeichnung der Stoffe und Gegenstände	Menge in kg (Nettomasse des Stoffes oder Gegenstandes)	Faktor
Klasse und Rn.	Ziffer			
1	2	3	4	5
1 b Rn. 2131	13	Gegenstände mit pyrotechnischen Knall- oder Blitzsätzen, soweit es sich um Gegenstände handelt, die der Gefahrklasse 1.1 der Vorschriften der Bundeswehr zuzuordnen sind	200	50
2 Rn. 2201	1 at)	Fluor	100	100
	3 at)	Chlorkohlenoxid (Phosgen), Methylbromid, Stickstoffdioxid (NO$_2$) [Stickstofftetroxid (N$_2$O$_4$)]	500	20
		Ammoniak, Bromwasserstoff, Chlor, Schwefeldioxid	1 000	10
	3 b)	Chlordifluoräthen (R 142 b), 1,1-Difluoräthan (R 152 a)	1 000	10
		Butan, iso-Butan, Buten-1 (Butylen), iso-Buten(iso-Butylen), Cyclopropan, Propan, Propen (Propylen)	6 000	1,5
	3 bt)	Äthylamin, Äthylchlorid, Dimethyläther, Dimethylamin, Methylamin, Methylchlorid, Methylmerkaptan, Schwefelwasserstoff, Trimethylamin	1 000	10
	3 c)	Butadien-1,3-Vinylchlorid	1 000	10
	3 ct)	Äthylenoxid	500	20
		Chlortrifluoräthylen (R 1113), Vinylbromid, Vinylmethyläther	1 000	10
	4 b)	Gemische von Kohlenwasserstoffen der Ziffer 3 b) sowie von Äthan und Äthylen der Ziffer 5 b)	6 000	1,5
	4 c)	Gemische von Kohlenwasserstoffen und Butadien-1,3	1 000	10
	4 ct	Äthylenoxid mit Stickstoff bis zu einem max. Gesamtdruck von 1 MPa (10 bar) bei 50 °C	500	20
	5 at)	Chlorwasserstoff	1 000	10
	5 b)	Äthan, Äthylen	1 000	10
	5 c)	1,1-Difluoräthylen, Vinylfluorid	1 000	10
	6 c) und 6 ct)	Gemische von Kohlendioxid mit Äthylenoxid bzw. Äthylenoxid mit Kohlendioxid	1 000	10
	7 b) und 8 b)	Äthan; Methan; Gemische von Äthan und Methan, auch mit Zusatz von Propan oder Butan; Erdgas (Naturgas); Äthylen; alles tiefgekühlt, verflüssigt	100	100
3 Rn. 2301	11 a)	Acrylnitril	1 000	10
	11 b)	Acetonitril (Methylcyanid), Isobutyronitril		
	13	Methylisocyanat, Äthylisocyanat		
	16 a)	Allylchlorid		
	17 a)	Acrolein		
	18 a)	Schwefelkohlenstoff,		

Stoffaufzählung nach Anlage A		Bezeichnung der Stoffe und Gegenstände	Menge in kg (Nettomasse des Stoffes oder Gegenstandes)	Faktor
Klasse und Rn.	Ziffer			
1	2	3	4	5
6.1 Rn. 2601	1	Blausäure mit höchstens 3 % Wasser	100	100
	2	Wässerige Blausäurelösungen mit höchstens 20 % reiner Säure (HCN)	1 000	10
	11 a)	Acetoncyanhydrin		
	13 a)	Allylalkohol		
	13 a)	Dimethylsulfat	500	20
	.13 a) (ass.)	Dimethyldithiophosphorsäure	1 000	10
	16 b)	Epichlorhydrin		
	16 b)	Äthylenchlorhydrin		
	17 a)	2,3,7,8-Tetrachlordibenzo-1,4-dioxin sowie Lösungen und Gemische	0	
	31 a)	Bleialkyle		
	41 a)	Lösungen anorganischer Cyanide	1 000	10
	71 a)	Organische Phosphorverbindungen		
8 Rn. 2801	1 a)	Schwefelsäureanhydrid, stabilisiert		
	6 7 a)	Fluorwasserstoff Flußsäure mit mehr als 60 % Fluorwasserstoff	1 000	10
	8 b)	Fluorborsäure (wässerige Lösungen mit höchstens 78 % reiner Säure)		
	24	Brom		
3 Rn. 2301, 6.1 Rn. 2601, 8 Rn. 2801	alle	alle Stoffe mit einem Gehalt von mehr als 0,002 mg/kg bis höchstens 0,01 mg/kg 2,3,7,8-TCDD [siehe Rn. 2002 (12 a)]	0	

Stoffaufzählung nach Anlage A		Bezeichnung der Stoffe und Gegenstände	Menge in kg (Nettomasse des Stoffes oder Gegenstandes)	Faktor
Klasse und Rn.	Ziffer			
1	2	3	4	5
2 Rn. 2201	7 b)	Wasserstoff	100	100
	9 at)	Ammoniak, in Wasser gelöst mit über 35 % bis höchstens 50 % NH_3	1 000	10
5.1 Rn. 2501	1	Wässerige Lösungen von Wasserstoffperoxid mit mehr als 60 % H_2O_2 stabilisiert, Wasserstoffperoxid stabilisiert	1 000	10
	3	Perchlorsäure in wässeriger Lösung mit mehr als 50 %, aber höchstens 72,5 % $HClO_4$	1 000	10
5.2 Rn. 2551	46 a)	Acetylcyclohexansulfonylperoxid mit 78 % bis 82 % Acetylcyclohexansulfonylperoxid und 12 % bis 16 % Wasser.	5	2 000
	47 a)	Diisopropylperoxidicarbonat, technisch rein	10	1 000
	49 a)	Tertiäres Butylperpivalat, technisch rein	10	1 000
8 Rn. 2801	1 b) 1 a)	Schwefelsäure Oleum (rauchende Schwefelsäure)	10 000	1
	2 a) und b)	Salpetersäure mit mehr als 55 % reiner Säure (HNO_3)	1 000	10
	7 b)	Flußsäure mit höchstens 60 % reiner Säure (HF)	1 000	10
	44 a) und b)	Hydrazin in wässeriger Lösung und wasserfrei	1 000	10
9 Rn. 2901	1	Verflüssigte Metalle	100	100

*) Nur gültig für innerstaatliche Beförderungen.
 Siehe jedoch § 7 Abs. 6 dieser Verordnung.

280 002-
299 999

Lfd Nr	Ordnungswidrigkeit, die darin besteht, daß	GGVS § 10	DM
A	**der Absender**		
1	entgegen § 4 Abs 2 Satz 1, auch in Verbindung mit Absatz 8, den Beförderer auf das gefährliche Gut, dessen Bezeichnung oder die Erlaubnispflicht nicht hinweist,	I 1	400,–
2	entgegen Anlage A Randnummer 2002 Abs 3 Satz 1 ein Beförderungspapier nicht mitgibt,	II 1 a	400,–
3	entgegen Anlage A Randnummer 2010 Satz 2 oder Anlage B Randnummer 10 602 Satz 2 das Beförderungspapier nicht wie vorgeschrieben ausfüllt,	II 1 b	200,–
4	entgegen Anlage A Randnummer 2002 Abs 3 Satz 2 dem Beförderer die in das Beförderungspapier einzutragenden Vermerke nicht mitteilt,	III 1 a	200,–
5	entgegen der Anlage A Anhang A 9 Randnummer 3901 Abs 3 die vorgeschriebenen Gefahrzettel nicht anbringt,	III 1 b	300,–
6	entgegen Anlage B Randnummer 71 500 Abs 2 Satz 2 erster Halbsatz die vorgeschriebenen Zettel nicht anbringt,	III 1 c	300,–
7	entgegen Anlage B Anhang B 1 a Randnummer 211 174 Satz 3 die Dichtheit der Verschlußeinrichtung nicht prüft.	III 1 d	300,–
B	**der Verlader**		
8	entgegen § 3 Abs 1 Satz 2, auch in Verbindung mit Absatz 2, gefährliche Güter zur Beförderung übergibt,	I 2 a	1000,–
9	entgegen § 4 Abs 2 Satz 1, auch in Verbindung mit Absatz 8, den Fahrzeugführer auf das gefährliche Gut, dessen Bezeichnung oder die Erlaubnispflicht nicht hinweist,	I 2 b	400,–
10	entgegen § 4 Abs 4 Satz 2, auch in Verbindung mit Absatz 8, das Versandstück ohne Beseitigung des Mangels zur Beförderung übergibt,	I 2 c	500,–
11	entgegen § 4 Abs 6, auch in Verbindung mit § 1 Abs 4 und § 4 Abs 8, dem Beförderer gefährliche Güter zur Beförderung übergibt,	I 2 d	700,–
12	entgegen Anlage B Randnummer 10 385 Abs 3, auch in Verbindung mit § 1 Abs 4, nicht dafür sorgt, daß die schriftlichen Weisungen (Unfallmerkblätter) vor Beförderungsbeginn in den Besitz des Fahrzeugführers gelangen,	I 2 e	400,–
13	entgegen Anlage B Randnummer 10 118 Abs 5 Satz 4 oder 10 130 Abs 1 Satz 4, auch in Verbindung mit § 1 Abs 4, Gefahrzettel nicht anbringt,	I 2 f	300,–
14	entgegen Anlage B Randnummer 10 500 Abs 11 Satz 2, auch in Verbindung mit § 1 Abs 4, Warntafeln nicht anbringt,	I 2 g	300,–
15	entgegen Anlage B Anhang B 1 a Randnummer 211 172 Abs 6 Satz 1, auch in Verbindung mit § 1 Abs 4, den höchstzulässigen Füllungsgrad oder die höchstzulässige Masse der Füllung dem Fahrzeugführer nicht angibt,	I 2 h	500,–
16	entgegen Anlage B Anhang B 1 a Randnummer 211 172 Abs 6 Satz 3, auch in Verbindung mit § 1 Abs 4, nicht dafür sorgt, daß nicht befördert wird,	I 2 i	700,–
17	entgegen § 6 Abs 7 Satz 4 nicht dafür sorgt, daß gefährliche Güter nur übergehen werden, wenn die Prüfbescheinigungen mit den erforderlichen Prüfvermerken oder die Erklärungen nach Anlage B Anhang B 3 c vorliegen und in ihnen das zu befördernde Gut bezeichnet ist,	II 2 a	700,–
18	entgegen Anlage B Randnummer 71 500 Abs 2 Satz 2 erster Halbsatz die vorgeschriebenen Zettel nicht anbringt,	II 2 b	300,–
C	**der Beförderer**		
19	entgegen § 3 Abs 1 Satz 1, auch in Verbindung mit Absatz 2, gefährliche Güter befördert,	I 3 a	1000,–
20	entgegen § 4 Abs 6, auch in Verbindung mit § 1 Abs 4 und § 4 Abs 8, gefährliche Güter befördert,	I 3 b	700,–
21	entgegen § 7 Abs 1 Satz 1, auch in Verbindung mit Absatz 6 Satz 1, gefährliche Güter ohne die erforderliche Erlaubnis befördert,	I 3 c	700,–
22	einer im Rahmen einer Erlaubnis nach § 7 Abs 1 Satz 3, auch in Verbindung mit Absatz 6 Satz 1, erteilten vollziehbaren Auflage zuwiderhandelt,	I 3 d	300,–
23	entgegen § 7 Abs 5, auch in Verbindung mit Absatz 6 Satz 1, den Erlaubnisbescheid vor Beförderungsbeginn nicht übergibt,	I 3 e	300,–
24	entgegen Anlage A Randnummer 2002 Abs 3 Satz 2, auch in Verbindung mit § 1 Abs 4, nicht dafür sorgt, daß das Beförderungspapier dem Fahrzeugführer vor Beförderungsbeginn übergeben wird,	I 3 f	400,–
25	entgegen Anlage B Randnummer 10 204 Abs 4, auch in Verbindung mit § 1 Abs 4, Vorschriften der Anlage B Randnummer 10 204 Abs 1, 11 204, 41 204, 42 204, 43 204 oder 52 204 über die Fahrzeugarten nicht beachtet,	I 3 g	700,–
26	entgegen Anlage B Randnummer 10 315 Abs 7 Satz 1, auch in Verbindung mit § 1 Abs 4, nicht dafür sorgt, daß nur geschulte Fahrzeugführer eingesetzt werden,	I 3 h	
26.1	– Einsatz von Fahrzeugführern ohne Schulung		600,–
26.2	– Einsatz von Fahrzeugführern ohne Schulung für die betreffende Klasse,		400,–
27	einer Vorschrift der Anlage B Anhang B 1 a Randnummern 211 270 bis 221 273, auch in Verbindung mit § 1 Abs 4, über die wechselweise Verwendung der Tanks zuwiderhandelt,	I 3 i	700,–
28	entgegen Anlage B Anhang B 1 a Randnummer 211 371, 211 673 oder 211 771, auch in Verbindung mit § 1 Abs 4, Tanks zur Beförderung verwendet,	I 3 j	500,–
29	entgegen § 6 Abs 7 Satz 1 oder 2 Beförderungsmittel verwendet,	II 3 a	700,–

Lfd. Nr.	Ordnungswidrigkeit, die darin besteht, daß	GGVS § 10	DM
30	entgegen Anlage B Randnummer 10 260 Abs. 2 Satz 3, 21 260 Satz 3 oder 61 260 Satz 3 die erforderliche Schutzausrüstung nicht mitgibt;	II 3 b	200,–
31	entgegen Anlage B Randnummer 10 311 Satz 1, 2 oder 3 in Verbindung mit Satz 7 oder entgegen Anlage B Randnummer 11 311 einen Beifahrer nicht mitgibt;	II 3 c	500,–
32	entgegen Anlage B Randnummer 11 401, 41 401 oder 52 401 Mengengrenzen nicht beachtet;	II 3 d	700,–
33	entgegen Anlage · B Randnummer 10 385 Abs. 3 nicht dafür sorgt, daß das beteiligte Personal in der Lage ist, die Weisungen wirksam anzuwenden;	III 2 a	300,–
34	entgegen Anlage B Randnummer 11 311 in Verbindung mit Randnummer 10 311 und § 1 Abs. 4 den Fahrzeugführer nicht durch einen zu seiner Ablösung befähigten Beifahrer begleiten läßt;	III 2 b	500,–
35	entgegen Anlage B Randnummer 11 401 Abs. 1, 2, 3 oder 52 401 in Verbindung mit Randnummer 11 401 Abs. 4 und § 1 Abs. 4 die Mengengrenzen nicht beachtet;	III 2 c	700,–

D   der Fahrzeugführer

Lfd. Nr.	Ordnungswidrigkeit, die darin besteht, daß	GGVS § 10	DM
36	entgegen § 4 Abs. 7 Nr. 3, auch in Verbindung mit Absatz 8 und § 1 Abs. 4, die Vorschriften über die Durchführung der Beförderung oder die Überwachung beim Parken nicht beachtet;	I 4 a	200,–
37	entgegen Anlage B Randnummer 10 240 Abs. 5, auch in Verbindung mit § 1 Abs. 4, Feuerlöschgeräte nicht mitführt oder zur Prüfung nicht vorzeigt oder nicht aushändigt	I 4 b	200,–
38	entgegen Anlage B Randnummer 10 260 Abs. 1 in Verbindung mit Abs. 3, auch in Verbindung mit § 1 Abs. 4, Ausrüstungsgegenstände nicht mitführt oder zur Prüfung nicht vorzeigt oder nicht aushändigt.	I 4 c	200,–
39	entgegen Anlage B Randnummer 10 315 Abs. 1 oder 2 die vorgeschriebene Bescheinigung nicht besitzt	I 4 d	
39 1	– Fahrzeugführung ohne Schulung		400,–
39 2	– Fahrzeugführung ohne Schulung für die betreffende Klasse.		300,–
40	entgegen Anlage B Randnummer 10 353 Satz 1 oder 2 in Verbindung mit Satz 3, auch in Verbindung mit § 1 Abs. 4, nicht für die Einhaltung der Vorschriften über das Betreten des Fahrzeugs mit Beleuchtungsgeräten sorgt.	I 4 e	200,–
41	entgegen Anlage B Randnummer 10 381 Abs. 1 oder 2 Satz 1 Buchstabe e Begleitpapiere nicht mitführt oder entgegen Absatz 3 Begleitpapiere zur Prüfung nicht vorzeigt oder nicht aushändigt, jeweils auch in Verbindung mit § 1 Abs. 4	I 4 f	
41 1	– Nichtvorzeigen/-aushändigen des Unfallmerkblattes (s. auch lfd. Nr. 50)		300,–
41 2	– Nichtvorzeigen/-aushändigen anderer Begleitpapiere.		200,–
42	entgegen Anlage B Randnummer 10 500 Abs. 11 Satz 1, auch in Verbindung mit § 1	I 4 g	300,–

Lfd. Nr.	Ordnungswidrigkeit, die darin besteht, daß	GGVS § 10	DM
	Abs. 4, nicht dafür sorgt, daß eine Warntafel oder Kennzeichnungsnummer angebracht, sichtbar gemacht, verdeckt oder entfernt wird.		
43	entgegen Anlage B Randnummer 10 500 Abs. 11 Satz 3, auch in Verbindung mit § 1 Abs. 4, Gefahrzettel nicht anbringt, nicht sichtbar macht, nicht verdeckt oder nicht entfernt;	I 4 h	300,–
44	entgegen Anlage B Randnummer 10 507 Satz 1 die nächsten zuständigen Behörden nicht oder nicht rechtzeitig benachrichtigt oder benachrichtigen läßt;	I 4 i	300,–
45	entgegen Anlage B Randnummer 51 220 Abs. 4 Satz 1 in Verbindung mit Satz 3, auch in Verbindung mit § 1 Abs. 4, Wasser nicht mitführt.	I 4 j	200,–
46	entgegen Anlage B Randnummer 71 500 Abs. 2 Satz 2 zweiter Halbsatz oder Satz 3, auch in Verbindung mit § 1 Abs. 4, die vorgeschriebenen Zettel nicht anbringt, nicht verdeckt oder nicht entfernt.	I 4 k	300,–
47	entgegen § 4 Abs. 5 beschädigte Versandstücke befördert.	II 4 a	200,–
48	entgegen § 6 Abs. 7 Satz 3 den Fahrzeugschein von Anhängern nicht mitführt.	II 4 b	100,–
49	entgegen Anlage B Randnummer 10 260 Abs. 2 oder 4 in Verbindung mit Absatz 3 die Schutzausrüstung nicht mitführt oder zur Prüfung nicht vorzeigt oder nicht aushändigt.	II 4 c	200,–
50	entgegen Anlage B Randnummer 10 385 Abs. 1, 5 Satz 1 in Verbindung mit Absatz 6 schriftliche Weisungen (Unfallmerkblätter) nicht oder nicht an der vorgesehenen Stelle mitführt (siehe auch lfd. Nr. 41.1).	II 4 d	300,–
51	entgegen Anlage B Randnummer 10 385 Abs. 4 die erforderlichen Maßnahmen nicht trifft.	II 4 e	200 –
52	entgegen Anlage B Randnummer 10 385 Abs. 8 Satz 2 andere Unfallmerkblätter nicht wie vorgeschrieben aufbewahrt.	II 4 f	300 –
53	entgegen Anlage B Randnummer 10 385 Abs. 1 Satz 1 in Verbindung mit § 1 Abs. 4 und mit Anlage B Randnummer 10 385 Abs. 2 Satz 2 eine Ausfertigung der Weisung im Fuhrerhaus nicht mitführt.	III 3	300 –

E   der Beifahrer

Lfd. Nr.	Ordnungswidrigkeit, die darin besteht, daß	GGVS § 10	DM
54	entgegen Anlage B Randnummer 10 240 Abs. 5, auch in Verbindung mit § 1 Abs. 4, Feuerlöschgeräte nicht mitführt oder zur Prüfung nicht vorzeigt oder nicht aushändigt.	I 5 a	200,–
55	entgegen Anlage B Randnummer 10 260 Abs. 1 in Verbindung mit Absatz 3, auch in Verbindung mit § 1 Abs. 4, Ausrüstungsgegenstände nicht mitführt oder zur Prüfung nicht vorzeigt oder nicht aushändigt.	I 5 b	200 –
56	entgegen Anlage B Randnummer 10 260 Abs. 2 oder 4 in Verbindung mit Absatz 3 die Schutzausrüstung nicht mitführt oder zur Prüfung nicht vorzeigt oder nicht aushändigt.	II 5 a	200 –
57	entgegen Anlage B Randnummer 10 385 Abs. 4 die erforderlichen Maßnahmen nicht trifft.	II 5 b	200 –

Lfd. Nr.	Ordnungswidrigkeit, die darin besteht, daß	GGVS § 10	DM

F der Halter

58	entgegen § 4 Abs. 7 Nr. 1, auch in Verbindung mit Absatz 8 und § 1 Abs. 4, die Vorschriften über den Bau oder die Ausrüstung der Fahrzeuge nicht beachtet:	I 6 a	
58.1	– Mängel, die zu einer Stillegung/Untersagung der Weiterfahrt geführt haben,		1000,–
58.2	– andere Mängel;		500,–
59	entgegen Anlage B Randnummer 10 500 Abs. 10, auch in Verbindung mit § 1 Abs. 4, für die dort vorgeschriebene Ausrüstung des Fahrzeugs nicht sorgt,	I 6 b	500,–
60	entgegen Anlage B Anhang B. 1a Randnummer 211 170, auch in Verbindung mit § 1 Abs. 4, Tanks ohne die vorgeschriebene Wanddicke verwendet,	I 6 c	700,–
61	entgegen Anlage B Anhang B. 1a Randnummer 211 153 oder Anhang B. 1b Randnummer 212 153 eine außerordentliche Prüfung nicht durchführen läßt,	II 6	700,–

G der Auftraggeber des Absenders

62	entgegen § 4 Abs. 2 Satz 2, auch in Verbindung mit Absatz 8, den Absender auf das gefährliche Gut, dessen Bezeichnung oder die Erlaubnispflicht nicht hinweist,	I 7	400,–

H der Betroffene

63	entgegen § 4 Abs. 3 Nr. 1 oder 2, auch in Verbindung mit Absatz 8, eine dort aufgeführte Vorschrift über das Verpacken oder Zusammenpacken nicht beachtet;	I 8	500,–
64	entgegen § 4 Abs. 3 Nr. 3 eine dort aufgeführte Vorschrift über das Kennzeichnen nicht beachtet;	II 7	300,–
65	entgegen § 4 Abs. 3 Nr. 4 eine dort aufgeführte Vorschrift über das Verpacken nicht beachtet;	II 7	500,–
66	einer im Rahmen a) einer Baumusterzulassung nach § 6 Abs. 1 Satz 6, b) einer Ausnahmezulassung nach § 5 oder c) einer Erklärung nach Anlage B Anhang B. 3 c erteilten vollziehbaren Auflage zuwiderhandelt;	II 9	300,–
67	entgegen § 6 Abs. 9 Tankcontainer befüllt oder zur Beförderung übergibt oder einer vollziehbaren Auflage der Baumeisterzulassung zuwiderhandelt;	II 10	700,–

Lfd. Nr.	Ordnungswidrigkeit, die darin besteht, daß	GGVS § 10	DM

I der Empfänger

68	entgegen Anlage B Randnummer 10 118 Abs. 5 Satz 4 oder 10 130 Abs. 1 Satz 5, auch in Verbindung mit § 1 Abs. 4, Gefahrzettel nicht verdeckt oder nicht entfernt;	I 9 a	300,–
69	entgegen Anlage B Randnummer 10 500 Abs. 11 Satz 2, auch in Verbindung mit § 1 Abs. 4, Warntafeln nicht entfernt;	I 9 b	300,–

J der Absender, Verlader, Beförderer, Fahrzeugführer, Beifahrer, Halter oder Empfänger

70	entgegen Anlage B Randnummer 10 374 das Rauchverbot nicht beachtet;	I 10	200,–
71	entgegen Anlage B Randnummer 11 354 Satz 1 mit Feuer oder offenem Licht umgeht;	II 8 a	200,–
72	entgegen Anlage B Randnummer 11 354 Satz 2 Zündhölzer oder Feuerzeug mitnimmt;	II 8 b	200,–

K der Verlader, Beförderer, Fahrzeugführer oder Beifahrer

73	entgegen § 4 Abs. 7 Nr. 2, auch in Verbindung mit Absatz 8 und § 1 Abs. 4,	I 11	
73.1	– die Vorschriften über das Beladen oder die Handhabung nicht beachtet,		200,–
73.2	– die Vorschriften über das Zusammenladen nicht beachtet,		400,–

L der Beförderer, Fahrzeugführer, Beifahrer oder Empfänger

74	entgegen § 4 Abs. 7 Nr. 2, auch in Verbindung mit Absatz 9 und § 1 Abs. 4, die Vorschriften über das Entladen nicht beachtet,	I 11	200,–

M der Verlader, Beförderer, Fahrzeugführer, Beifahrer oder Empfänger

75	einer Vorschrift der Anlage B Randnummer 31 410, 51 410, 61 410 oder 62 410 über Vorsichtsmaßnahmen bei Nahrungs-, Genuß- oder Futtermitteln zuwiderhandelt;	I 12	300,–

N die verantwortliche Person

76	als verantwortlich nach Anlage B Randnummer 10 385 Abs. 1 Satz 3 Nr. 6 entgegen Randnummer 10 385 Abs. 1 Satz 3 in die schriftlichen Weisungen (Unfallmerkblätter) Angaben nicht, nicht richtig oder nicht vollständig aufnimmt.	II 11	300,–

ADR-Staaten

Belgien
Dänemark
Bundesrepublik Deutschland
DDR
Finnland
Frankreich
Italien
Jugoslawien
Luxemburg
Niederlande
Norwegen
Österreich
Polen
Portugal
Schweden
Schweiz
Spanien
Ungarn
Vereinigtes Königreich UK

Beispielseite einer Erfolgskontrolle

Das Beförderungspapier nach Anlage A der GGVS muß welchen Inhalt haben?

(1)   Name und Anschrift des Fahrzeugführers

(2)   Name und Anschrift des Absenders

(3)   Herstellungsort des Gefahrgutes

(4)   Angabe des spezifischen Gewichtes

(5)   Angabe über die Qualität der Verpackung

Wer ist verantwortlich für das Anbringen der Gefahrzettel am Tankcontainer?

(1)   der Werkschutz des Empfängers

(2)   der Fahrer oder Beifahrer

(3)   der Gefahrzettel wird nicht auf dem Tankcontainer, sondern am Fahrzeug angebracht

(4)   Verlader

(5)   der Hersteller des Tankcontainers

Was kann eine Entzündung einer gefährlichen Ladung verursachen?

(1)   der Gebrauch eines Kunststoffhammers

(2)   die Schwallwirkung der Ladung

(3)   Funken der brennenden Zigaretten

(4)   ein Überfüllen des Fahrzeugtanks

(5)   die Benutzung von funkenfreiem Werkzeug.